# FPGA
## 原理和结构

[日] 天野英晴 —— 主编

赵谦 —— 译

U0233932

人民邮电出版社
北　京

**图书在版编目（CIP）数据**

FPGA原理和结构 / (日) 天野英晴主编；赵谦译
. -- 北京：人民邮电出版社，2019.3
（图灵程序设计丛书）
ISBN 978-7-115-50331-2

Ⅰ．①F… Ⅱ．①天… ②赵… Ⅲ．①可编程序逻辑器
件—系统设计 Ⅳ．①TP332.1

中国版本图书馆CIP数据核字(2019)第007899号

## 内 容 提 要

本书由日本可重构领域权威教授团队撰写，是一本讲解FPGA原理的书。
前5章从FPGA的相关概念入手，简明又严谨地阐述了FPGA硬件构成和CAD
工具的内部原理等理论基础，有助于读者快速入门，也有助于读者了解如何优
化自己的电路代码，获得更高的性能。第6章分析了FPGA的优势，系统地介绍
适用于FPGA开发的"硬件算法"，有助于读者利用FPGA更高效、更有针对性
地解决问题。第7章和第8章则讲解了FPGA的技术动态和应用案例。

本书适合所有对FPGA感兴趣，特别是想了解FPGA原理的工程师阅读，
也可作为各大院校相关专业师生的参考指南使用。

◆ 主　　编　[日] 天野英晴
　　译　　　　赵　谦
　　责任编辑　高宇涵
　　责任印制　周昇亮

◆ 人民邮电出版社出版发行　　北京市丰台区成寿寺路11号
　　邮编 100164　电子邮件 315@ptpress.com.cn
　　网址 https://www.ptpress.com.cn
　　北京七彩京通数码快印有限公司印刷

◆ 开本：880×1230　1/32
　　印张：8.875　　　　　　　　2019年3月第1版
　　字数：295千字　　　　　　　2025年3月北京第26次印刷
　　著作权合同登记号　图字：01-2017-7989号

定价：59.00元
读者服务热线：(010) 84084456-6009　印装质量热线：(010) 81055316
反盗版热线：(010) 81055315

# 版 权 声 明

# 《FPGA原理和结构》

## 主编、执笔人一览

主　编　天野英晴（庆应义塾大学）

执笔人　末吉敏则（熊本大学）　　　　　　　　（第1章）

饭田全广（熊本大学）　　　　　　　（第2章，第5章）

柴田裕一郎（长崎大学）　　　　　　（第3章）

尼崎太树（熊本大学）　　　　　　　（第3章）

密山幸男（高知工科大学）　　　　　（第4章）

泉知论（立命馆大学）　　　　　　　（第4章）

中原启贵（东京工业大学）　　　　　（第6章）

佐野健太郎（东北大学）　　　　　　（第6章）

长名保范（琉球大学）　　　　　　　（第7章）

丸山勉（筑波大学）　　　　　　　　（第7章）

山口佳树（筑波大学）　　　　　　　（第7章）

张山昌论（东北大学）　　　　　　　（第8章）

本村真人（北海道大学）　　　　　　（第8章）

渡边实（静冈大学）　　　　　　　　（第8章）

# 译者序

近些年，CPU 等通用处理器的性能提升速度放缓，为了继续满足各行各业对高能效计算日益增长的需求，FPGA 作为可重构计算体系的代表器件，一夜之间在众多新兴热点领域受到广泛关注。

我在旅日留学和工作的 10 年间，亲身经历了 FPGA 技术焕发青春的这一过程。10 年前我初到日本求学时，FPGA 主要用作半导体行业的基础工具。在学校，学生通过 FPGA 学习电路编写、电路分析、硬件算法等芯片开发技术；在半导体企业中，工程师们使用 FPGA 对芯片进行仿真和验证，几乎很少在最终产品中看到 FPGA 的身影。而如今，人工智能、大数据分析、网络通信、图像处理、机器人等众多领域的教学和研发过程都引入了 FPGA，FPGA 相关的学术会议也逐渐汇集了各个领域的专家学者，彼此交流和切磋 FPGA 在各自领域的应用成果。可以说，FPGA 已经成为一种主流的通用计算技术。

在云计算领域，已经有众多研究和产业应用证明了 FPGA 技术可以有效提高各种云端负载的处理性能，同时还可以降低功耗。微软公司于 2014 年率先公布了运用 FPGA 将搜索引擎 Bing 的性能提升一倍的成功案例，这被认为是 FPGA 技术进入云计算领域的一个里程碑事件。随后，亚马逊公司于 2016 年年末在其 EC2 云计算平台中首次加入了 FPGA 实例，这让任何人都能以相对低廉的价格按需租用 FPGA，大大降低了 FPGA 的使用门槛。可喜的是，国内互联网厂商在 FPGA 应用上并不落后于国外互联网巨头，大家很早就认识到了 FPGA 在云端应用上的巨大潜力，并积极投身其中。就在亚马逊公司公布其云端 FPGA 实例后不久，百度云、阿里云、腾讯云、华为云也都迅速上线了云端 FPGA 实例并开启公测。在云端 FPGA 起步后的短短一年多时间里，各大互联网厂商已经在人工智能、基因测序、图像处理、视频转码、大数据分析、数据库等关键领域取得了令人瞩目的应用成果，FPGA 正在这些云端应用中为数十亿用户提供高性能、低功耗的计算保障。

在边缘计算领域，FPGA 也同样应用广泛。边缘计算是随着物联网的普及而越来越受关注的一种计算形态，它在靠近物或数据源头的一侧就地提供计算、存储、网络等服务。通常，边缘计算在追求较高数据处理能力的同时，还要求处理器具备小型化、低功耗和灵活应对各种应用场景的能力。而近些年流行起来的 SoC FPGA，通过在单个芯片上集成 ARM 硬核处理器和 FPGA，充分迎合了上述几点要求。至今，我们已经看到 SoC FPGA 产品被广泛应用在智能摄像头、自动驾驶、无人机、摄像机、智能语音助手等家喻户晓的电子产品当中。

FPGA 应用领域的扩张速度非常快，以至于市面上还没有一本教科书能够囊括其全貌。为了将 FPGA 的历史、基本原理、开发方式以及最新的应用动向通俗易懂地传递给更多的读者，日本可重构系统研究会的老师们携手编写了本书。如今，在日本学习和使用 FPGA 的人群当中，本书几乎是人手一册。我非常荣幸受本书主编天野英晴教授、我的恩师末吉敏则教授和饭田全广教授所托，将这本 FPGA 领域的优秀教材带给国内的读者。

本书的编者和作者们可谓是日本可重构计算领域的全明星阵容，他们数十年如一日工作在可重构计算的教育和科研前沿，为日本乃至世界的可重构计算做出了令人瞩目的贡献。本书是一本 FPGA 技术的综述图书，旨在向读者传递 FPGA 技术及其应用的基本原理。作者们在各个章节深入浅出、旁征博引，以多年的专业经验提炼概要，让读者能在尽量短的时间内了解 FPGA 领域的全貌。而希望在某个领域深入研究的读者，通过参阅各章的参考文献也能事半功倍。

IT 行业正处在一个深刻变革的时期，沿用数十年的 CPU 架构已然不能满足全球爆炸式增长的计算需求，以软硬协同开发为特征的计算机体系结构的黄金时代正在到来。FPGA 作为这场技术变革的主角，未来一定会在更多领域大展拳脚。当硬件变"软"，我们对硬件、软件、计算机系统的认知又将如何发展呢？衷心希望读者能在阅读本书的过程有所收获，如果能进一步激发读者对科技的发展产生独到的见解，相信对编写本书及推进本书出版的全体人员都是最大的鼓舞。

赵 谦

2018 年 6 月 11 日

# 序

近些年，以 FPGA（Field Programmable Gate Array，现场可编程门阵列）为代表的可编程芯片的发展十分活跃，这些芯片被广泛应用在智能手机、平板电脑、汽车、数字电视、音响、网络设备、计算机以及几乎所有的家电产品之中。可编程芯片一直在世界范围内引领尖端制程技术向前发展，现如今已经可以在一枚芯片上实现具有存储器、处理器、各种输入/输出等模块的大规模系统。

令人感叹的是，FPGA 作为应用如此广泛的电子元器件，其知名度却不高。提到微处理器 CPU 和系统 LSI，即便是门外汉也知道它们是先进的电子器件。而提到 FPGA，不但普罗大众闻所未闻，即使是一些工科专业的学生也所知甚少。这主要是因为早期的 FPGA 比系统 LSI 速度慢、功耗大、成本高，所以没有受到日本厂商的重视。而且，早期的 FPGA 内部构造单纯，设计技术也相对简单，通常只会被当作 LSI 芯片设计的子科目来对待。因此在过去的教学当中，FPGA 仅出现在数字电路课本的最后几页，在大学通常也只会在数字电路课程的末尾或是在学生实验中简单提及一下就结束了。

然而现在，FPGA 已经超越标准数字芯片和系统 LSI，成为构建数字系统的主角。可以说，理解 FPGA 的结构和特征并熟练使用 FPGA，是开发 IT 产品的必备知识和技能。FPGA 器件的技术体系自成一脉，它的结构、设计方法、设计环境和应用方法与通常的 LSI 设计都不同。因此，如果缺乏这些知识背景，即便是 LSI 设计专家也难以将 FPGA 的功能发挥到极致。

本书将全面介绍 FPGA 与可编程芯片相关的历史、结构、架构技术、设计环境、设计方法、硬件算法、输入/输出、应用系统和新型器件等知识。执笔本书的作者们都是日本电子信息通信学会下属可重构系统研究会的主要成员，他们都对该领域最前沿的知识了如指掌。只读这一本书，读者就可以了解可重构系统的全貌。

本书以大学、高中、高专的学生为主要目标读者，从数字系统基础、可编程逻辑基础开始讲起。同时，本书还包含了领域内的前沿内容，同样适合正在使用 FPGA 的技术从业者阅读。

第 1 章介绍阅读本书所需掌握的基础知识。在这一章的结尾部分总结了 FPGA 的发展史，即使是非常了解该领域的读者，也推荐读一读此部分。第 2 章介绍 FPGA 的概要，刚入门的读者只要阅读前半部分就基本可以理解什么是 FPGA 和可编程芯片技术了，而后半部分则包含了一些进阶内容。第 3 章对 FPGA 的结构进行深入讲解，推荐 FPGA 领域的专业读者阅读。以上 3 章就是介绍 FPGA 基础知识和构造的部分。

第 4 章介绍 FPGA 的设计流程和工具，其中还会包含最新的高层次综合技术。这一章的内容适合刚入门的 FPGA 开发者。第 5 章将深入介绍用于设计 FPGA 的 CAD 工具内部原理。这部分内容面向 FPGA 专业读者，阅读本章读者可以了解到用于设计 FPGA 的 CAD 工具不同于其他 LSI 设计工具的独到之处。

第 6 章介绍的是可以应用在 FPGA 上的硬件算法。如果想要充分发挥 FPGA 的实力，那么采用高效的硬件算法是十分必要的。第 7 章介绍 FPGA 的应用实例涉及金融、大数据、生化和宇宙开发，读者可以从中看到 FPGA 技术所蕴含的巨大的可能性。第 8 章介绍一些 FPGA 相关的最新技术动向，比如 FPGA 的输入 / 输出接口、光通信、粗粒度可重构系统、异步 FPGA 等。

FPGA 初学者通过阅读第 1 章、第 2 章前半部分和第 4 章就可以掌握相关基础知识。具有一定经验的 FPGA 专业读者通过阅读第 3 章和第 5 章可以加深对 FPGA 技术的理解，阅读第 6 章到第 8 章则会对今后的设计工作和产品开发有所帮助。

像 FPGA 这样的可编程芯片可以说是电子设计爱好者梦寐以求的一种器件：无须焊接，只要几百日元（几十元人民币）的芯片配合免费的开发工具就能实现性能惊艳的数字系统。希望通过阅读本书，有更多的读者可以感受到 FPGA 这种卓越技术的魅力。

主编 天野英晴
2016 年 3 月

# 目　录

# 第 4 章　设计流程和工具

# 第 5 章　设计原理

# 第 6 章　硬件算法

## 第 7 章　PLD/FPGA 应用案例

## 第 8 章　新器件与新架构

# 第**1**章

# 理解 FPGA 所需的基础知识

## 1.1 逻辑电路基础

FPGA（Field Programmable Gate Array，现场可编程门阵列）是一种可通过重新编程来实现用户所需逻辑电路的半导体器件。为了便于大家理解 FPGA 的设计和结构，我们先来简要介绍一些逻辑电路的基础知识 [1~3]。

### 1.1.1 逻辑代数

在逻辑代数中，所有变量的值只能取 0 或者 1。逻辑代数是由与逻辑值（0 和 1）相关的逻辑与（AND）、逻辑或（OR）和逻辑非（NOT）三种运算形成的代数体系，也称为布尔代数。

表 1-1 列出了定义逻辑与、逻辑或的二元运算以及定义逻辑非的一元运算。在这里，三种运算分别使用"·""+"和"‾"运算符号来表示。逻辑与 $x·y$ 是指 $x$ 和 $y$ 都为 1 时，结果为 1 的运算。逻辑或 $x+y$ 是指 $x$ 或 $y$ 至少有一方为 1 时，结果为 1 的运算。逻辑非"$\bar{x}$"是取相反逻辑值的一元运算：如果 $x$ 为 0 则结果为 1；反之，如果 $x$ 为 1 则结果为 0。

表 1-1 逻辑运算（布尔代数的公理）

| 逻辑与（·） | 逻辑或（+） | 逻辑非（‾） |
|---|---|---|
| $0·0=0$ | $0+0=0$ | $\bar{0}=1$ |
| $0·1=0$ | $0+1=1$ | |
| $1·0=0$ | $1+0=1$ | |
| $1·1=1$ | $1+1=1$ | $\bar{1}=0$ |

　　逻辑代数满足表 1-2 所示的定理。这里的符号"="表示其两边的计算结果总是相等，即等价。如果对换逻辑表达式中的逻辑值 0 和 1、逻辑运算"与"和"或"，对换后得到的新逻辑表达式与对换前的表达式运算顺序不变，那么新逻辑表达式就称为原逻辑表达式的对偶式。逻辑代数中，如果某定理的逻辑表达式成立，其对偶式也成立。

表 1-2　布尔代数的定理

| 零元 $x \cdot 0 = 0$ , $x + 1 = 1$ | 单位元 $x \cdot 1 = x$ , $x + 0 = x$ |
|---|---|
| 幂等律 $x \cdot x = x$ , $x + x = x$ | 补余律 $x \cdot \bar{x} = 0$ , $x + \bar{x} = 1$ |
| 双重否定 $\bar{\bar{x}} = x$ | 交换律 $x \cdot y = y \cdot x$ , $x + y = y + x$ |
| 结合律 $(x \cdot y) \cdot z = x \cdot (y \cdot z)$ , $(x + y) + z = x + (y + z)$ | |
| 分配律 $x \cdot (y + z) = (x \cdot y) + (x \cdot z)$ , $x + (y \cdot z) = (x + y) \cdot (x + z)$ | |
| 吸收律 $x + (x \cdot y) = x$ , $x \cdot (x + y) = x$ | |
| 德摩根定律（De Morgan's laws） $\overline{x + y} = \bar{x} \cdot \bar{y}$ , $\overline{x \cdot y} = \bar{x} + \bar{y}$ | |

## 1.1.2　逻辑表达式

　　逻辑表达式是用来描述运算过程的算式，由逻辑运算符、任意数量的逻辑变量以及必要的括号和常数值 0 或 1 组合而成。对于包含 $n$ 个逻辑变量 $x_1$, $x_2$, $x_3$, $\cdots$ , $x_n$ 的逻辑表达式来说，我们先在其各个逻辑变量内代入逻辑值 0 或 1，形成任意组合（共 $2^n$ 组），然后依照逻辑表达式的计算步骤计算这些组合，就可以得到值为 0 或 1 的计算结果。也就是说，逻辑表达式定义了具有某种逻辑功能的逻辑函数 $F(x_1, x_2, x_3, \cdots, x_n)$。在没有括号的情况下，逻辑与的计算优先于逻辑或。逻辑与的运算符"·"也可省略。

　　任何逻辑函数都可以由逻辑表达式来描述，而且描述同一逻辑函数的逻辑表达式可以有多个。逻辑表达式的标准形式指的是通过增加表达式形式上的限制，使得一个逻辑函数只有一个逻辑表达式与之对应的情况。

　　逻辑表达式中，逻辑变量以原变量或反变量的形式出现。原变量和反变量统称为字面量（literal）。字面量的逻辑与（每个字面量不能出现多次）叫作与项，与项的逻辑或运算叫作积之和。包含所有字面量的与项称为最小项，由最小项构成的积之和称为标准积之和（标准积）。

　　将标准积的逻辑与和逻辑或对调即为标准和之积。字面量的逻辑或（每个字面量不能出现多次）叫作或项，或项的逻辑与运算叫作和之积。包含所有逻辑变量的或项称为最大项，由最大项构成的和之积称为标准和之积（标准和）。

### 1.1.3　真值表

　　除了逻辑表达式，逻辑函数的描述方法还包括真值表和逻辑门。针对逻辑函数所有可能的输入组合一一列出输出值，我们就可以得到真值表。对于组合逻辑电路，只要列出所有可能的输入和对应的输出值，就可以完整地描述电路功能。因此，电路功能通常使用真值表描述。输入的个数为 $n$ 时，真值表的组合数为 $2^n$。真值表中，需要记入每组输入值所对应的输出值。

　　描述逻辑函数的逻辑表达式可以有许多个，而描述逻辑函数的真值表却是唯一的。虽然一个逻辑表达式只描述一个逻辑函数，但一个逻辑函数可以通过无数的等价逻辑表达式来描述。实现真值表所定义的功能的电路称为查找表（Look-up Table，LUT），是当前主流 FPGA 的基本单元。

　　从真值表推导逻辑表达式的形式有两种："积之和表达式"与"和之积表达式"。在真值表输出为 1 的行中取输入变量的与项（最小项），然后将这些最小项相或，即可得到标准积之和表达式；相对地，在真值表输出为 0 的行中取输入变量的反变量的或项（最大项），然后将这些最大项相与，即可导出标准和之积表达式。图 1-1 中的示例展示了如何从真值表推导逻辑表达式。

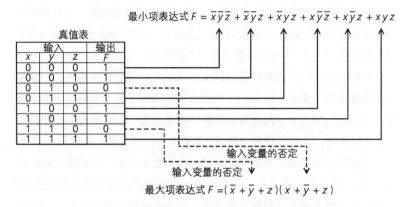

图 1-1　从真值表推导逻辑表达式的示例

### 1.1.4　组合逻辑电路

　　逻辑电路根据是否包含记忆元件，分为组合逻辑电路和时序逻辑电路。组合逻辑电路不包含记忆元件，某时间点的输出（逻辑函数值）仅取决于当时的输入。组合逻辑电路允许有多个输入/输出，其内部由用于计算逻辑与（AND）、逻辑或（OR）和逻辑非（NOT）等基本逻辑函数的逻辑门（gate），以及门电路间的连线组成。逻辑与、逻辑或和逻辑非 3 种运算相对应的逻辑门分别被称为与门、或门和非门。此外，其他较为常见的二项运算逻辑门还有与非（NAND）门、或非（NOR）门、异或（EXOR）门等。与非门用来计算逻辑与的否定，或非门用来计算逻辑或的否定，而异或门用来计算异或逻辑。表 1-3 列出了这些逻辑门的符号（MIL 符号）、真值表和逻辑表达式。我们使用"⊕"表示逻辑异或的运算符号。表中用来表示二项运算的 2 输入门电路符号，也可以用于表示具有 3 个以上输入的运算逻辑。目前主流的 LSI 技术 CMOS 中除了基本的与非门、或非门，还有 OR-AND-NOT、AND-OR-NOT 等复合门电路。

　　任何逻辑电路都可以由积之和表达式来描述。因此，使用 NOT-AND-OR 组合而成的组合逻辑电路可以实现任何逻辑函数，这种方式被称为 AND-OR 逻辑电路或 AND-OR 阵列。实现 AND-OR 逻辑电路的器件有 PLA（Programmable Logic Array，可编程序逻辑阵列）等。

表 1-3　逻辑门的符号、真值表和逻辑表达式

| 逻辑运算 | 符号 | 真值表 | | | 逻辑表达式 |
|---|---|---|---|---|---|
| AND | $x$<br>$y$ → $z$ | $x$ $y$ $z$<br>0 0 0<br>0 1 0<br>1 0 0<br>1 1 1 | | | $z = x \cdot y$ |
| OR | $x$<br>$y$ → $z$ | $x$ $y$ $z$<br>0 0 0<br>0 1 1<br>1 0 1<br>1 1 1 | | | $z = x + y$ |
| NOT | $x$ → $z$ | $x$ $z$<br>0 1<br>1 0 | | | $z = \bar{x}$ |
| NAND | $x$<br>$y$ → $z$ | $x$ $y$ $z$<br>0 0 1<br>0 1 1<br>1 0 1<br>1 1 0 | | | $z = \overline{x \cdot y}$ |
| NOR | $x$<br>$y$ → $z$ | $x$ $y$ $z$<br>0 0 1<br>0 1 0<br>1 0 0<br>1 1 0 | | | $z = \overline{x + y}$ |
| EXOR | $x$<br>$y$ → $z$ | $x$ $y$ $z$<br>0 0 0<br>0 1 1<br>1 0 1<br>1 1 0 | | | $z = \bar{x} \cdot y + x \cdot \bar{y} = x \oplus y$ |

## 1.1.5　时序逻辑电路

含有记忆元件的逻辑电路被称为时序逻辑电路。在组合逻辑电路中，当前的输出只取决于当前的输入。而在时序逻辑电路中，只知道当前的输入并不足以确定当前的输出。也就是说，时序逻辑电路是一种过去的电路状态也会对输出产生影响的逻辑电路。

时序逻辑电路分为同步时序逻辑电路和异步时序逻辑电路这两种。同步时序逻辑电路中，输入和内部状态的变化由时钟信号控制同步进行，而异步时序逻辑电路则不需要时钟信号。由于 FPGA 电路设计一般

使用同步时序逻辑电路，所以这里我们不对异步时序逻辑电路进行过多讨论。

时序逻辑电路的输出值由输入值和记忆元件的状态值共同决定。也就是说，时序逻辑电路中过去的输入所形成并保留下来的状态对当前的输出具有影响。这种逻辑电路可描述为图 1-2 所示的有限状态机模型。图 1-2a 所示的模型为米勒（Mealy）型时序逻辑电路，图 1-2b 所示的模型为摩尔（Moore）型时序逻辑电路。米勒模型的输出由内部状态和输入共同决定，而摩尔模型的输出仅由内部状态决定。米勒模型的状态数通常比摩尔模型的少，因此有电路规模较小的优点。然而由于输入会立刻反映到输出，所以逻辑元件或不等长的布线所带来的信号延迟等容易引起信号竞争，进而导致非预期的错误输出（冒险）。相比之下，摩尔模型直接使用记忆状态的输出，因此电路速度快且不易发生冒险。但摩尔模型由于状态数量多，电路规模也相对较大。

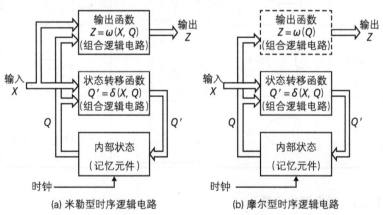

(a) 米勒型时序逻辑电路    (b) 摩尔型时序逻辑电路

图 1-2    时序逻辑电路的模型

## 1.2 同步电路设计

同步电路设计将系统状态的变化与时钟信号同步，并通过这种理想化的方式降低电路设计难度。同步电路设计是 FPGA 设计的基础。

## 1.2.1　触发器

触发器（Flip Flop，FF）是一种只能存储 1 个二进制位（bit，比特）的存储单元，可以用作时序逻辑电路的记忆元件。FPGA 逻辑单元内的 D 触发器（D-FF）就是一种在时钟的上升沿（或下降沿）将输入信号的变化传送至输出的边沿触发器。D-FF 的符号和真值表如图 1-3 所示。D-FF 在 CLK 信号（时钟）的上升沿将输入值传送至输出 Q。

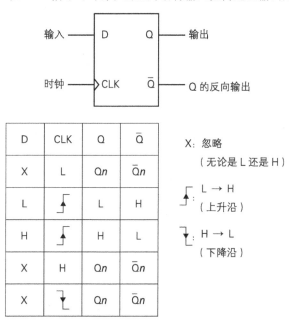

图 1-3　D 触发器

## 1.2.2　建立时间和保持时间

CMOS 工艺下的 D-FF 结构如图 1-4 所示，先由传输门和两个反相器组成一个循环电路（锁存器），再由前后两级锁存器按主从结构连接而成。这里的传输门起开关的作用，随着 CLK 的状态变化切换开关。只看输出的话，前级锁存器的值会将时钟输入的变化井然有序地传入后级锁存器。为了防止时钟信号变化时输入信号发生冒险，从而使稳定的输入信号进入前级锁存器，前级锁存器的时钟相位应该与产生输入信号的电路时钟反向。图 1-5 为 D-FF 的原理图。

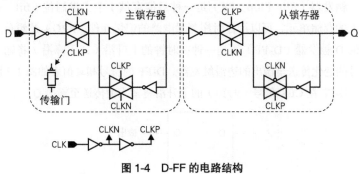

图 1-4　D-FF 的电路结构

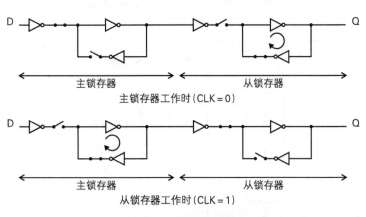

图 1-5　D-FF 的原理

当 CLK=0（主锁存器工作）时，位于前级的主锁存器将输入 D 的值保存进来，后级的从锁存器则维持上一时钟周期的数据。由于此时前级和后级反相器环路之间的传输门是关闭状态，所以前级的信号不会传送到后级。当 CLK=1（从锁存器工作）时，前级反相器环路中保存的数据会传输到后级，同时输入 D 的信号会被隔离在外。此时如果前级反相器环路中的信号没有循环一圈以上，就会出现如图 1-6 所示的在 0 和 1之间摇摆的中间电位，这就是所谓的亚稳态（metastable）[4]。由于亚稳态时间比延迟时间长，在该阶段读取数据可能会引入错误，所以我们引入建立时间（setup time）来约束在时钟上升沿到来前输入 D 保持稳定的时间。

当 CLK=1 时，如果输入 D 在传输门关闭前就发生变化，那么本该在下一周期读取的数据就会提前进入锁存器，从而引起反相器环路振荡或产生亚稳态。因此在 CLK=1 之后也需要输入 D 维持一定的时间，我们称之为保持时间（hold time）约束。

为了正确地从输入读取数据，并正确地将数据输出，FPGA 内所有的 FF 都要遵守建立时间和保持时间等时序上的约束。

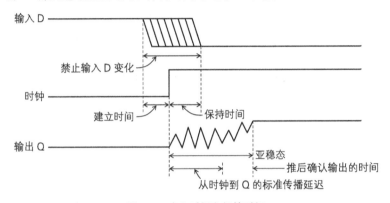

图 1-6　建立时间和保持时间

### 1.2.3　时序分析

从硬件描述语言（Hardware Description Language，HDL）编写的 RTL（Register Transfer Level，寄存器传输级）设计代码生成网表（逻辑门间的配线信息）的过程称为逻辑综合。最终决定逻辑综合所生成的电路网表在 FPGA 中以何种方式实现的两道工序称为布局和布线。FPGA 内部规则地摆放着大量设计好的电路及电路间配线，用以实现用户设计。所谓 FPGA 的设计流程，就是决定专为 FPGA 综合生成的电路摆放在哪儿、电路之间以什么样的布线路径相连的过程。

为了保证设计好的电路能够正常工作，不单要保证功能（逻辑）正确，还必须要确保时序正确。在 FPGA 的设计流程中，从逻辑综合到布局布线，每一步都会对生成的电路进行评估分析。由于基于仿真的方式分析每个逻辑值并进行动态时序分析的方法过于耗时，所以 FPGA 的性能评估主要采用静态时序分析（Static Timing Analysis，STA）。STA 只需要提供电路网表就可以进行全面的评估验证，并且原理上只需遍历一次电路的拓扑结构，因此也具有分析速度快的优点。最近，随着电路规模不断增大，不仅 FPGA，其他 EDA 工具也采用 STA 的方式来验证电路是否能够按照要求的速度正确工作。

时序分析包含对设计电路的建立时间分析和保持时间分析，并能够以此进行时序验证。时序验证主要是评估 FPGA 上设计电路的延迟是否满足时序约束（时序上的设计需求）。布线的延迟取决于 FPGA 设计电路的摆放位置和所使用的布线，也就是说取决于布局布线工具的编译结果。当 FPGA 的性能和逻辑门资源富余时编译过程较为容易；相反，当设计电路的规模和 FPGA 片上资源相当时，布局布线过程所需时间可能会很长。时序分析必须检查所有路径上逻辑延迟和布线延迟的时序余裕，确保它们满足建立时间和保持时间的时序约束。

### 1.2.4 单相时钟同步电路

布局布线上具有一定自由度的 FPGA 都以同步电路设计方式为主，而同步电路可以使用 STA 进行时序分析和验证。STA 具有验证速度高的优点，但对电路结构有一定的要求：延迟分析的起点和终点必须是基于同一时钟的 FF，从而可以通过累加起点和终点间的延迟来计算、验证每条路径的总延迟。因为各条路径上的布线长度不一，所以信号的延迟会不同，输出数据变化的时间点也会有所差别。因此如图 1-7 所示，FPGA 设计中的输入信号会先被送到 FF，输出信号则必须从 FF 引出，并且所有 FF 都由同相的时钟驱动。这种设计属于由同一时钟的同一边沿同步动作的电路类型，而反相时钟（相位反转的时钟或反方向的边沿）不属于此类。基本上，采用单一时钟进行同步是较为理想的选择。

同步设计的一个前提是所有 FF 都必须同时接收到时钟信号，而现实中时钟信号的布线非常长，时钟信号驱动的负荷（扇出数）、布线延迟等原因会导致出现时间差，因此很难严格地满足上述条件。这种时钟信号到达时间的错位称为时钟偏移（skew）。另外，由于时钟振荡器的变动或信号变形，时钟边沿会偏离平均位置，这种情况称为时钟抖动（jitter）。为了保证所有 FF 的输入时钟信号同步，需要将时钟偏移和时钟抖动控制在一定范围之内。

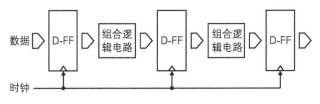

**图 1-7　单相时钟同步电路**

时钟偏移和逻辑门电路的延迟一样，会对时钟周期的设定产生影响。因此时钟设计是集成电路时序设计的重要一环。而 FPGA 上已经提前实现好了多层时钟树结构，并且通过驱动能力强的专用布线（global buffer）将时钟低偏移地连接到整个芯片的 FF 上，因此在时钟设计上要比 ASIC 容易很多。

## 1.3　FPGA的定位和历史

本节中，我们先介绍本书的主角 FPGA 在逻辑器件中的定位，再对 FPGA 技术 30 多年来的普及、发展和变迁历程进行总结 [5~10]。

### 1.3.1　FPGA 的定位

逻辑器件（数字芯片）可以大致分为标准器件和定制芯片两类（图 1-8）。一般来说，越偏向定制，逻辑器件的性能（速度）、集成度（门数）和设计自由度等方面就越有优势，但相对地，设计、制造相关的开发费用（Non-Recurring Engineering，NRE 成本）也较为高昂，且从下单到出货的周转时间（Turn Around Time，TAT）会更长。

定制芯片也大致分为两种：从基础单元（cell）开始设计的全定制芯片和使用经过优化的标准单元实现的半定制芯片。半定制芯片包含了使用标准单元库进行设计的标准单元 ASIC（cell-based ASIC）；在预先摆放好标准单元（布线前的工艺全部完成）的晶圆上通过定制布线形成产品的门阵列（gate array）；介于标准单元 ASIC 和门阵列之间的嵌入式阵列（embedded array）；通过在门阵列上提供 SRAM、时钟 PLL 等通用模块来将定制成本最小化的结构化 ASIC（structured ASIC），等等。这些工艺都是为了降低定制芯片的 NRE 成本和缩短 TAT 时间。

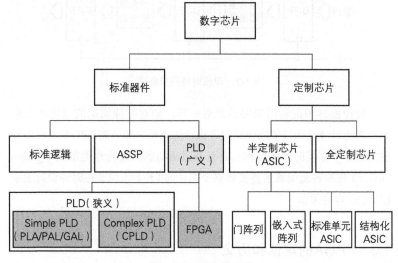

图 1-8　FPGA 的定位

另一方面，标准器件中有一类逻辑器件被称为可编程逻辑器件（Programmable Logic Device，PLD），它不同于面向固定用途且无法定制的 ASSP，是一类可通过编程来实现各种逻辑电路的逻辑器件。PLD 这种"可以编程的逻辑电路"由于具有允许用户通过编程手段自由实现定制电路等特色，近些年取得了很大的发展。

FPGA 是 PLD 的一种，它通过组合使用器件内大量逻辑块来实现用户所需电路。FPGA 比以往（狭义）的 PLD 设计自由度更高，并有近似于门阵列的构造，因此被命名为 FPGA。FPGA 量产时不具有任何逻辑功能（未编程状态），从半导体厂商的角度来看，它是一种可量产的标准器件，从用户的角度来看，它是一种不需要开模等高额费用（NRE 成本）又可以随时实现定制电路的方便的 ASIC。

## 1.3.2　FPGA 的历史

FPGA/PLD 行业经过几十年的发展，已有超过 40 家企业参与其中。下面，我们就参照表 1-4，按照年代的顺序来一起回顾一下 FPGA 的普及、发展和变迁的历史 [11~15]。

表 1-4　FPGA 的历史

| 年代 | 最大规模门数 | 代表器件名 | 技术特征 | 代表企业 |
|---|---|---|---|---|
| 20 世纪 70 年代 | 数十 ~ 数百 | FPLA（Field Programmable Logic Array） | 用户可编程器件，由于使用了基于熔断丝的 ROM，所以属于一次性写入型 | Signetics（曾属 Philips，现属 NXP Semiconductors） |
| | | PAL（Programmable Array Logic） | 采用双极性晶体管的高速 OR 阵列，属于一次性写入型 | MMI（曾属 Vantis，现属 Lattice Semiconductor） |
| 20 世纪 80 年代 | 数百 ~ 数千 | GAL（Generic Array Logic） | 采用 CMOS 实现低功耗，编程器件采用电可擦除 / 编程的 EEPROM | Lattice Semiconductor |
| | | FPGA（Field Programmable Gate Array） | 实现了由可编程的逻辑块、连线和 I/O 单元组成的基本逻辑阵列结构 | Xilinx |
| | | CPLD（Complex Programmable Logic Device） | 具有多个 AND-OR 阵列构成的逻辑块，具有密度高、容量大、速度快的特性 | Altera、AMD、Lattice |
| | | 反熔丝 FPGA | 容易实现高速电路，具有非易失性，但属于一次性写入型 | Actel、QuickLogic |
| 20 世纪 90 年代 | 数千 ~ 100 万 | 基于 SRAM 的 FPGA | 采用 SRAM 的 FPGA 开始进入市场（Flex、ORCA、VF1、AT40K 等系列） | Altera、AT&T（Lucent）、AMD（PLD 部门先独立成 Vantis 公司，后被 Lattice 收购）、Atmel |
| | | 基于 Flash 的 FPGA | 采用 Flash ROM 的 FPGA 具有非易失性，且可以实现多次擦写 | GateField |
| | | BiCMOS FPGA | 采用 BiCMOS 工艺高速 ECL 逻辑的 FPGA（DL5000 系列） | DynaChip |

（续）

| 年代 | 最大规模门数 | 代表器件名 | 技术特征 | 代表企业 |
|---|---|---|---|---|
| 21 世纪 00 年代 | 100 万 ~ 1500 万 | 百万门级别 FPGA、SoPD（System on Programmable Device） | 搭载处理器核心（硬核 IP 或软核 IP）、DSP 块、多输入逻辑块、高速接口，多平台（子系列）化 | Altera、Xilinx |
| | | 初创企业 FPGA<br>· 超低功耗 FPGA<br>· 高速异步 FPGA<br>· 动态重配置 FPGA<br>· 大规模 FPGA<br>· 单体 3D-FPGA | 初创企业（新型 FPGA 厂商）的技术<br>· 基于低漏电工艺和电流遮断技术的低功耗技术<br>· 基于异步电路的数据令牌传输技术<br>· 基于动态重配置技术的虚拟 3D 化技术<br>· 基于易于扩展的布线结构实现 FPGA 的大规模化技术<br>· 基于非晶硅 Si TFT 技术的 SRAM（3D 化）技术 | SiliconBlue、Achronix、Tabula、Abound Logic、Tier Logic |
| 21 世纪 10 年代 | 2000 万（28 nm）~ 5000 万（20 nm） | 28 nm FPGA<br>20 nm FPGA<br>16/14 nm FinFET FPGA<br>· 新一代 SoPD（面向 SoC 的 FPGA）<br>· 动态重配置 FPGA<br>· 3D-FPGA（2.5D-FPGA）<br>· 车载 FPGA<br>· 光 FPGA | 台积电的 28 nm、20 nm、16 nm FinFET 3D 晶体管技术<br>Intel 的 14 nm FinFET 3D 晶体管技术<br>· 搭载 ARM 处理器的 Zynq 和 Cyclone V SoC<br>· 动态部分重配置技术成为标配<br>· 连接多个 FPGA 晶圆的 2.5D-FPGA 技术<br>· 符合车载 AEC-Q100 和 ISO-26262 规格<br>· Vivado HLS 高层次综合工具 OpenCL | Altera、Xilinx |
| | | （垄断化） | QuickLogic 和 Atmel 等公司终止 FPGA 业务 新兴企业相继退出市场 FPGA 行业并购活跃 | 主要的 4 家 FPGA 厂商<br>· 巨头：Xilinx、Altera<br>· 中坚力量：Lattice、Actel |
| | | （行业洗牌） | 面向数据中心和 IoT 市场的处理器称霸市场 对应大数据分析、机器学习、虚拟化网络、高性能计算等领域 | Microsemi 并购 Actel<br>Lattice 并购 Silicon-Blue<br>Intel 并购 Altera |

#### 1. 20 世纪 70 年代（出现 FPLA、PAL）

早期的 PLD 使用和 PROM 类似的结构实现可编程的 AND-OR 阵列，可以使用存储器件来记忆电路信息。1975 年 Signetics（西格尼蒂克）公司[①]发布了一种基于熔断丝的可编程 FPLA（Field Programmable Logic Array，现场可编程逻辑阵列）。后来 1978 年 MMI 公司（现 Lattice 公司）将 FPLA 简化并采用双极性晶体管制程，开发了高速的 PAL（Programmable Array Logic，可编程阵列逻辑）。最终 MMI 开发的 PAL 得到了普及。PAL 采用了延迟小的固定 OR 阵列和高速的双极性 PROM，但耗电较大且无法重新编程。

#### 2. 20 世纪 80 年代

(1) 20 世纪 80 年代前期（出现 GAL、EPLD、FPGA）

到了 20 世纪 80 年代，各公司都开始销售基于 CMOS EPROM/EEPROM 的 PLD 产品，这些产品功耗低且可重新编程。这个时期以 DRAM 技术为核心的日本半导体厂商发展迅速，而美国的大型半导体公司业绩相对低迷。此时领导 PLD 市场的主要是美国的创业型企业。Lattice 公司（莱迪思，1983 年成立）的 GAL（Generic Array Logic，通用阵列逻辑），Altera 公司（阿尔特拉，1983 年成立）的 EPLD（Erasable PLD，可擦除 PLD）等各种各样的 PLD 架构涌现，其中 GAL 得到了广泛应用。GAL 基于和 PAL 兼容的固定 OR 阵列结构，并且采用了 CMOS EEPROM 作为编程的记忆元件。

GAL 和前面介绍的 FPLA、PAL 等单一 AND-OR 阵列结构的 PLD 被统称为 SPLD（Simple PLD），它们的集成度只有数十到数百门的程度。而随着 LSI 集成度不断增高，要制造比 GAL 更大规模的 PLD 时，单一 AND-OR 阵列结构的资源浪费情况就越来越严重了。因此，作为结构更加灵活的大规模 PLD，FPGA 和 CPLD 出现了。

最早将 FPGA 产品化的 Xilinx 公司（赛灵思，1984 年成立）是由从 Zilog（齐格洛）公司离职的 Ross H. Freeman 和 Bernard V. Vonderschmitt 两人共同创办的创业型企业。Freeman 在 1985 年制作了第

---

① 　同年被 Philips（飞利浦）公司收购，现属 NXP Semiconductors（恩智浦半导体）公司。

一枚具有实用价值的 FPGA 芯片（XC2064 系列），该芯片采用了 4 输入、1 输出的 LUT 和 FF 相组合的基本逻辑单元。稍后加入 Xilinx 的 William S. Carter 又发明了更高效的单元间连接方法。这两个人的发明分别被称为 Freeman 专利和 Carter 专利，它们是 PLD 历史上最为有名的两个专利。因为发明了 FPGA，Ross H. Freeman 在 2009 年被列入了美国发明家名人堂。

Xilinx 公司的 FPGA 产品（产品名为 LCA）具有设计自由度高、可重编程和耗电低等优势（因为采用了 CMOS SRAM）。Concurrent Logic 公司 ① 受到 Xilinx 公司 FPGA 的启发，又结合 MIT（美国麻省理工学院）的 Petri 网络研究成果，生产了支持部分重配置的 FPGA 产品。同时，英国爱丁堡大学也在 1985 年开始着手基于 FPGA 的虚拟计算机研究，并于 1989 年通过 Algotronix 公司（现 Xilinx 公司）产品化了部分重配置的 FPGA 产品。在这些产品中，被众人熟知的分别是 Atmel 的 AT6000 和 Xilinx 的 XC6200，它们是现在动态重配置 FPGA 的鼻祖。

(2) 20 世纪 80 年代后期（出现反熔丝 FPGA 和 CPLD）

到了 20 世纪 80 年代中后期，随着半导体集成度和速度的提升，出现了无法擦写的反熔丝 FPGA。推出反熔丝 FPGA 产品的公司有 Actel（爱特，1985 年成立）、QuickLogic（快辑半导体，1988 年成立）和 Crosspoint（1991 年成立）。

不过此时，刚诞生不久的 FPGA 还不具备业内用户所期待的性能，所以有不少企业还在探索基于其他构造的大规模 PLD。曾经开发过 AND-OR 阵列 PLD 产品的 Altera、AMD（超威半导体）、Lattice 等公司都在开发由多个 PLD 块组合而成的大规模 PLD 产品，这些产品后来被统称为 CPLD（Complex PLD）。虽然 CPLD 在集成度和设计自由度上不及 FPGA，但由于和同期的 FPGA 相比具有速度快、不易失和擦写容易（采用 EPROM/EEPROM）等优势，所以直到 20 世纪 90 年代前期，它们都和 FPGA 一样，是具有代表性的大规模 PLD 产品。但是，在 20 世纪 90 年代后期，基于 SRAM 的 FPGA 技术不管在集成度还是

---

① 现 Atmel（爱特梅尔）公司。

速度上都得到了快速发展，所以现在 CPLD 的定位已经变成了廉价的小规模 PLD 产品。

(3) 20 世纪 80 年代的创业情况

FPGA 市场一直是由创业型企业来主导架构研发和产品化的。第一个将 FPGA 产品化的 Xilinx 是 1984 年成立的创业型企业。Altera 和 Lattice 也在同时期成立并开发 SPLD 产品，随后也加入了 FPGA 领域。Actel 也是创业型企业，比 Xilinx 稍晚起步。这四家企业经过后续发展，成为了 FPGA 市场中主要的四大厂商。再加上稍后创立的 QuickLogic，在 20 世纪 80 年代创业的这五家企业陆续成为了 FPGA 市场的领导者。在大型企业中，开发独有 FPGA 架构并实现产品化的只有 AT&T[①] 和 Motorola（摩托罗拉）公司[②]，但 AT&T 最早是通过 Xilinx 提供的技术加入 FPGA 市场的，Motorola 开始也是得到了 Pilkington 公司的授权才开发产品的，他们都不是从零开始的。此外，德州仪器、松下电器产业（现松下）两家公司与 Actel 公司合作，Infineon（英飞凌）、ROHM Semiconductor（罗姆半导体）两家公司与 Zycad 公司[③]合作参与过 FPGA 市场，但如今都已撤出。

(4) 日本半导体厂商及大型半导体厂商的动向

Lattice、Altera、Xilinx、Actel 等 20 世纪 80 年代创立的 PLD 厂商都是没有制造设备的无晶圆厂，他们都委托当时 CMOS 工艺技术急速成长的日本半导体厂商制造芯片。例如，Xilinx 和 Lattice 委托的是精工爱普生，而 Altera 委托的是夏普。Actel 则不仅委托制造，还与德州仪器公司和松下电子工业在制造、技术和销售等方面全面结盟合作。在 20 世纪 90 年代，也有像 Flash FPGA 的厂商 GateField 与 ROHM Semiconductor 这样在制造、技术、销售等方面广泛合作的案例。不过近些年，PLD 制造的主力都纷纷转移到了联电（UMC）、台积电（TSMC）等具有先进 CMOS 工艺技术的中国台湾厂商。

---

① 其 FPGA 业务先后转给 Lucent（朗讯）和 Agere（杰尔系统），最终出售给了 Lattice 公司。

② Motorola 的半导体部门后来成为了 Freescale（飞思卡尔）公司。

③ Gatefield 公司的前身。

当时的日本大型厂商只专注于通用产品中的 DRAM 和可定制产品中的门阵列，因此并没有独自参与过 PLD 市场。

而德州仪器、美国国家半导体公司等擅长制造逻辑芯片和内存产品的美国大型半导体厂商，也都曾经参与过双极性 AND-OR 阵列 PLD 和CMOS EPROM/EEPROM PLD 等产品的开发。只是在研发新架构、领导市场方面不及专业的 PLD 厂商积极，如今多数都已撤出 PLD 市场。大型企业 AMD 公司在 1987 年通过收购 MMI 也积极参与过新架构 CPLD的开发，但后来为了专注于发展势头较好的 CPU 领域，于 1996 年将PLD 业务剥离并转移到了子公司 Vantis，最终于 1999 年出售给了 Lattice。

### 3. 20 世纪 90 年代

#### (1) FPGA 大规模化发展

20 世纪 90 年代，Xilinx 和 Altera 分别改良、扩展各自的 XC400 和FLEX 架构，使 FPGA 上逻辑电路的规模（门数）得到了快速增长。20世纪 90 年代前期达到了数千至数万门，20 世纪 90 年代后期更是发展到了数万至数十万门的规模。使用多枚 FPGA 的快速原型开发环境也在此时出现了（图 1-9）。进入 20 世纪 90 年代后，FPGA 迅速普及 [16]，AT&T（PLD 业务现属 Lattice）、Motorola（现撤出了 PLD 业务）、Vantis（现 Lattice）等越来越多的厂商开始制造基于 SRAM 的 FPGA。川崎制铁、NTT、东芝等日本厂商也着手研发过产品，但最终都没能推向市场。

图 1-9　使用了 12 个 FPGA 的快速原型开发环境

据说由于开发基于 SRAM 的 FPGA 可能会侵犯 Xilinx 的基本专利（Freeman 专利和 Carter 专利），因此许多厂商最终都放弃了产品化。1993 年 Altera 就因其销售的基于 SRAM 的 PLD 产品（FLEX 系列等）的专利问题，和 Xilinx 之间有过长时间的法律纠纷。最终两家公司于 2001 年和解，从此 Altera 也开始称自己的产品为 FPGA。

20 世纪 90 年代后期，还有一些新型的 FPGA 产品面世。例如，GateFiled 公司 ① 的 FPGA 使用 Flash Memory 作为编程元件，具有可擦写、非易失等优点。还有 DynaChip 公司开发的 FPGA 采用了 BiCMOS 工艺的高速 ECL 逻辑等。

20 世纪 90 年代后期开始，FPGA 的集成度和速度得到了快速发展，特别是在集成度上与 CPLD 拉开了距离。由此，FPGA 成为了大规模 PLD 的代表。另一方面，FPGA 在性能上和门阵列、标准单元 ASIC 等半定制产品的差距也逐渐缩小，成功进入了半定制产品（特别是门阵列）的市场。

整个 20 世纪 90 年代，FPGA 的系统化和大规模化趋势非常明显，因此搭载 MPU 和 DSP 等硬核模块也成为了必然趋势。1995 年，Altera 公司的 FLEX10K 开始通过搭载存储器块（memory block）来扩大产品的应用范围，同时还搭载了 PLL（Phase-Locked Loop，锁相环）以增强时钟管理和高速电路设计能力。从这个时期开始，FPGA 真正成为被广泛应用的量产系统，得到了快速的普及。1997 年，逻辑规模达到了 25 万门，主频也达到了 50~100 MHz。到了 1999 年，Xilinx 公司新型 FPGA Virtex-E 和 Altera 公司 APEX20K 的发布促进了 FPGA 进一步的大规模化和高速化，将集成度提高到了 100 万门级别，这标志着 FPGA 正式迎来了百万门时代。

(2) 20 世纪 90 年代的创业情况

20 世纪 90 年代前半期参与 FPGA 市场的创业型企业有 Crosspoint 公司、DynaChip 公司（Dyna Logic）和 Zycad 公司。Zycad 原本主要开发逻辑仿真 EDA 工具，但后来出售了 EDA 业务并专注于 FPGA 市场，因

---

① 2000 年被 Actel 收购，现属 Microsemi（美高森美）公司。

此也可被认为是这一时期的创业型企业。然而此时，先行的 Xilinx、Altera、Actel 和 Quicklogic 已经积蓄了很强的实力难以超越，导致 Crosspoint 和 DynaChip 都中途退出了市场。

Crosspoint 公司创立于 1991 年，是最后一家生产反熔丝 FPGA 的企业。该公司在 1991 年就申请了专利，产品也上市了，但最终还是在 1996 年终止了业务。虽然其成立不到一年就通过股东日本 ASCII 公司与日本半导体大厂（日立制作所）缔结了技术开发和制造销售的合同，同时又和其他大公司结盟并制订了参与 FPGA 市场的计划，但该计划却因种种原因无疾而终。Crosspoint 的 FPGA，简单说就是在金属布线层间穿孔放置非晶硅反熔丝，从而实现用户可定制的门阵列。其特色是采用了最细粒度的晶体管对，可以和门阵列一样进行晶体管级别的连接。若在晶体管级别和 CMOS 逻辑门构造一致，那么理论上就不会产生和 FPGA 一样的集成度上的缺点。这一点正是 Crosspoint 的创新技术，类似的 FPGA 之前没有过，之后也再没出现过可以实现和 CMOS 门阵列一样架构的可编程器件。

另一方面，20 世纪 90 年代后期 Xilinx 和 Altera 两巨头在市场上表现强劲，一段时间内都没有新创 FPGA 芯片厂商出现。以 FPGA 核或动态重配置处理器等新类别起家的厂商却不少，尤其是后者。但是这些企业大多要么被收购、要么倒闭，即便至今还在继续经营，也几乎都没有获得商业上的成功。

### 4. 21 世纪 00 年代

(1) 百万门时代和系统 LSI 化

进入 2000 年，FPGA 开始呈现系统 LSI 化的趋势。作为由 FPGA 厂商开发并提供支持的处理器 IP，Nios 软核处理器被 Altera 公司公开。同年，Altera 还推出了世界上第一款带有硬核处理器的 FPGA 产品 Excalibur（图 1-10）。Excalibur 在一枚芯片上同时集成了 ARM 处理器（ARM922 和外设功能）和 FPGA 电路。此外，Xilinx 公司也推出了软核处理器 MicroBlaze，并生产了搭载 PowerPC 处理器硬核的 FPGA 产品（Virtex II Pro）。

在系统 LSI 化过程中，高速外部接口也一样重要。此时 FPGA 也开始应用 SERDES（Serializer-Deserializer，串行器 – 解串器）电路和 LVDS（Low Voltage Differential Signaling，低电压差分信号），实现了高速串行通信接口。同时，为了应对图像处理等运算性能上的需求，在通用逻辑块之外还增加了数字信号处理器块（DSP 块）和具有高面积效率比的多输入逻辑块等高性能模块，从而显著地提高了集成度和电路实现的性能。然后，为了应对不同用户对硬核 IP 的不同需求，厂商还开发了多种子系列产品供不同领域用户选择。

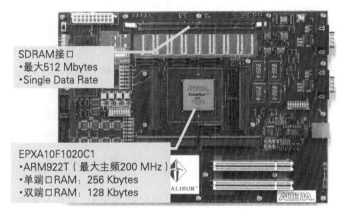

图 1-10　世界上第一款搭载硬核处理器的 FPGA "Excalibur"[17]

以 Altera 公司为例，该公司推出了集合这些创新性进化于一身的高端 FPGA 产品 Stratix（2002 年，130 nm），该系列后继产品 Stratix II（2004 年，90 nm）、Stratix III（2006 年，65 nm）和 Stratix IV（2008 年，40 nm）每两年升级一次。1995 年 FLEX10K 发布时，其逻辑电路规模大约是 10 万门，内部最大时钟频率为 100 MHz。而到了 2009 年，其逻辑电路规模已经达到了 1500 万门（840 万门逻辑加 DSP 块），15 年间增长 150 倍，内部最大时钟频率也达到了 600 MHz。另一边，Xilinx 公司的高端 FPGA 产品 Virtex II Pro（2002 年，130 nm）、Virtex-4（2004 年，90 nm）、Virtex-5（2006 年，65 nm）和 Virtex-6（2009 年，40 nm）也大概是每两年升级一次。因为逻辑芯片的制程大约是每两年更新一代，所以 2000 年以后 FPGA 的进化基本和制程升级是保持同步的。

(2) 21 世纪 00 年代的新兴厂商

FPGA 相关的两个最基本的专利 Carter 专利和 Freeman 专利，曾是考虑进入 FPGA 芯片市场的新兴厂商的最大障碍。不过随着时间的推移，Carter 专利和 Freeman 专利分别在 2004 年和 2006 年迎来专利权期限届满。以此为契机，该时期涌现了众多 FPGA 新兴企业，例如 SiliconBlue Technologies 公司、Achronix Semiconductor 公司、Tabula 公司、Abound Logic 公司（曾为 M2000 公司）、Tier Logic 公司，等等。

SiliconBlue 公司针对主流 FPGA 能耗大的缺陷，基于台积电的低漏电 65 nm 制程，开发了面向便携式设备的超低功耗 FPGA 系列产品 iCE65。该系列在基于 SRAM 的 FPGA 的基础上同时搭载了非易失配置存储器件，和其他 FPGA 相比只有 1/7 的工作功耗和 1/1000 的待机功耗。

Achronix 公司则基于美国康奈尔大学的高速 FPGA 研究成果，开发了 Speedster 系列。Speedster FPGA 的特点是采用了异步电路传输数据令牌。数据令牌是将过去 FPGA 的数据和时钟合二为一，通过握手传输数据。该公司最初的产品为 SPD60（台积电 65 nm），其吞吐量比以往的 FPGA 大 3 倍，约为 1.5 GHz。

Tabula 公司的技术特征是利用动态重配置的特长，在同一逻辑单元上实现多种功能从而降低 FPGA 成本。大厂的 FPGA 相对其他 ASIC 产品价格较贵，而 Tabula 在价格上展开攻势这一点比较符合创业型企业的作风。该厂商的 ABAX 系列 FPGA 采用独有的动态重配置技术，可以动态地切换逻辑单元，因此可用较少的资源实现大规模电路。具体来讲，就是将外部输入的时钟信号在 FPGA 内部通过倍频来生成高速时钟，并用高速时钟信号驱动逻辑电路和电路重配置机构。因此，就算物理上逻辑电路的规模是一定的，也可通过高速切换来实现逻辑电路的分时复用，从而得到更大的有效逻辑规模。Tabula 将这种在二维芯片上添加时间维度来增大有效逻辑规模的结构称为三维 FPGA。

Abound Logic 公司发布过以 Crossbar Switch 和可扩展架构为特征的大规模 FPGA 产品 Rapter，但在 2010 年终止了相关业务。Tier Logic 公司则和东芝等公司共同开发了在 CMOS 电路上方通过非晶硅 TFT 的方式实现配置 SRAM，从而形成独特的单体 3D-FPGA 的技术，但也同样在 2010 年由于资金短缺终止了业务。

### 5. 21 世纪 10 年代

#### (1) 制程的发展和技术新潮流

2010 年，Xilinx 公司和 Altera 公司都发布了 28 nm 的 FPGA 并于 2011 年春开始供货，由此更加巩固了 FPGA 相对 ASIC 的优势。这两家最大的 FPGA 厂商除了以往的高低端 FPGA 以外，都又增加了中端产品线。例如，Xilinx 将合作的晶圆工厂从联电换成了台积电，Xilinx 7 系列全线产品（高端 FPGA Virtex-7，中端 FPGA Kintex-7，低端 FPGA Artix-7）采用 28 nm 制造工艺，在提高性能的同时降低了功耗。如今，Xilinx 和 Altera 两家公司最新的 FPGA 都由台积电代工生产。

接下来，对 28 nm FPGA 的技术新潮流进行讲解 [18,19]。

#### (a) 新时代的 SoC 化潮流

虽然 Xilinx 和 Altera 都曾在 2000 年左右发布过第一代搭载硬核处理器的 SoC 化 FPGA 产品，但这些产品都比较短命。后来，使用软核处理器的 FPGA 得到了广泛的应用。不过随着制程的进步，搭载硬核处理器的 FPGA 在性能和成本方面也开始逐步迎合市场需求。此外，这一时期正值 32 位处理器逐渐被市场淘汰，在这些内外因素的推动下，将 ARM 等面向嵌入式处理器的 CPU 核、外围处理电路等功能集于一身且面向 SoC 的 FPGA 最终出现了。这类产品被称为 SoC FPGA、可编程 SoC 或 SoPD（System on Programmable Device）等。例如，Xilinx 以全新的品牌名 Zynq 发布了 Zynq-7000 系列产品。该系列产品在以 ARM Cortex-A9 MPCore 处理器为基础的 SoC 之上，集成了 Xilinx 28 nm 的 7 系列可编程逻辑。而 Altera 推出的 Cyclone V 系列 SoC FPGA 产品，也是在同一芯片上集成了双核 ARM Cortex-A9 MPCore 处理器和 FPGA。

#### (b) 部分重配置

部分重配置（partial reconfiguration）是指重新配置 FPGA 的特定部分时其余部分可以持续工作不中断的功能。Xilinx 公司 Virtex-4 之后的高端 FPGA 器件及其开发工具（ISE 12 以上的版本）都支持部分重配置。Altera 公司也是从 Stratix V 开始支持部分重配置。从两大 FPGA 厂商相继正式支持部分重配置技术可以看出市场对该技术有很大的期待。

(c) 3D-FPGA（2.5D-FPGA）

Xilinx 公司通过在硅基板（silicon interposer）上堆叠并连接多块二维摆放的 FPGA，制造了第一枚 2.5D-FPGA 产品。虽然理想的 3D 芯片是将多块具有 TSV（Through Silicon Via，硅通孔）的芯片垂直叠放成立体结构，但有些芯片难以制作 TSV，且包含大量 TSV 的芯片良品率低，导致制造成本过高。而备受瞩目的 2.5D 技术只需堆叠两层芯片，无须使用 TSV，因此可以缓解这些问题并获得接近 3D 的性能。基于台积电的 28 nm HPL 制程制造的 Virtex-7 2000T 是集成了 68 亿个晶体管的业内最大 FPGA，它的 200 万个逻辑单元相当于 2000 万个 ASIC 门。

(d) 车载 FPGA

Xilinx 公司基于 Artix-7 FPGA 开发了面向车载应用、符合 AEC-Q100 标准的 XA Artix-7 FPGA，以及可编程 SoC 形态的 XA Zynq-7000 产品。Xilinx 的设计工具还通过了第三方实施的功能安全性标准 ISO-26262 认证。此外 Altera 公司和 Lattice 公司也都在做各自的车载解决方案。

(e) C 语言开发环境

最近，FPGA 厂商都开始提供利用 C 语言进行 FPGA 设计的开发环境。Xilinx 公司的高层次综合工具 Vivado HLS 支持用户直接从 C、C++或 System C 代码综合生成 FPGA 硬件而无须编写 RTL，该工具同时兼容 ISE 和 Vivado 设计环境。另一边，Altera 公司则积极推进 OpenCL 的应用。OpenCL 是基于 C 语言进行开发的，并可将代码部署到 CPU、GPU、DSP 以及 FPGA 等各种平台。Altera 希望通过提供对 OpenCL 的支持，在并行计算的硬件加速器应用中普及自家的 FPGA 产品。

(f) 其他

另外还有一些新的技术。比如，为了应对通信带宽需求的增长而搭载高带宽光通信接口的光 FPGA（Optical FPGA）或可以耐受强辐射的 FPGA（Radiation-hardened FPGA）等。

(2) FPGA 的制程和路线图 [20]

在 28 nm 制程之后，Xilinx 公司推出了基于 20 nm 制程的 UltraScale 系列。该系列包括 Kintex UltraScale 和 Virtex UltraScale 两个子系列，其

中 Virtex UltraScale 的规模最大，相当于 5000 万 ASIC 门。UltraScale 系列基本上都是由台积电的 20 nm 制程制造的，只有 Virtex UltraScale 的高端型号采用了台积电的 16 nm FinFET 工艺。另一边，作为 Altera 公司新一代 Generation 10 FPGA 的 Arria 10 FPGA 和 Stratix 10 FPGA，都是搭载了嵌入式硬核处理器的 SoC 化产品。Generation 10 器件使用了业内最先进的 Intel 15 nm FinFET 工艺和台积电的 20 nm 工艺制造，其中高端产品 Stratix 10 的主频可以达到 1 GHz 以上。

逻辑芯片一直跟随制程工艺的发展脚步每两年更新一次。对比 Intel 处理器的发展来看，2000 年之后的 FPGA 也基本符合这一发展节奏。ASIC 直到 21 世纪初期还紧跟先进工艺的脚步，但近 10 年，除游戏主机等一部分应用外，大多数产品还在使用 130~90 nm 制程，基本停留在了 10 年前的水平。

FPGA 则和通用处理器一样紧随工艺的发展路线，不断使用最先进的制程工艺推出新产品（图 1-11）。今后，随着 28 nm、20 nm、16/14 nm 制程的推进，FPGA 所采用的工艺要比 ASIC 领先三四代，其性能足以匹敌 130 nm、90 nm 甚至是 65 nm 的 ASIC 产品。

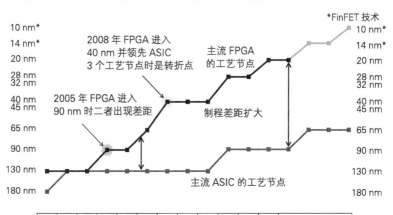

图 1-11　FPGA 和 ASIC 的制程工艺路线图

(3) 垄断化和行业洗牌

进入 21 世纪 10 年代之后 FPGA 行业的垄断化加剧。行业内最大的两家厂商 Xilinx 和 Altera 占据了超过八成的市场份额，而仅剩的两成中的大部分又被中坚厂商 Lattice 和 Actel 瓜分。行业第四的 Actel 于 2010 年 10 月被美国主攻高可靠性半导体的 Microsemi 收购，现在以 Microsemi FPGA 品牌推出的产品主要是基于 Flash 和反熔丝的非易失性 FPGA。

20 世纪 80 年代起家的 FPGA 厂商中，QuickLogic 也曾销售过反熔丝式 FPGA，但后来这家公司改变了产品策略并离开了 FPGA 市场，主营定制区域可编程的 CSSP（Customer Specific Standard Products，客户特定标准产品）产品。相对于 FPGA 芯片整体可编程的结构，CSSP 只提供一部分可编程领域，而剩余部分使用统一接口的标准电路，是一种客户可以定制指定部分的产品。Atmel 的 FPGA 技术则主要作为嵌入式核与自家 AVR 单片机组合使用，该公司和 QuickLogic 一样退出了主流 FPGA 市场[①]。

21 世纪 00 年代中期起家的新兴 FPGA 厂商中，主打超低功耗 FPGA 的 SiliconBlue 于 2011 年年末被 Lattice 收购。Lattice 后来推出了基于 40 nm 的 iCE40 系列产品。另外，使用动态重配置技术主打低成本 FPGA 的 Tabula 公司在 2015 年 3 月倒闭。Achronix 公司则在 2015 年还基于 Intel 的 22 nm 制程推出了 Speedster22i FPGA 系列产品。

近几年（本文写于 2016 年 2 月）半导体行业整体进入了大洗牌时代，相继发生了多起大型并购案。与此同时，FPGA 行业也有所改变。其中最具代表性的是 Intel（英特尔）公司于 2015 年 6 月收购了 FPGA 巨头 Altera。最终收购金额为 167 亿美元，几乎是 Altera 当时营业额的 10 倍，这也是 Intel 历史上最大的一笔收购。Intel 之所以重金收购 Altera，应该是认识到了要想继续在不断成长的数据中心和 IoT 处理器市场称霸，FPGA 技术将成为不可或缺的一项技术。

---

[①] 2015 年 9 月 Atmel 曾和英国的 Dialog Semiconductor 敲定收购协议，却于 2016 年 1 月取消收购。最终 Atmel 被 Microchip Technology 收购。

经过此事，Qualcomm（高通）公司和Xilinx公司于2015年11月公布展开战略合作。两家公司将整合各自擅长的技术——用于高端服务器的ARM处理器和FPGA技术，面向数据中心市场提供解决方案。此次合作的成果将涵盖大数据分析、机器学习和存储等云计算基础设施领域。2015年11月，Xilinx公布了和IBM公司缔结多年战略联盟关系的消息。通过在IBM的Power Systems中使用Xilinx的FPGA来开发面向特定应用的加速器，可以实现具有高能效比的数据中心系统，从而改善机器学习、虚拟化网络、高性能计算、大数据分析等应用的性能。而这一系列的战略合作，被认为是为了对抗Microsoft（微软）公司和Altera（Intel）领先一步合作开发的加速系统Catapult[21]。

## 1.4　FPGA专业术语

本节将集中讲解FPGA领域常用的专业术语。读者在阅读本书的过程中如果遇到不懂的术语，可以返回本节查找。

■ **ASIC（Application Specific Integrated Circuit，专用集成电路）**

ASIC是为满足顾客特定需求而设计制造、面相特定用途的集成电路的总称。面向特定用途的集成电路分为全定制IC和半定制IC。通常所说的ASIC主要指门阵列、嵌入式阵列、标准单元ASIC、结构化ASIC等。

■ **ASSP（Application Specific Standard Product，专用标准产品）**

相对于ASIC这种为特定顾客定制的LSI，ASSP是面向某一特定领域或应用的通用LSI。因为不是针对某一顾客而特别定制的芯片，所以作为通用器件（标准器件）具有可提供给不同客户的优势。

■ **CPLD（Complex PLD，复杂可编程逻辑器件）**

CPLD是指将多个小规模SPLD作为基本逻辑块，再通过开关连接而成的中规模（大规模）PLD，因为单纯扩大AND-OR阵列规模会导致资源浪费。CPLD逻辑部分的延迟时间和开关部分的延迟时间比较固定，因此设计较为容易。

■ **DLL（Delay-Locked Loop，延迟锁定环）**

DLL的基本功能和PLL的相同：可以实现零传输延迟；可以为分散

在芯片上的时钟输出提供低偏移的时钟信号；可以实现高度的时钟域控制等。DLL 和基于锁相环的 PLL 也有区别：DLL 将输入的时钟加上一定延迟后输出，并通过控制延迟时间将延迟时钟和下一时钟边缘的相位合成，从而得到无偏移的时钟信号。

■ **DSP（Digital Signal Processor，数字信号处理器）**

DSP 是为进行数字信号处理而优化过的处理器，可以连续进行高速乘积累加运算。FPGA 上搭载了很多被称为 DSP 块的硬宏单元，不过这些单元并非数字信号处理器，而是由高速乘法器电路组成的。

■ **EDA（Electronic Design Automation，电子设计自动化）**

EDA 是用于实现 LSI 或电子设备等电子领域设计自动化的软件、硬件和方法的总称。逻辑设计和电路设计用的仿真 CAE（Computer Aided Engineering，计算机辅助工程），版图设计和掩膜设计用的 CAD（Computer Aided Design，计算机辅助设计）等都叫作 EDA，而实际的设计产品叫作 EDA 工具。

■ **EEPROM（Electrically Erasable and Programmable ROM，电可擦可编程只读存储器）**

EEPROM 是一种断电后数据不会丢失的非易失性存储器。不同于使用紫外线进行擦除的 EPROM，EEPROM 是用户可以通过电子的方式进行擦除和重写的一种 ROM。

■ **EPROM（Erasable and Programmable ROM，可擦除可编程只读存储器）**

EPROM 是一种断电后数据不会丢失的非易失性存储器，并且用户可以对此 ROM 进行写入操作。不同于只能写入一次的 ROM 和 PROM，EPROM 可以通过紫外线照射来擦除数据。EPROM 必须清除全部数据后才能再次写入，不像 RAM 那样可以对指定部分进行擦除和重写。

■ **FPGA（Field Programmable Gate Array，现场可编程门阵列）**

FPGA 是一种由内部逻辑块和布线两部分构成的 PLD。虽然逻辑块可以任意组合连接，具有很高的设计自由度，但实际布局布线状况会导致延迟时间不定。由于此构造和单纯地由门电路和布线组成的门阵列类似，并且用户可以随时对其重新配置，因此被称为 FPGA（现场可编程逻辑门阵列）。

- **HDL（Hardware Description Language，硬件描述语言）**

  请参照后文"硬件描述语言"词条的解释。

- **IP（Intellectual Property，设计资产）**

  IP 本来的意思是知识产权，而在半导体领域，CPU 核、大规模宏单元等功能模块被称为 IP（设计资产）。使用经过验证的成品功能模块（IP），比重新设计电路更高效且可以缩短开发周期。为了和固件、中间件等软件 IP 区别开来，电路 IP 也被称为"硬 IP"或"IP 核"。

- **LUT（Look-up Table，查找表）**

  通过将函数的真值表存放在少量内存单元中来实现组合逻辑电路功能的模块称为 LUT。直接用电路的方式实现复杂函数，产生的电路可能会存在面积过大或速度过低等问题，而基于 LUT 的实现方式则有可能解决这些问题。

- **LVDS（Low Voltage Differential Signaling，低电压差分信号）**

  LVDS 是一种使用差分方式传输低电压、小振幅信号的接口技术。该数字传输标准可以达到数百 Mbit/s 的信号传输速度。

- **PLD（Programmable Logic Device，可编程逻辑器件）**

  PLD 是用户可将设计电路写入芯片的可编程逻辑器件的总称。代表性的 PLD 有 SPLD、CPLD 和 FPGA 等。

- **PLL（Phase-Locked Loop，锁相环）**

  PLL 是一种用来同步输入信号和输出信号频率和相位的相位同步电路，也可用来实现时钟信号的倍频（产生输入时钟整数倍频率的时钟）。在 FPGA 芯片上，PLL 用来实现对主时钟的倍频和分频，并且 PLL 的输出时钟之间保持同步。与基于延迟的 DLL 原理不同，PLL 采用 VCO（压控振荡器）来产生和输入时钟相似的时钟信号。

- **RTL（Register Transfer Level，寄存器传输级）**

  RTL 用来表示使用 HDL 进行电路设计时的设计抽象度，是一种比晶体管和逻辑门级别的设计抽象度更高的寄存器传输级（RTL）的设计方式。RTL 设计将电路行为描述为寄存器间的数据传输及其逻辑运算的组合。

■ SERDES（Serializer-Deserializer，串行器–解串器）

SERDES 通过用串行、并行相互转换模块，来实现使用高速串行接口连接并行接口的功能。最近的高速通信接口以串行为主流，因此不需要考虑并行通信中布线长度不一所导致的传输位间的时间偏移问题。

■ SoC（System on a Chip，片上系统）

从前的 LSI 按照功能分为处理逻辑、内存、接口等产品，而今后的趋势是将各种丰富的功能系统性地集成到一片 LSI 上，这种 LSI 被称为 SoC 或系统 LSI。

■ SPLD（Simple PLD，简单可编程逻辑器件）

SPLD 是由标准积之和形式的 AND-OR 阵列（积项）构成的小规模 PLD。也有一些附加嵌入各种宏单元或寄存器的产品。

■ SRAM（Static Random Access Memory，静态随机存储器）

SRAM 是一种可以自由进行读写操作的半导体随机存储器（RAM），并且属于断电后数据会丢失的易失性存储器。由于不像 DRAM 那样需要周期性地刷新操作（保持数据），因此被称为静态存储器。

■ 反熔丝（anti-fuse）

反熔丝在通常状态下绝缘，加以高电压时绝缘层会打开通孔熔通成为连接状态。由于它和合金熔丝的特性相反，因此被称为反熔丝。反熔丝形成的内部连接阻抗低，可用来实现高速电路。虽然反熔丝具有非易失性，但是编程写入的操作只能进行一次。

■ 嵌入式阵列（embedded array）

嵌入式阵列的开发流程是在用户决定好所需的硬宏单元时就先行投放晶圆进行生产，硬宏单元之外的用户逻辑部分先部署门阵列。用户完成逻辑设计后，只要在金属层工序实施用户逻辑的布线即可完成生产。这样，就可以同时具有标准单元 ASIC 中硬宏单元的高性能，以及堪比门阵列的短开发周期这两方面的优势。

■ 时钟树（clock tree）

大规模 LSI 中的布线延迟会导致各个信号到达时间不一致。特别是同步电路设计中电路的动作由时钟控制，这种信号传播上的时间差会带来不好的影响。因此需要时钟树这种时钟专属的布线和驱动电路来改善信号的偏差和传播速度。

- **门阵列（Gate Array，GA）**

门阵列是一种除布线之外所有掩膜工序都提前完成，用户只需要进行片上门电路之间的金属布线工程就能完成生产的芯片开发方式。这种方式具有开发周期短的优势。门阵列分为门电路区域和布线区域固定的通道（channel）型，以及门电路遍布整个芯片的门海（sea-of-gate）型。

- **高层次综合（High Level Synthesis，HLS）**

高层次综合指直接使用 C 语言或者基于 C 的语言描述算法功能，再由工具自动将其综合为含有寄存器、时钟同步等硬件概念的 RTL 描述的过程。

- **结构化ASIC（structured ASIC）**

结构化 ASIC 是指为了缩短开发周期，在门阵列基础上加以 SRAM、时钟 PLL、输入 / 输出接口等通用功能模块，将需要定制开发的部分降低到最小限度的芯片开发方式。例如制造方预先在专用布线层设计好时钟电路等方法，可以有效减轻用户的设计成本。

- **标准单元ASIC（cell-based ASIC）**

在基于标准单元库基础之上，提供更大规模电路模块（巨型单元、宏单元等）的 IC 开发方式。在使用标准单元实现的随机逻辑之上，提供 ROM、RAM、微处理器等巨型单元。系统 LSI 是在标准单元 ASIC 的基础上多功能化和大规模化而来的产物。

- **软核处理器（soft-core processor）**

软核处理器是可以通过逻辑综合来实现的微处理器核，在 FPGA 领域得到了广泛的应用。软核具有很多优势，例如可以在不同 FPGA 系列中使用，可以根据需要定制搭载必要数量的周边电路和 I/O，还可以根据需要自由装载多个处理器（多核化）等。

- **动态部分重配置（dynamic partial reconfiguration）**

部分重配置是指在可重构设备上实现的电路中，只对其中一部分进行重新配置。动态部分重配置则是指在其他部分正常工作的情况下，动态地对某一部分进行重新配置。使用动态部分重配置功能可以卸载无须同时工作的电路，从而得到面积和功耗上的改进。

■ **动态可重构处理器**（Dynamically Reconfigurable Processor，DRP）

动态可重构处理器是可重构系统的一种，商品化的产品通常是将粗粒度的 PE（Processing Element，处理单元）和分散的内存模块按二维阵列型放置，各个 PE 的指令和 PE 之间的连接可以动态地（在工作时）改变。

■ **硬件描述语言**（Hardware Description Language，HDL）

硬件描述语言是描述硬件行为和连接的编程语言。最早的数字电路设计通过组合 AND、OR、NOT、FF（Flip-Flop）等逻辑电路的符号来绘制电路图完成设计，这些年基于硬件描述语言的设计方法成为主流。硬件描述语言中，Verilog HDL 和 VHDL 作为行业标准应用得最为广泛。

■ **硬宏单元**（hard macro）

硬宏单元是指 FPGA 内部嵌入的固定的硬件电路模块。虽然可以使用 FPGA 的基本门来实现乘法器这类电路，但消耗的资源非常多，开销会增大。而如果使用硬宏单元，就不会对应用的性能有过多的影响。

■ **闪存**（flash memory）

一般的 EEPROM 可以对指定地址的内存进行擦除，而闪存是一种通过简化结构提高了速度和集成度，但只能批量擦除的 EEPROM。FPGA 中闪存的使用方式有两种，一种是将闪存单元用作逻辑和布线记忆单元的直接型，另一种是用闪存对 SRAM 型 FPGA 进行配置的间接型。

■ **制程工艺**（process technology）

虽然半导体制程的开发有两大分支——工艺和材料，但回顾基于硅材料的晶体管发展历史，微型工艺的进步是半导体产业成长的主要基础。LSI 主要构成器件是 MOS 型场效应管（MOSFET），只要可以制造更微小的 MOSFET，就能同时实现降低功耗、加快反应速度和增加单位面积晶体管数量等目标。

■ **乘积项**（product term）

所有逻辑表达式都可以变换为与项（AND）的逻辑或（OR），也就是积之和的形式。由 AND 阵列和 OR 阵列组成的 AND-OR 构造称为乘积项形式。乘积项是 SPLD 和 CPLD 中代表性的基本结构。

■ **可重构系统**（reconfigurable system）

可重构系统是灵活运用细粒度（FPGA）或粗粒度（PE 阵列）的可重构器件，根据应用特征改变包括数据通路（data path）在内的硬件结构的系统总称。这种方式比开发专用硬件更具弹性，又可以针对各种问题的算法优化结构实现高性能运算。

■ **可重构逻辑**（reconfigurable logic）

可重构逻辑是可以在 PLD 中通过重新写入配置来改变电路结构的 LSI 的总称。FPGA 和 CPLD 都属于这一类，它们都使用 SRAM 单元、EEPROM 单元或闪存单元作为存储器件。在工作中可以改变电路结构的器件被称为动态可重构逻辑。

■ **查找表**（Look-up Table，LUT）

请参照"LUT"词条的解释。

■ **粒度**（granularity）

这里的粒度指电路规模。通常"粒度"一词用来描述粉状物体颗粒的大小程度，比如颗粒的粗糙程度、细腻程度。目前主流 FPGA 中基本逻辑块的粒度位于门阵列（晶体管级别）和 CPLD（乘积项）之间，但通常也被称为细粒度（fine grain）。而粗粒度（coarse grain）通常指具有 4~32 位 PE（Processing Element）阵列的动态可重构处理器。

■ **逻辑综合**（logic synthesis）

逻辑综合是指从 Verilog HDL 或 VHDL 等硬件描述语言编写的 RTL 电路转换为 AND、OR、NOT 等门级网表（门间连线信息）的过程。

■ **逻辑块**（logic block）

逻辑块是指用来实现逻辑的电路块。CPLD 中的逻辑块是乘积项结构的宏单元。FPGA 中的逻辑块虽然叫法因厂商而异，但大致都是由 LUT 和触发器组成的基本单元，再加上一些提高性能的附加电路构成的。

## 参考文献

[1] Zvi Kohavi. Switching and Finite Automata Theory. second edition. McGraw-Hill, 1978.

[2] 電子情報通信学会「知識ベース」. 1 群 8 編論理回. 2010. http://www.ieice-hbkb.org/portal/doc_481.html.

[3] V. Betz, J. Rose, A. Marquardt. Architecture and CAD for Deep-Submicron FPGAs. Kluwer Academic Publishers, 1999.

[4] Altera Corp. FPGA におけるメタスタビリティを理解する. WP-01082-1.2. 2009.

[5] S.D. Brown, R.J. Francis, J. Rose, et al. Field-Programmable Gate Array. Kluwer Academic Publishers, 1992.

[6] S.M. Trimberger. Field-Programmable Gate Array Technology. Kluwer Academic Publishers, 1994.

[7] 末吉敏則. リコンフィギャラブルロジック. 電子情報通信学会誌, 1998, 81(11): 1100-1106.

[8] 末吉敏則, 天野英晴. リコンフィギャラブルシステム. オーム社, 2005.

[9] 末吉敏則, 稲吉宏明. 特集:やわらかいハードウェア. 情報処理, 1999, 40(8): 775-801.

[10] 末吉敏則. 東京 FPGA カンファレンス 2003~2013 講演資料. FPGA コンソーシア, 2003~2013.

[11] 特許庁. 平成 13 年度特許出願技術動向調査分析報告書:プログラマブル・ロジック・デバイス技術. 2002.

[12] 特許庁. 平成 18 年度特許出願技術動向調査分析報告書:リコンフィギャラブル論理回路. 2007.

[13] 大島洋一, 川合晶宣, 末吉敏則. FPGA と特許. 第 10 回 FPGA/PLD Design Conference 予稿集, 2003, Session 12: 1-80.

[14] 末吉敏則, 川合晶宣. 特許出願から見るリコンフィギャラブル・デバイスの世界. 第 14 回 FPGA/PLD Design Conference 予稿集, 2007, Session 4: 1-54.

[15] 末吉敏則, 尼﨑太樹. FPGA/CPLD の変遷と最新動向 [V・完]: FPGA と特許. 電子情報通信学会誌, 2010, 93(10): 873-879.

[16] 末吉敏則. 教育への FPGA 応用例. 情報処理, 1994, 35(6): 519-529.

[17] 柴村英智, 飯田全広, 久我守弘, 他. EXPRESS-1: プロセッサ
混載 FPGA を用いた動的セルフリコンフィギャラブルシステム. 電子
情報通信学会論文誌 D, 2006, J89-D(6): 1120-1129.

[18] http://www.xilinx.com.

[19] http://www.altera.com.

[20] Altera Corp. 次世代 FPGA がもたらすブレークスルーとは？.
WP-01199-1.0. 2013.

[21] Putnam, A. et al. A Reconfigurable Fabric for Accelerating Large-
Scale Datacenter Services. Proceedings of 2014 ACM/IEEE 41st International
Symposium on Computer Architecture (ISCA), 2014: 13-24.

# 第2章

# FPGA 的概要

## 2.1 FPGA的构成要素

FPGA 是可编程逻辑器件（PLD）的一种，是可以用来实现任意逻辑电路的集成电路。FPGA 的特征从其名字就可看出，是在现场（field）可编程（programmable）的门阵列（gate array）。但实际上，FPGA 并非是单纯由"门"形成的结构。

图 2-1 展示了一个典型的岛型（island style）FPGA 结构。FPGA 大致上由三大部分构成：第一部分是实现逻辑电路的逻辑要素（逻辑块，Logic Block，LB），第二部分是和外部进行信号输入/输出的要素（I/O 块，Input/Output Block，IOB），第三部分是连接前两种元素的布线要素[布线通道、开关块（Switch Block，SB）、连接块（Connection Block，CB）]。虽然具有这几种要素就可以实现任意逻辑电路，但是实际的 FPGA 中还有其他一些必要电路，例如时钟树、配置/扫描链（configuration/scan chain）、测试电路等。此外，商用 FPGA 中还包含处理器、块存储器、乘法器等固定功能的硬核电路。下面简要介绍一下这几种要素，详细说明参见第 3 章。

- **逻辑要素：**可编程逻辑中逻辑块的实现有多种方式，比如 GAL 时代就有的乘积项[①]、查找表和数据选择器（Multiplexer，MUX）

---

① 乘积项（product term）是基于与项的逻辑或运算的逻辑式表达方式，也就是 AND-OR 阵列结构。

等。无论哪种方式，都是由可以实现任意逻辑电路的可编程部分触发器（Flip-Flop，FF）等数据存储电路和数据选择器组成的。

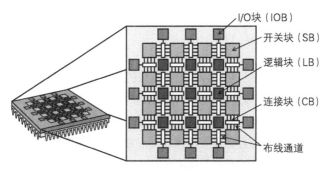

I/O块（IOB）
开关块（SB）
逻辑块（LB）
连接块（CB）
布线通道

FPGA 由以下几种要素构成：实现电路的逻辑要素，和外部进行信号输入输出的要素，以及连接这些元素的布线要素。岛型 FPGA 中这些要素呈格子状摆放。

**图 2-1　岛型 FPGA 的概要** [1, 2]

- **输入 / 输出要素**：输入 / 输出要素是连接 I/O 引脚和内部布线要素的模块，其中通常包含上拉、下拉、输入 / 输出的方向和极性、转换速率（slew rate）、开漏（open drain）等控制电路，以及触发器等数据存储电路。商用 FPGA 通常支持数十种规格的输入 / 输出，其中包括 LVTTL、PCI、PCI express、SSTL 等单端标准 I/O 和 LVDS 等差分标准 I/O。

- **布线要素**：布线要素作为逻辑块间及逻辑块和 I/O 块间的连接部分，主要由布线通道、连接块和开关块构成。布线通道除了图 2-1 所示的格子状排布的岛型构造以外，还有多层构造、H-tree 构造等多种类型。布线要素中的开关可以编程配置，利用内置的布线资源可以形成任意的布线通路。

- **其他要素**：逻辑块、I/O 块、开关块和连接块全部由配置存储单元控制，用以实现任意逻辑函数和连接关系。所有配置存储单元前后相连，形成配置链，配置数据顺序写入配置链即可完成 FPGA 的配置。配置数据串行输入配置链，可以写入也可以读回。

类似配置链这种遍布整个器件的构造还有扫描路径、时钟网络等。此外，FPGA 上还有 LSI 测试电路、嵌入式处理器、块存储器、乘法器等固定功能的硬核电路。

## 2.2 可编程技术

正如前面介绍的，FPGA 通过可编程的开关来控制电路结构。这种"可编程"的开关可以使用多种半导体技术来实现。FPGA 历史上使用过 EPROM、EEPROM、闪存、反熔丝和静态存储器（SRAM）等，其中闪存、反熔丝和静态存储器是现代 FPGA 常用的可编程技术。本节就来比较和整理这几种技术各自的优缺点。

### 2.2.1 闪存

#### 1. 闪存的原理

闪存是 EEPROM 的一种，属于非易失存储器 [1]，其构造如图 2-2 所示。闪存采用的是 MOS [2] 晶体管技术，但其特点是绝缘层中含有浮置栅极（floating gate），即浮栅。这种栅极通常使用多晶硅来制造，是在一层不与外界连接的绝缘层（$SiO_2$）中浮空的栅极。

闪存根据写入方式不同可以分为两种：NAND 型和 NOR 型。它们各自的特点是，NAND 型在写入时需要高电压，而 NOR 型在写入时需要大电流。我们以 NAND 型为例来讲解闪存的原理。

---

[1] EEPROM 是断电后数据不会丢失的非易失存储器，并且是可以用电气方式重写的 ROM。但是 ROM 本意是只读存储器（无法写入），所以 EEPROM 也被称为 ROM 的原因只能解释为它的读和写的方式不同。

[2] 即 Metal-Oxide-Semiconductor，是一种由金属 – 半导体氧化物 – 半导体三层构造形成的半导体结构，使用半导体氧化物（$SiO_2$）作为绝缘层。

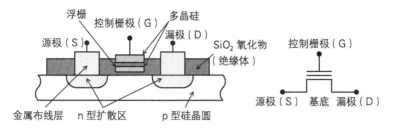

这个构造和 DRAM 的晶体管非常相似，区别在于它有浮栅，可以锁住电荷存储数据。

**图 2-2　闪存的构造**

　　浮栅在写入之前不带电荷，晶体管表现为耗尽型，栅极零偏压时电流也可流过（图 2-3a）；浮栅在写入后带电，晶体管表现为增强型，栅极零偏压时电流不能流过（图 2-3b）。因此，根据在浮栅上存储的电荷，在电流流过时控制电压就可以产生 "0" 和 "1"。具体来说，当浮栅上没有电荷时，控制栅极上就算加低电压（1 V 左右）也会有电流流过；当浮栅上存有电荷时，只有加相对较高的电压（5 V 左右）才会有电流流过。

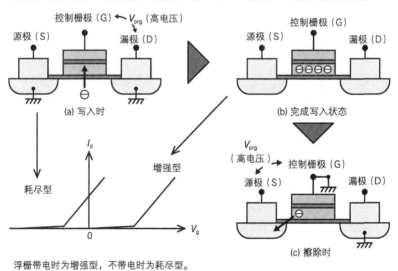

浮栅带电时为增强型，不带电时为耗尽型。

**图 2-3　闪存的原理**

　　浮栅中的电荷没有逃脱路径，因此可以半永久地保存数据，也就是说闪存属于非易失存储器。那么，没有连接到任何地方的浮栅如何锁住电荷呢？写入时，在漏极和控制栅极间加高电压，电子可成为隧道电流①注入浮栅（图 2-3a）②。擦除时，在源极加高电压即可将浮栅中的电子以隧道电流的形式引出（图 2-3c）。

此外，通常闪存能够以位（比特）为单位进行写入，但擦除是以块为单位的。也就是说，它具有不能覆盖写入的特征。

**基于闪存的可编程开关**

下面，我们以 Actel 公司的 ProASIC 系列 [3~5] 为例，说明如何在 FPGA 中使用闪存作为可编程开关③。

图 2-4 为基于闪存的可编程开关的构造。这种开关由两个晶体管组成：左侧的小晶体管是对闪存进行写入/擦除时使用的，右侧的大晶体管则是 FPGA 中控制用户电路的开关。这两个晶体管有着共同的控制栅极和浮栅，从编程用的开关注入电子，就可以直接决定用户所使用开关的状态。像这样具有专用写入/擦除晶体管的结构，不仅对用户开关的连接没有限制，而且因为独立于用户信号，所以对其编程也较为容易。

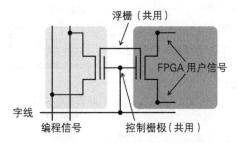

两个开关共用浮栅和控制栅极。左边的小开关用于编程，右边的大开关用于连接 FPGA 用户信号。

**图 2-4 基于闪存的可编程开关**

---

① 隧道电流指量子力学中因隧道效应而流动的电流。隧道效应指粒子（此处为电子）可以按照一定概率通过势垒的现象。江崎玲于奈博士因发现了固体中的隧道效应，在 1973 年被授予诺贝尔物理学奖。如今半导体漏电流随着工艺缩小而不断增大的问题，最主要的原因就在于隧道效应。

② NOR 型闪存的写入是通过在源极和漏极间通大电流后，其中一部分电子作为热电子注入浮栅来完成。

③ ProASIC 系列原本是 Zycad 公司的 GateField 事业部于 1995 年发售的产品，是最早采用闪存的 FPGA。随后，Zycad 公司更名为 GateField 公司，又在 2000 年被 Actel 公司收购，该系列也就被纳入了 Actel 公司的产品线 [6]。

基于闪存的可编程开关在实际编程时，和 NAND 闪存一样，利用隧道电流按照如下过程进行 [3]。首先在编程晶体管的源极和漏极加 5.0 V 电压，然后在控制栅极加 –11.0 V 电压后电子就会流入，开关变为开启状态。正常工作时控制栅极保持 2.5 V 电压，这样浮栅的电位大致会维持在 4.5 V 左右。擦除时（开关关闭）让编程晶体管的源极和漏极接地（GND），在控制栅极加 16.0 V 电压后浮栅内电位就能降到 0 V 以下。

**2. 闪存可编程开关的优缺点**

闪存可编程开关的优点如下：

- 非易失；
- 尺寸比 SRAM 小；
- LAPU（Live At Power-UP，上电后立刻工作）；
- 可重编程；
- 对软性错误容错性强。

闪存可编程开关的缺点如下：

- 重写时需要高电压；
- 无法使用最先进工艺 CMOS（闪存的工艺不适合微缩化）；
- 重写次数有限制 [1]；
- 接通电阻和负载电容较大。

## 2.2.2　反熔丝

反熔丝 [7] 开关的初始状态为开放（断开）状态，反熔丝在通电熔断（严格来讲是熔合）后才导通。它和熔丝 [2] 的特性相反，因此被称为反熔丝。

下面，我们以 Actel 公司的 PLICE（Programmable Logic Interconnect Circuit Element）[8] 和 QuickLogic 公司的 ViaLink[9, 10] 为例，来说明反熔

---

① Actel 公司的 ProASIC3 系列为 500 次 [4]。至于这个限制次数是多还是少，要看用户应用的实际需求。

② 熔丝是在电流过大时对电路进行保护或防止事故的元件。熔丝通常作为导体工作。当有超过规定的电流流过时，通过自身发热并熔断来切断电流路径，以达到保护电路的目的。

丝开关的构造和特点。

Actel 公司的反熔丝开关 PLICE 的构造如图 2-5 所示。

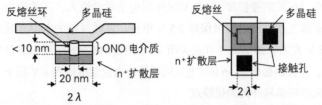

以多晶硅和 n⁺ 扩散层为导体，并在它们中间使用 ONO 电介质作为绝缘体插入的构造。尺寸和接触孔相当。

**图 2-5　多晶硅型反熔丝 PLICE 的构造**

PLICE 使用多晶硅和 n⁺ 扩散层作为导体，并在它们中间插入 Oxide-Nitride-Oxide（ONO，氧化物 – 氮化物 – 氧化物）电介质作为绝缘体的构造。ONO 电介质厚度在 10 nm 以下，通常在加以 10 V 左右电压，并有约 5 mA 电流流过时可以形成上下连接的通路。反熔丝的尺寸大概和接触孔 ① 相当。ONO 电介质型反熔丝的接通电阻大概为 300~500 Ω [1, 7]。

QuickLogic 公司的反熔丝开关则是连接布线层的可控开关，因此也称为 Metal-to-Metal 反熔丝。图 2-6 所示的是 QuickLogic 公司的 ViaLink 构造。ViaLink 反熔丝的构造是在上下两层金属布线层间插入非晶硅（绝缘体）和钨插塞（tungsten plug）等导体。反熔丝的尺寸和多晶硅型类似，都和接触孔相当。非晶硅层在未编程时呈高阻抗状态，也就是绝缘状态；当通电编程处理后，可以变为几乎和金属层连线同等程度的低阻抗状态。ViaLink 的接通电阻大概为 50~80 Ω（误差 10 Ω），编程所需电流约为 15 mA [1, 7]。

Metal-to-Metal 型反熔丝和多晶硅型相比主要有两点优势。第一，可以直接控制金属布线层的连接，因此面积很小。多晶硅型反熔丝的面积虽然和 Metal-to-Metal 型的差不多，但其金属层相连的部分需要占用多

---

① 接触孔（contact hole）：为了连接硅基底上的门电路和金属层，或上下两层金属层而设置的通孔。接触孔和印刷电路板领域的用语通孔（via hole）基本等价。注意是 via hole，不要写成 beer hall。

余的面积。第二，反熔丝的接通电阻低。因此，Metal-to-Metal 型成为反熔丝技术的主流。

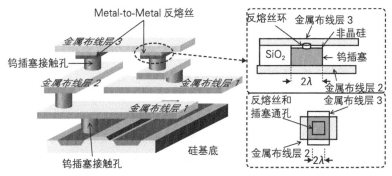

上下两层金属布线层间插入非晶硅（绝缘体）和钨插塞（导体）。反熔丝的尺寸和多晶硅型类似，都和接触孔相当。

**图 2-6　Metal-to-Metal 型反熔丝 ViaLink 的构造**

另外，从器件的安全角度上讲，后面要提到的静态存储器（static memory）方式会有从器件回读配置信息的可能，因此需要额外的加密措施。而反熔丝方式没有专用的配置路径，构造上不可能将配置信息读取出来，只能通过逆向工程判断反熔丝的状态，从而获取配置信息。然而对于 Metal-to-Metal 型反熔丝 FPGA 来说，一般的机械研磨逆向工程方法会将其反熔丝破坏，所以只能裁断芯片从横截面来确认各反熔丝的状态，但这样又非常容易破坏芯片的其他部分。因此，这种 FPGA 里的电路信息通常被认为是无法读出的，因此比静态存储器型 FPGA 有着更高的安全性。

**反熔丝可编程开关的优缺点**

反熔丝可编程开关的优点如下：

- 尺寸小、密度高；
- 接通电阻和负载电容小；
- 非易失；
- 几乎不可能被逆向工程；
- 对软性错误容错性强。

反熔丝可编程开关的缺点如下：

- 无法重写；
- 为了可编程性，每根线都需要 1~2 个晶体管；
- 需要专用编程器，且编程时间长；
- 无法测试写入缺陷；
- 因此，编程后难以保证 100% 的良品率。

### 2.2.3 静态存储器

最后，我们来了解一下使用静态存储器实现可编程技术的 FPGA。CMOS 型静态存储器单元的原理和构造如图 2-7 所示 [11]。左图是说明原理的门级电路图，右图是晶体管级别的电路图。静态存储器由两个 CMOS 反相器构成的触发器和两个传输晶体管（Pass-Transistor，PT）组成。静态存储器利用触发器的双稳态（0 和 1）记录数据，而数据的写入通过 PT 进行。PT 使用 nMOS 型晶体管。

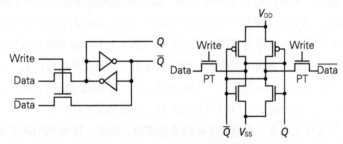

静态存储器由两个 CMOS 反相器构成的触发器和两个传输晶体管组成。静态存储器利用触发器的双稳态记录数据，而数据的写入通过 PT 进行。

**图 2-7 静态存储器的原理**

静态存储器通常根据地址信号来驱动字线（和图中 Write 信号相连）①，数据的读取也通过 PT。因此可以将存储单元输出的 $V_{DD}$ 到

---

① 通常，静态存储器可以同时读取地址信号所控字线上的多位数据（8~16 位）。因此为了防止在读取时和其他字的数据产生冲突，数据的读取也要由 PT 来控制。这里的驱动是指让地址信号所控字线工作的意思。

$V_{th}$[①] 间的高电位通过读取放大器放大后输出。但是，由于 FPGA 需要一直读取数据，所以在 FPGA 中数据是直接从触发器读取的而不是通过 PT。

　　采用静态存储器作为可编程开关的 FPGA 大多在逻辑块中使用查找表，并使用数据选择器等来切换布线连接。查找表的存储器中保存的就是逻辑表达式的真值表本身，由多位的静态存储器构成。另外，控制数据选择器连接的选择信号也和静态存储器相连。这种 FPGA 一般称为 SRAM 型 FPGA，是目前的主流类型。查找表的构造将在 2.3.3 节中介绍。

**静态存储器可编程开关的优缺点**

静态存储器的优点如下：

- 能够应用最先进的 CMOS 工艺；
- 可重配置；
- 重写次数没有限制。

静态存储器的缺点如下：

- 存储器尺寸大；
- 是易失性存储器；
- 难以确保电路信息安全；
- 对软性错误敏感；
- 接通电阻、负载电容较大。

　　虽然静态存储器和其他可编程技术相比有不少缺点，但仅"能够应用最先进的 CMOS 工艺"一点就能遮蔽其他所有缺点。当前，基于静态存储器的 FPGA 是先进 CMOS 制程的制程驱动产品（process driver）[②]。

---

① $V_{DD}$（voltage drain）指的是电源电压。由于采用 FET（场效应晶体管）技术的 CMOS 电路中漏极（drain）和电源相连而得名。$V_{th}$ 指阈值（threshold）电压，当控制栅极（gate）上的电压超过该电压时晶体管的开关状态会被切换。

② 制程驱动产品是指激励半导体制程技术向前发展的产品类别。比如 DRAM、门阵列、处理器等产品总是随着最先进工艺的开发不断发展。现在高端处理器和 FPGA 产品都位于半导体工艺最前端，即使用最新技术制造。

### 2.2.4 可编程技术的总结

表 2-1 列出了 3 种可编程技术的详细比较 [11]。

表 2-1    各种可编程技术特征的比较

| 项目 | 闪存 | 反熔丝 | 静态存储器 |
|---|---|---|---|
| 非易失性 | ○ | ○ | × |
| 能否重配置 | ○ | × | ○ |
| 存储器面积 | 中（1 Tr.） | 小（none） | 大（6 Tr.） |
| 制造工艺 | 闪存工艺 | CMOS 工艺 + 反熔丝 | CMOS 工艺 |
| ISP① | ○ | × | ○ |
| 开关电阻 | 500~1000 Ω | 20~100 Ω | 500~1000 Ω |
| 开关电容 | 1~2 fF | < 1 fF | 1~2 fF |
| 编程良品率 | 100% | > 90% | 100% |
| 重写次数 | 10 000 次左右 | 1 次 | 无限制 |

反熔丝在待机时耗电较低且连接开关的接通电阻小，因此速度快。同时其内部电路信息难以读取，可用在机密性需求高的领域。但是，一旦信息写入电路后就不能对电路配置进行重写，而且难以应用到最先进工艺上，这导致电路集成密度低。

闪存既可重编程又具有非易失性，因此支持 LAPU。静态存储器单元由多个晶体管组成，漏电流较大，而采用浮栅的闪存单元只使用一个晶体管，有漏电流小的优势。这样看闪存应该比静态存储器有更高的集成度，但实际上并非如此。另外，闪存的数据重写比静态存储器需要更高的能量，也就是说重写闪存所需的功耗较大。但该特性也有耐放射线的优点。其他方面，闪存的数据重写次数有限制（1 万次左右），因此并不适用于具有动态重配置等需要频繁重写操作的设备。

采用静态存储器的 FPGA 需要在上电时从外部读入电路配置信息。静态存储器对数据重写次数没有限制，可以自由地对电路进行重新配置，而且可以在制造中采用最先进的 CMOS 工艺，所以适合高集成度、

---

① 即 In System Programmability，可以在系统设备中改变电路构成。

高性能的器件。而易失性是静态存储器的主要缺点，采用静态存储器的
FPGA 在断电后电路配置信息会丢失，因此不支持 LAPU。其他缺点还
有漏电流大导致待机功耗大、耐放射线能力弱、安全性弱（电路配置信
息可能被盗取）等。

## 2.3　FPGA的逻辑实现

### 2.3.1　在 FPGA 上实现电路

我们使用 1 个多数表决电路（图 2-8）来说明在 FPGA 上实现电路
的原理[①]。该电路将 3 个输入通过多数表决电路，结果为 1 时点亮 LED。
实现这个实验需要按钮、LED、FPGA 等电子部件。图 2-8 中虚线内的
部分是在 FPGA 上实现的电路部分。

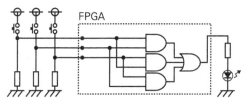

这个例子非常简单，3 个输入通过 FPGA 上实现的
多数表决电路，结果为 1 时点亮 LED。

**图 2-8　多数表决电路示例**

图 2-9 给出了多数表决电路的真值表、卡诺图和简化后的逻辑表达
式。在 FPGA 上实现的逻辑电路最好尽量简单，但也没必要像 ASIC 那
样追求最优化设计。这是因为基于查找表的 FPGA 逻辑块，可以实现任
何输入数在查找表电路输入数量之内的逻辑函数。而基于乘积项方式实
现的可编程器件，需要先将表达式转换为标准积之和的形式。

---

① 这一节为了帮助大家理解概念而省略了一些细节，有一些未说明的术语请先不要
深究，稍后章节中会有详细解释。讲解这一部分的主要目的是让大家对 FPGA 的
电路实现有个大概的认识。

真值表

| A | B | C | M |
|---|---|---|---|
| 0 | 0 | 0 | 0 |
| 0 | 0 | 1 | 0 |
| 0 | 1 | 0 | 0 |
| 0 | 1 | 1 | 1 |
| 1 | 0 | 0 | 0 |
| 1 | 0 | 1 | 1 |
| 1 | 1 | 0 | 1 |
| 1 | 1 | 1 | 1 |

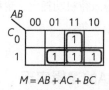

$$M = AB + AC + BC$$

(a) 多数表决电路的真值表　　(b) 多数表决电路的卡诺图和逻辑表达式

多数表决电路有各种各样的逻辑表达方式。任何输入数在逻辑块电路
输入数量之内的逻辑函数，都能直接以写入真值表的方式来实现。

**图 2-9　多数表决电路的真值表、卡诺图和逻辑表达式**

　　本例中我们假设逻辑块的输入数为 3，这样图 2-9 中的真值表就可
以在 1 个逻辑块中实现。图 2-10 展示了在 FPGA 上实现上述逻辑函数
时使用的 FPGA 片上资源。逻辑电路的输入信号从 FPGA 的 I/O PAD 进
入，经由内部的布线路径输入到逻辑块。然后，逻辑块基于上述真值表
决定输出，最终再经由布线路径输出到 I/O PAD。由于输出需要点亮
FPGA 外部的 LED，要在输出部分插入缓冲器来提高驱动能力。

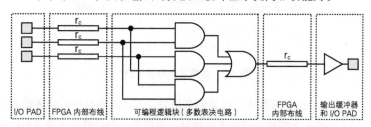

多数表决电路各部分所使用的 FPGA 片上资源。

**图 2-10　多数表决电路在 FPGA 上的映射**

　　按上述过程分解后的电路在 FPGA 内部的实现如图 2-11 所示。
FPGA 内部由可编程开关决定信号线的连接路径，再由可编程的存储器，
也就是查找表来实现逻辑函数。

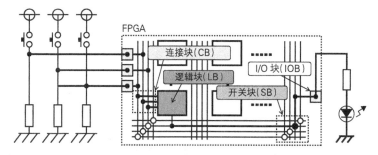

在 FPGA 上实现的多数表决电路要先从 I/O 块输入信号，经由布线通道和连接块后再输入到逻辑块。逻辑块根据逻辑函数输出结果。和输入信号一样，该结果信号经由布线通道和开关块并最终由 I/O 块输出。

**图 2-11　FPGA 上多数表决电路的实现**

## 2.3.2　基于乘积项的逻辑实现

为了说明 FPGA 逻辑块的实现方式，我们以乘积项方式为例来介绍 PLA 中的逻辑实现原理。图 2-12 为 PLA 的简要结构。

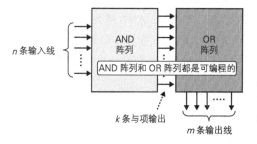

**图 2-12　乘积项方式的概要**

PLA 由 1 个 AND 阵列和 1 个 OR 阵列连接构成，两个阵列都具有可编程的连接结构。使用乘积项方式实现电路时，为了减少片上资源的使用量，需要计算逻辑函数的最小积之和。因此设计时的逻辑简化非常重要。积之和形式的逻辑函数可以将“与项”和“或项”分开，分别使用 AND 阵列和 OR 阵列实现。

乘积项方式的内部构造如图 2-13 所示。在 AND 阵列内部，输入信号和各个 AND 门的输入通过可编程的开关连接。OR 阵列也同样将

AND 门的输出和 OR 门的输入通过可编程的开关连接。一般来说，AND 阵列上可以实现 $k$ 个最大输入数为 $n$ 的逻辑与项。之后，$k$ 个输出再作为 OR 阵列的输入，OR 阵列可以实现 $m$ 个 $k$ 输入的逻辑或项。图 2-13 中的示例构造可以实现 4 个 3 输入的乘积项逻辑函数。

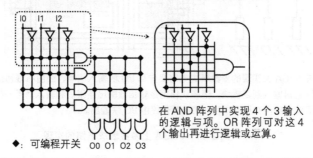

◆：可编程开关　O0 O1 O2 O3

在 AND 阵列中实现 4 个 3 输入的逻辑与项。OR 阵列可对这 4 个输出再进行逻辑或运算。

积之和形式的逻辑函数可以将与项和或项分开，分别使用 AND 阵列和 OR 阵列实现。

**图 2-13　乘积项方式的结构**

图 2-14 展示了在 PLA 上实现前面（2.3.1 节）提到的多数表决电路的示例。图中布线交叉点处的菱形代表可编程开关，白色和黑色菱形分别代表开关关闭和打开的状态。本例中，AND 阵列的第 1 个 AND 门的输入连接 $A$ 和 $B$，第 2 个 AND 门的输入连接 $A$ 和 $C$，然后第 3 个 AND 门的输入连接 $B$ 和 $C$。最后，所有 AND 门的输出连接到 OR 阵列，就可以实现逻辑函数 $M = AB + AC + BC$。

$$M = AB + AC + BC$$
(a) 逻辑式表达方式

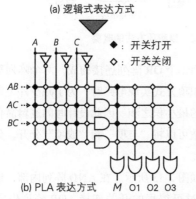

◆：开关打开
◇：开关关闭

通过打开适当的开关，可以将最小积之和的逻辑函数 $M=AB+AC+BC$ 的与项映射到 AND 阵列，或项映射到 OR 阵列。

(b) PLA 表达方式　　$M$ O1 O2 O3

**图 2-14　PLA 实现的多数表决电路**

### 2.3.3 基于查找表的逻辑实现

查找表是 1 个字（word）只有 1 位的内存表，字数取决于地址的位数。FPGA 上查找表的存储单元大多使用 SRAM 实现。

查找表的结构概要如图 2-15 所示。示例中使用的是 3 输入的查找表，它可以实现任意 3 输入的逻辑函数。一般 $k$ 输入的查找表由 $2^k$ 个 SRAM 单元和一个 $2^k$ 输入的数据选择器组成。查找表的输入就是内存表的地址信号，而输出就是该地址所选字的 1 位数据。$k$ 输入的查找表可以实现 $2^{2^k}$ 种逻辑函数。例如，$k=2$ 时为 16 种，$k=3$ 时为 256 种，$k=4$ 时为 65 536 种逻辑函数。

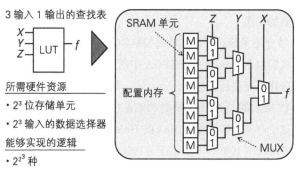

在查找表的配置内存里存放真值表的函数值，就可以实现任何逻辑函数。

**图 2-15 查找表的结构**

图 2-16 是采用查找表实现 2.3.1 节中的多数表决电路的示例。使用查找表时，先依据查找表的输入数对真值表进行转换，然后就可以将函数值（$f$ 栏）直接写入配置内存。当所要实现的逻辑函数的输入数比查找表的输入数多时，可以联合使用多个查找表来实现。因此，需要一种方法将多输入的逻辑函数分解为小于或等于查找表输入数的逻辑函数。这种方法将在第 5 章详细介绍。

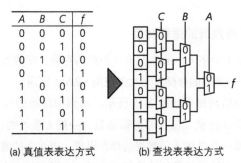

| A | B | C | f |
|---|---|---|---|
| 0 | 0 | 0 | 0 |
| 0 | 0 | 1 | 0 |
| 0 | 1 | 0 | 0 |
| 0 | 1 | 1 | 1 |
| 1 | 0 | 0 | 0 |
| 1 | 0 | 1 | 1 |
| 1 | 1 | 0 | 1 |
| 1 | 1 | 1 | 1 |

(a) 真值表表达方式　　　　(b) 查找表表达方式

直接在查找表的配置内存中写入真值表函数值，就可以实现逻辑函数 M=AB+AC+BC。

**图 2-16　查找表实现的多数表决电路示例**

**查找表的构造**

2.2.3 节介绍了静态存储器的简要结构，而本节将对查找表的构造进行讲解。我们以 Xilinx 公司在 FPGA 中所采用的查找表构造为例，结合查找表的进化历史进行介绍。

图 2-17 展示的是 Xilinx 早期 FPGA 中使用的静态存储器和查找表的结构。这个存储器单元由 Xilinx 的 Hsieh 发明，该结构基于他的两个专利：US4750115（1985 年 9 月提交，1988 年 6 月授权）[12]和 US4821233（1988 年提交，1989 年 4 月授权）[13]。

图 2-17a 中的静态存储器由 5 个晶体管组成，现在这种结构比较少见。查找表由于重写频率较低，因此削减了重写用的传输晶体管，以牺牲速度来换取更小的面积。图 2-17b 是基于这种存储器单元的 2 输入查找表示例，其中 M 部分指的是图 2-17a 所示的 5 晶体管静态存储器单元。因为查找表中的静态存储器总是在输出数据，所以查找表只要加上输入 F0 和 F1 作为选择信号，就可以实现任意的逻辑电路。

随后，Xilinx 的 Freeman 改良了查找表的配置存储器（如图 2-18 所示），让其可以作为 FPGA 上的分散存储器使用（专利 US5343406，1989 年 7 月提交，1994 年 8 月授权）[14]。图 2-18a 中的存储器结构比上面的 5 晶体管结构多出 1 个晶体管，这使其可以在通常的配置路径（Addr 和 Data）之外具有独立写入端口（WS 和 d）。该结构作为存储器

使用时，地址信号和作为查找表使用时的一样，也使用 F0 和 F1。WS
是写入使能信号，而所选地址的输入 d 则由图 2-18b 上方的数据分配器
从外部信号 $D_{in}$ 输入。存储器的读取端口和查找表的输出是通用的。
图 2-18c 为 3 输入查找表和 8 位 RAM 的结构示例。

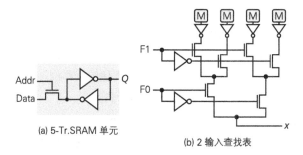

(a) 5-Tr.SRAM 单元

(b) 2 输入查找表

Xilinx 公司的 Hsieh 所发明的 5 晶体管静态存储单元和查找表的结构
（专利 US4750115 和 US4821233）。

**图 2-17　SRAM 单元和查找表的基本结构**

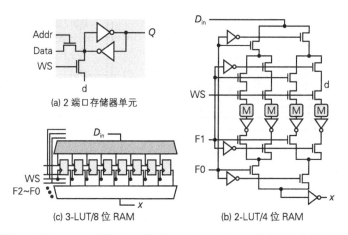

(a) 2 端口存储器单元

(c) 3-LUT/8 位 RAM

(b) 2-LUT/4 位 RAM

Xilinx 公司 Freeman 的发明（专利 US5343406）。改良存储单元使查找表可以
作为存储器使用。Altera 公司的 Watson 也有过同样的发明（专利 US5352940）。

**图 2-18　将查找表用作存储器的结构**

　　再后来，查找表除了作为存储器，还可以作为移位寄存器使用，如
图 2-19 所示。这次改良同样也来自 Xilinx 公司，由 Bauer 发明并获得了

专利 US5889413（1996 年 11 月提交，1999 年 3 月授权）[15]。图 2-19a 的存储单元中，添加了两个用于移位控制的传输晶体管。$D_{in}$ 和 *Pre-m* 分别是来自外部的输入和来自前级存储器的移位输入。图 2-19b 的中间部分可以看出这些信号的连接关系。PHI1 和 PHI2 为移位控制信号。向这两个信号加以图 2-20 所示的波形，就能执行移位操作。PHI1 和 PHI2 的输入必须是无重叠且相位相反的信号。通过 PHI1 开启下方的传输晶体管后，如果通过 PHI2 开启上方的传输晶体管，那么前级存储单元的输出就能和后极存储单元的输入相连，从而使数据移位。图 2-19c 是 3 输入 LUT、8 位 RAM、8 位寄存器的结构示例。

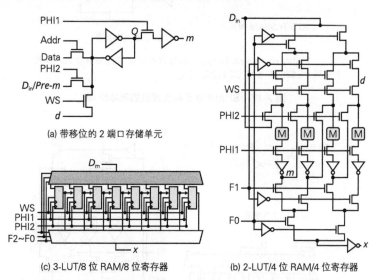

(a) 带移位的 2 端口存储单元

(c) 3-LUT/8 位 RAM/8 位寄存器

(b) 2-LUT/4 位 RAM/4 位寄存器

Xilinx 公司 Bauer 的发明（专利 US5889413）。改良后的查找表不但可以用作存储器内存，还可以作为移位寄存器使用。

**图 2-19　将查找表用作存储器和移位寄存器的结构**

　　最后，目前的查找表还支持簇结构（cluster）和自适应（adaptive）①，可以将多个查找表组合为一个具有更多输入的查找表来使用。我们将

---

① 例如，可以将 8 输入查找表，分割为 2 个 7 输入查找表或 1 个 7 输入和 2 个 6 输入查找表等小型查找表簇的方式使用。一般来说，这样可以提高查找表的使用效率。Altera 公司将这种方式称为可拆分查找表。

在下一章详细介绍逻辑块的构造、查找表簇、自适应查找表等。

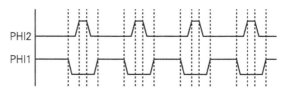

查找表作为移位寄存器工作时，需要给 PHI1 和 PHI2 输入无重叠且相位相反的信号。

**图 2-20　移位寄存器控制信号的波形图**

### 2.3.4　其他逻辑实现

下面我们介绍一下除了上述方式之外的逻辑块实现方式。

除了乘积项和查找表，较有代表性的还有数据选择器方式。下面以 Actel 公司的 FPGA 产品 ACT1[①][16, 17] 为例来说明。

图 2-21 所示为 ACT1 逻辑单元的结构示例。逻辑单元（图 2-21a）由 3 个 2 输入 1 输出的数据选择器（2-1 MUX）和 1 个逻辑或门组成，可以实现多种 8 输入 1 输出以内的逻辑电路。该结构可以实现 4 输入以内的 NAND、AND、OR 和 NOR 等，也可以实现输入反向、复合门电路（AND-OR、OR-AND 等），还可以用来实现锁存器、触发器。

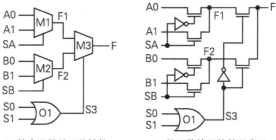

(a) 基本逻辑单元的结构　　　(b) 基于传输晶体管的实现

(a) 为 3 个 2-1 MUX 和 OR 门组成的逻辑单元。
(b) 为基于传输晶体管实现的逻辑单元电路图。

**图 2-21　ACT1 中基于 MUX 的逻辑单元**

① ACT 系列已停产，现在无法购买。

不同于乘积项或查找表，这种逻辑单元并不能实现其输入数量之内的所有逻辑电路。因此需要像 ASIC 库一样，通过组合使用可实现的逻辑电路来得到用户所需的电路。ACT1 中最小的逻辑单元为 2-1 MUX。表 2-2 列出了 2-1 MUX 能够实现的逻辑函数。表中给出了各函数的函数名、逻辑表达式、标准积之和形式，以及实现该函数时 2-1 MUX 的输入组合。也就是说，只要照表连接输入，就能实现其对应的逻辑函数。

表 2-2　2-1 MUX 所能实现的逻辑函数

3 输入的逻辑函数共有 256 种，但 1 个 2-1 MUX 能够实现的逻辑函数只有 10 种，其余需要由 2 个以上的 MUX 来实现。

| | 函数名 | $F$ | 标准形 | 2-1 MUX 的输入 | | |
|---|---|---|---|---|---|---|
| | | | | A0 | A1 | SA |
| 1 | '0' | $F=0$ | $F=0$ | 0 | 0 | 0 |
| 2 | NOR1-1(A,B) | $F=\overline{A+B}$ | $F=\overline{A}\,\overline{B}$ | $B$ | 0 | $A$ |
| 3 | NOT(A) | $F=\overline{A}$ | $F=\overline{A}\,\overline{B}+\overline{A}B$ | 0 | 1 | $A$ |
| 4 | AND1-1(A,B) | $F=A\overline{B}$ | $F=A\overline{B}$ | $A$ | 0 | $B$ |
| 5 | NOT(B) | $F=\overline{B}$ | $F=\overline{A}\,\overline{B}+A\overline{B}$ | 0 | 1 | $B$ |
| 6 | BUF(B) | $F=B$ | $F=\overline{A}B+AB$ | 0 | $B$ | 1 |
| 7 | AND(A,B) | $F=AB$ | $F=AB$ | 0 | $B$ | $A$ |
| 8 | BUF(A) | $F=A$ | $F=A\overline{B}+AB$ | 0 | $A$ | 1 |
| 9 | OR(A,B) | $F=A+B$ | $F=\overline{A}B+A\overline{B}+AB$ | $B$ | 1 | $A$ |
| 10 | '1' | $F=1$ | $F=\overline{A}\,\overline{B}+\overline{A}B+A\overline{B}+AB$ | 1 | 1 | 1 |

我们可以把 2-1 MUX 看作 3 输入 1 输出的逻辑单元。本来，3 输入 1 输出的逻辑单元（例如 3-LUT 等）应该可以实现 $2^{2^3}$=256 种逻辑电路，而 2-1 MUX 只能实现表中所列的 10 种。然而，通过组合多个 MUX 也可以实现任意逻辑电路。图 2-22 所示的是用来查找 2-1 MUX 可实现逻辑函数的函数轮。因为其中包含了 NOT 门、AND 门、OR 门这样的基本逻辑元素，因此可以组合使用这些元素来实现逻辑电路[1]。图中的函数轮在 EDA 工具对所需逻辑进行香农展开分解时作为参照使用。分解得

[1] 能实现所有逻辑函数的逻辑函数集合称为万能逻辑函数集合。万能逻辑函数集合中，除了这里介绍的 NOT、AND、OR 集合，还有只由单一 NAND 或 NOR 组成的集合。

到的逻辑如果在函数轮中，就可以用单一 MUX 实现。

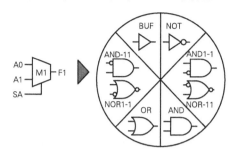

香农展开分解后得到 2 输入以下的逻辑函数，再
基于函数轮重新组合。

**图 2-22　2-1 MUX 实现逻辑时使用的函数轮**

下面我们继续使用多数表决电路，来看一下 MUX 型逻辑单元的实现方法。图 2-23 给出了实现逻辑函数 $M=AB+AC+BC$ 的具体方法。

首先，先用变量 $A$ 对逻辑式进行香农展开，得到部分函数 $F1$ 和 $F2$。由于这两个函数在前面的函数轮中存在，分别是 AND 和 OR，因此都可用 1 个 MUX 来实现。

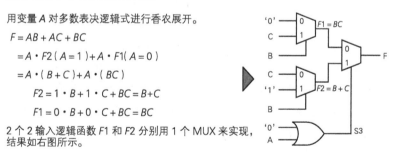

用变量 $A$ 对多数表决逻辑式进行香农展开。

$F = AB + AC + BC$

$\quad = A \cdot F2(A=1) + A \cdot F1(A=0)$

$\quad = A \cdot (B+C) + A \cdot (BC)$

$\quad F2 = 1 \cdot B + 1 \cdot C + BC = B + C$

$\quad F1 = 0 \cdot B + 0 \cdot C + BC = BC$

2 个 2 输入逻辑函数 $F1$ 和 $F2$ 分别用 1 个 MUX 来实现，结果如右图所示。

用信号 A 对多数表决电路的逻辑式进行香农展开，剩下的信号 B 和信号 C 被分配到 $F1$ 和 $F2$ 的 MUX 上。信号 A 经过 OR 门后控制 F 的输出。

**图 2-23　MUX 实现的多数表决电路**

部分函数 $F1$ 为 2 输入逻辑与函数，变量 $B$ 和变量 $C$ 都为 "1" 时输出为 "1"，变量 $B$ 为 "0" 时无论变量 $C$ 是什么输出都为 "0"。用 MUX 实现时，B 作为选择信号，控制输入 "0" 和 C 的切换即可（当然，B 和 C 可以互换）。该函数的连接方式遵从表 2-2 中的第 7 个函数。同样地，部分函数 F2 也可以用 MUX 实现。

然后，变量 A 作为 OR 门的输入，OR 门的输出又连接到 MUX 的切换信号。也就是说，A 为 "1" 时选择 F2 的输出，为 "0" 时选择 F1 的输出。这样，就完整实现了所需求的逻辑式 M。

**其他逻辑单元的总结**

下面对 MUX 型逻辑单元的优缺点进行总结。

首先是优点。图 2-21b 所示的传输晶体管实现的 MUX 是一种晶体管较少的逻辑单元。通常查找表存储逻辑函数所需的存储单元，以及控制连接的存储单元要消耗大量晶体管。而 ACT1 采用反熔丝作为可编程开关，布线部分不需要存储单元。因此 ACT1 的逻辑单元比其他方式的逻辑单元面积更小。

其次是缺点。虽然 ACT1 的逻辑单元可以用来构成锁存器、触发器，具有较高通用性，但对性能，特别是集成度方面有负面影响。现在的高性能 FPGA 通常使用专用的触发器电路，而不用逻辑单元来实现，因为那样会降低集成度。

另外，使用 MUX 作为逻辑单元还会使 EDA 工具变得复杂。例如，查找表等方式只要将所需逻辑分解为固定输入的逻辑即可实现。而 MUX 除了逻辑分解，还要判断分解后的逻辑函数能否实现。对于不能实现的逻辑，还需要进行再分解和再合成。这一过程的影响对于实现小规模逻辑并不要紧，而当逻辑规模变大时就不能忽视了。还有，由于采用了反熔丝技术，此类产品不适用于需要重写的电路。综上，由于 ACT1 的应用范围非常有限，使用者越来越少，如今整个产品线都停产了。

本来，类似于 MUX 型的逻辑单元能够充分利用自身的逻辑构造，应该要比基于存储器的逻辑单元有更好的面积效率比，并且延迟性能方面也有优势。然而商业上并没有取得实质性的成功，现在 MUX 型的商用 FPGA 产品基本不存在了。另外，在研究领域，笔者们开发了 COGRE[18]、SLM[19] 等可以达到查找表同等或以上性能的逻辑单元。

# 参考文献

[1] S. Brown, J. Rose. FPGA and CPLD architectures: a tutorial. Design & Test of Computers. IEEE, 1996, 13(2): 42-57.

[2] 末吉敏則, 天野英晴. リコンフィギャラブルシステム. オーム社, 2005.

[3] T. Speers, J.J. Wang, B. Cronquist, et al. 0.25 mm FLASH Memory Based FPGA for Space Applications. Actel Corporation, 2002. http://www.actel.com/documents/FlashSpaceApps.pdf.

[4] Actel Corporation. ProASIC3 Flash Family FPGAs Datasheet. 2010. http://www.actel.com/documents/PA3_DS.pdf.

[5] R.J. Lipp, et al. General Purpose, Non-Volatile Reprogrammable Switch: US Pat.5,764,096. GateField Corporation, 1998.

[6] Design Wave Magazine 編集部. FPGA/PLD 設計スタートアップ 2007/2008 年版. CQ 出版社, 2007.

[7] M.J.S. Smith. Application-Specific Integrated Circuits (VLSI Systems Series). Addison-Wesley Professional, 1997.

[8] Actel Corporation. ACT1 series FPGAs. 1996. http://www.actel.com/documents/ACT1_DS.pdf.

[9] QuickLogic Corporation. Overview: ViaLink. http://www.quicklogic.com/vialink-overview/.

[10] R. Wong, K. Gordon. Reliability Mechanism of the Unprogrammed Amorphous Silicon Antifuse. International Reliability and Physics Symposium, 1994.

[11] I. Kuon, R. Tessier, J. Rose. FPGA Architecture: Survey and Challenges. Now Publishers, 2008.

[12] H.-C. Hsieh. 5-Transistor memory cell which can be reliably read and written: US Pat. 4,750,155. Xilinx Incorporated, 1988.

[13] H.-C. Hsieh. 5-transistor memory cell with known state on power-up: US Pat. 4,821,233. Xilinx Incorporated, 1989.

[14] R.H. Freeman, et al. Distributed memory architecture for a configurable logic array and method for using distributed memory: US Pat. 5,343,406. Xilinx Incorporated, 1994.

[15] T.J. Bauer. Lookup tables which double as shift registers: US Pat. 5,889,413. Xilinx Incorporated, 1999.

[16] Actel Corporation. ACT1 Series FPGAs Features 5V and 3.3V Families fully compatible with JEDECs. Actel, 1996.

[17] M. John, S. Smith. Application-Specific Integrated Circuits. Addison-Wesley, 1997.

[18] M. Iida, M. Amagasaki, Y. Okamoto, et al. COGRE: A Novel Compact Logic Cell Architecture for Area Minimization. IEICE Trans. Information and Systems, 2012, E95-D(2): 294-302.

[19] Q. Zhao, K. Yanagida, M. Amagasaki, et al. A Logic Cell Architecture Exploiting the Shannon Expansion for the Reduction of Configuration Memory. In Proc. of 24th Int. Conf. Field Programmable Logic and Applications (FPL2014), Session T2a.3, 2014.

# 第**3**章

# FPGA 的结构

## 3.1 逻辑块的结构

FPGA 由三大要素构成。实现逻辑电路需求的可编程逻辑要素，提供外部接口的可编程输入 / 输出要素，还有连接前两种要素的可编程布线要素。此外，为了提高运算性能，FPGA 上还会嵌入其他硬件电路模块，比如 DSP、嵌入式内存，以及生成时钟用的 PLL 或 DLL。

图 3-1 展示的是岛型 FPGA 的结构概要。岛型 FPGA 由逻辑要素（逻辑块）、位于芯片四周的输入 / 输出要素（I/O 块）、布线要素（开关块、连接块、布线通道），以及存储器块和乘法器块等部分组成。相邻的逻辑块、连接块、开关块组成一个可重复逻辑模块（tile），然后模块呈阵列形排列最终形成岛型 FPGA。逻辑块和乘法器块都是用来实现逻辑函数的运算电路，存储器块则提供存储功能。乘法器块和存储器块等具有专门用途的电路称为"硬逻辑"（hard logic）。相对地，在逻辑块中利用查找表和数据选择器实现的任意逻辑函数称为"软逻辑"（soft logic）[1]。FPGA 供应商对各自的逻辑块结构有不同的称呼，Xilinx 公司称其为 CLB（Configurable Logic Block），而 Altera 公司称其为 LAB（Logic Array Block），但它们的基本原理都是类似的。商用 FPGA 大多采用查找表方式，因此本章主要讲解基于查找表的 FPGA。

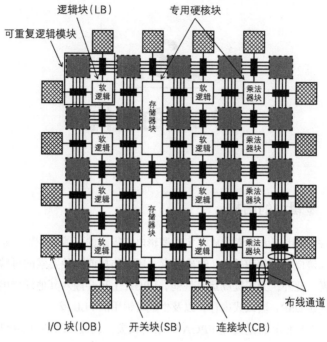

图 3-1　岛型 FPGA

### 3.1.1　查找表的性能权衡

　　虽然有一些早期 FPGA 的逻辑块结构只包含查找表 [2, 3]，但大部分逻辑块的基本要素都包含图 3-2 所示的 BLE（Basic Logic Element，基本逻辑单元）。BLE 由实现组合电路的查找表，实现时序电路的触发器，以及数据选择器构成。数据选择器在存储单元 M0 的控制下决定直接输出查找表的值还是输出 FF 中存储的值。

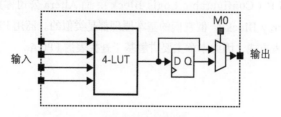

图 3-2　BLE

　　在确定逻辑块架构的时候，存在面积效率、速度等相关的权衡。面积效率用来衡量 FPGA 上实现的电路是否充分利用了逻辑块资源。如果逻辑块资源浪费情况较少则说明实现效率高，反之则说明实现效率低。在考虑面积效率时，需要对以下两点进行权衡。

- 如果增加每个逻辑块的功能，就可能以更少的逻辑块实现电路。
- 但逻辑块自身面积和输入 / 输出数量会增大，所以可重复逻辑模块的面积也会随之增大。

　　对逻辑块的功能影响最大的是查找表的大小。因为 $k$ 输入查找表（$k$-LUT）可以实现任意 $k$ 输入的函数，采用较大的查找表有助于减少逻辑块的使用数量。但是，$k$-LUT 需要 $2^k$ 个配置存储单元，因此逻辑块自身的面积会增大。并且，增加逻辑块的输入 / 输出引脚数量会导致布线面积增大，因此每个可重复逻辑模块的面积都会增大。而 FPGA 的总面积是通过"逻辑块数 × 单位可重复逻辑模块面积"计算的，因此查找表的大小和面积效率之间存在权衡关系。另外，速度上也受以下两方面影响。

- 如果增加每个逻辑块的功能，所实现电路的逻辑深度（logic depth）就更小。
- 但同时也会增加逻辑块自身的内部延迟。

　　逻辑深度是指通过关键路径的逻辑块数量，它在 FPGA 设计环节中的技术映射（technology mapping）过程中决定。降低逻辑深度可以有效减少布线，从而提高电路速度。然而，增加逻辑块功能的同时也会增加其内部的延迟，那么降低逻辑深度的效果就会大打折扣[1]。显而易见，查找表的大小和速度也存在着权衡关系。概括起来就是，增大查找表的输入 $k$ 可以降低逻辑深度，有助于加快电路速度，但在实现输入数小于 $k$ 的逻辑函数时会产生资源浪费，降低面积效率。而减小查找表的输入 $k$ 则会增加逻辑深度，从而降低电路速度，但对改善面积效率有帮助。因此，查找表的输入大小和 FPGA 的面积、延迟有着密切的关系。

　　在决定逻辑块的结构时，除了查找表的输入大小以外，评测所用的面积模型、延迟，以及制程的影响也很大。20 世纪 90 年代初，曾有研究对查找表的输入数量进行架构探索，结论表明 4 输入查找表最为高效[4]。

---

① 最终的关键路径延迟（critical path delay）由布线路径决定。

事实上在商用 FPGA 中，Xilinx 公司的 Virtex 4[5] 和 Altera 公司的 Stratix[6] 之前都一直使用 4 输入查找表。文献 [7] 基于 CMOS 0.18 μm 1.8 V 制程对 FPGA 架构进行了评测。该评测过程为，先进行晶体管级别全定制设计，再通过 SPICE 仿真计算延迟。评测所使用的是 MWTAs（Minimum-Width Transistor Areas）面积模型。该模型按照宽度最小的晶体管对所有晶体管的面积进行标准化处理，再以此进行面积测算。图 3-3 所示的是随着查找表输入数量的变化，FPGA 的面积和关键路径延迟的变化曲线①。这个结果来自对 28 种基准电路布局布线后所得数据的平均值。结果表明，查找表输入数等于 5 或 6 时面积和速度方面的性能最好。因此，最近的商用 FPGA 都倾向于采用 6-LUT。

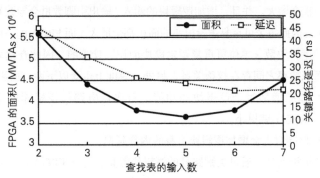

图 3-3　查找表的输入数与面积和延迟的权衡

### 3.1.2　专用进位逻辑

为了提高算术运算电路的性能，商用 FPGA 的逻辑块中还含有专用的进位电路。虽然只用查找表也可以实现算术运算，但采用专用进位逻辑可以获得更高的集成度和运行速度。图 3-4 为 Stratix V[8] 的两种算术运算模式②。图中的两个全加器（Full Adder，FA）为专用进位逻辑。FA0 的进位输入（carry_in）连接到相邻逻辑块的进位输出（carry_out）。这条路径称为高速进位链，可以为多位算术运算提供高速的进位信号传

---

① 图中数据来自于文献 [7]。

② 严格来说，Stratix V 为自适应结构，其细节将在 3.3 节介绍。

输。图 3-4a 为算术运算模式，各加法器将两个 4-LUT 的输出相加。图 3-4b 为共享运算模式，在查找表中实现求和功能，就可以一次完成 3 输入 2 位的加法运算。实现乘法器时，这个模式可以通过加法树来实现部分乘积项的相加运算。

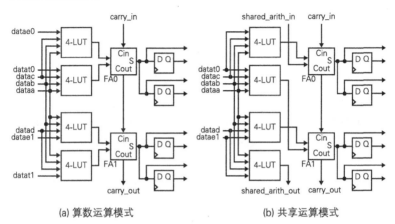

(a) 算数运算模式　　　　　　　　(b) 共享运算模式

**图 3-4　Stratix V 的算术运算模式 [8]**

图 3-5 给出的是 Xilinx 公司 FPGA 的专用进位逻辑。Xilinx 没有设计专用的全加器电路，而是使用查找表和进位生成电路的组合来实现加法。全加器的加法运算（Sum）用两个 2 输入 EXOR 实现，而进位输出（Cout）电路由 1 个 EXOR 和 1 个 MUX 组成。前一级的 EXOR 使用查找表实现，后一级的 MUX 和 EXOR 使用专用电路。和图 3-4 所示的 Stratix V 一样，进位信号也通过进位链和相邻的逻辑模块相连，因此可以扩展实现多位加法器。

全加器的真值表

| In0 | In1 | Cin | Cout | Sum |
|-----|-----|-----|------|-----|
| 0 | 0 | 0 | 0 | 0 |
| 0 | 0 | 1 | 0 | 1 |
| 0 | 1 | 0 | 0 | 1 |
| 0 | 1 | 1 | 1 | 0 |
| 1 | 0 | 0 | 0 | 1 |
| 1 | 0 | 1 | 1 | 0 |
| 1 | 1 | 0 | 1 | 0 |
| 1 | 1 | 1 | 1 | 1 |

用查找表实现　专用进位逻辑

**图 3-5　Xilinx 公司 FPGA 的进位逻辑**

## 3.2 逻辑簇

逻辑簇（logic cluster）结构可以提高逻辑块的功能性，又不增加查找表的输入数。它是由多个 BLE 群组化形成的逻辑块结构。图 3-6 所示的逻辑簇示例由 4 个 BLE 和 1 个 14 × 16 的全交叉开关矩阵（full crossbar）组成。全交叉开关矩阵模块也称为局部连接块（local connection block）或局部互联（local interconnect），其主要作用是连接逻辑块内的 BLE。逻辑簇结构有以下特征。

(1) 逻辑簇内的局部布线采用硬连线相连，比外部的通用布线速度更快。

(2) 逻辑簇内局部布线的负载电容比外部通用布线小很多[9]，因此对 FPGA 的耗电，特别是动态功耗的削减有效果。

(3) 逻辑簇内的 BLE 可以共享输入信号，这样有助于减少局部连接块的开关数量。

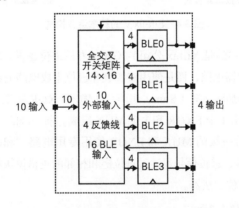

图 3-6　逻辑簇

含有多 BLE 的逻辑块最大的优势，就是在增加逻辑块功能性的同时又不会大幅影响 FPGA 的整体面积。查找表的面积会随着输入 $k$ 的增大呈指数级增长。而增加逻辑簇中 BLE 的数量 $N$，逻辑块的面积只按二次函数增长[1]。而且逻辑簇中 BLE 的输入信号大多可以共享，文献 [7] 给出了计算逻辑块输入数量 $I$ 的经验公式。

$$I = \frac{k}{2}(N+1) \tag{3-1}$$

如果每个 BLE 的输入都是独立的，逻辑块总共需要有 $I=N \times k$ 个输入。而通过输入信号的共享，可以有效缩减逻辑块的面积。并且和查找表的输入数一样，逻辑块的输入 $N$ 也存在面积、速度等方面的权衡。增加 $N$ 可以增强逻辑块的功能性，减少关键路径上逻辑块的数量进而提高速度。但增加 $N$ 的同时也会导致局部互联部分延迟增加，也就是逻辑块自身内部延迟的增加。文献 [7] 中总结出的面积延迟乘积性能最优的结构参数为 $N=3\sim10$，$k=4\sim6$。

## 3.3　自适应查找表

至此，我们介绍过的逻辑块中查找表的输入数都是一样的。不过，为了提高电路的实现效率，近些年商用 FPGA 的逻辑块结构有一些改进。图 3-7 是使用 6-LUT 对 MCNC 基准电路 [10] 进行技术映射后，不同输入数量的逻辑所占的百分比数据。使用的技术映射工具是以面积最小化为目标的 ZMap[11]。我们可以看到，映射到 6 输入的逻辑占整体的 45%，而 5 输入逻辑占 12%。需要注意的是，在实现这些 5 输入逻辑时，6-LUT 中有一半的配置内存都是闲置的。逻辑的输入数越少，资源浪费的问题越严重，比如实现 2 输入逻辑时就大约有 93% 的配置内存是闲置的。这是导致 FPGA 资源使用率低的主要原因之一，而业界也很早就意识到并尝试解决这个问题。Xilinx 公司的 XC4000 系列 [12, 13] 在逻辑块中包含了不同输入数的查找表，并将这种结构称为 Complex LB。不过没能在 CAD 中实现对其的支持，之后又回到了 4-LUT 架构。后来，在 Altera 公司的 Stratix II[14] 和 Xilinx 公司的 Virtex 5[15] 之后的 FPGA 产品，都采用了将较多输入的查找表（比如 6-LUT）分解使用的机制。Altera 公司将这种逻辑单元称为可拆分查找表（fracturable LUT）或自适应查找表（adaptive LUT），而 Xilinx 公司则简单地沿用查找表这一叫法。本书统一称这类结构为自适应查找表。自适应查找表和以往的查找表最大的不同，就是它可以通过分解来实现多个逻辑，从而提升资源的使用效率。

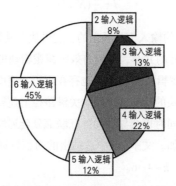

**图 3-7   技术映射后逻辑实现的构成（对象为 6-LUT）**

图 3-8a 是由自适应查找表组成的逻辑块的示例 [16]。逻辑块的输入数为 40、输出数为 20，此外还有进位输入、进位输出等信号，BLE 数为 10。局部连接块为 60×60 的全交叉开关矩阵，它的输入还包含了 ALE（Adaptive Logic Element，自适应逻辑单元）的反馈输出。ALE 由 2 输出的自适应查找表组成，和 BLE 一样还包括触发器。如图 3-8b 所示，ALE 含有两个共享全部输入信号的 5-LUT，这样它就可以根据所需电路，作为一个 6-LUT 或两个信号共享的 5-LUT 来使用。通过这种方式将 6-LUT 分解为小查找表，就可以使用 6-LUT 的资源实现多个小型逻辑，从而提高的资源使用效率。但是，同时增大输入和输出的数量又会导致布线面积的增加，因此 ALE 采用了限制输出数量和共享输入等机制。

自适应查找表具有代表性的专利有 Altera 公司的 US6943580（2003 年提交，2005 年授权）[17]、Xilinx 公司的 US6998872（2004 年提交，2006 年授权）[18] 和日本熊本大学的 US6812737（2002 年提交，2004 年授权）[19]。自适应查找表最早在商用 FPGA 中被采用是 2004 年，虽然有一些细微的改进，但直到现在逻辑块的基本结构都没有变化。下面，我们就以 Altera 公司的 Stratix II 和 Xilinx 公司的 Virtex 5 为例，介绍一下商用 FPGA 的逻辑块结构。

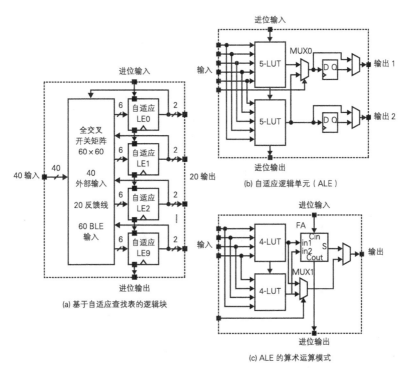

图 3-8　基于自适应查找表的逻辑块

### 3.3.1　Altera 公司的 Stratix II

　　自适应查找表的先驱 Stratix II 采用了一种称为 ALM（Adaptive Logic Module，自适应逻辑模块）的逻辑要素 [①]。如图 3-9a 所示，ALM 由一个 8 输入自适应查找表、两个加法器、两个 FF 等部分构成。ALM 可以实现一个任意的 6 输入逻辑，或两个独立的 4 输入逻辑，或输入独立的一个 5 输入逻辑加一个 3 输入逻辑。此外，还可以实现输入共享的两个逻辑（如共享 2 输入的两个 5 输入逻辑）或一部分 7 输入逻辑。像图 3-4 中那样的 ALM 还可以实现两个 2 位加法，或两个 3 位加法。Stratix II 中的八个 ALM 组成一个 LAB，LAB 相当于逻辑块结构。

---

① 　Altera 公司的 FPGA 中，带自适应功能的查找表有时会被称为可拆分查找表。

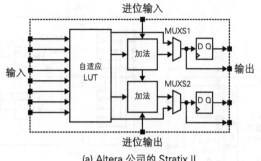

(a) Altera 公司的 Stratix II

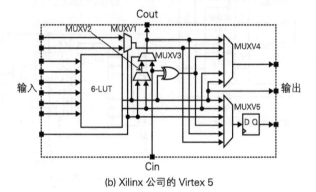

(b) Xilinx 公司的 Virtex 5

图 3-9　商用 FPGA 的架构

### 3.3.2　Xilinx 公司的 Virtex 5

图 3-9b 展示的是 Xilinx 公司的 Virtex 5 的逻辑要素。Virtex 5 中的逻辑要素可以实现一个任意的 6 输入逻辑，或共享全部输入的两个 5 输入逻辑。它还有多个数据选择器。比如通过 MUXV1 可以将外部输入直接送到输出，通过 MUXV2 可以选择输出外部输入或 6-LUT 的输出。MUXV3 用于连接来自相邻逻辑模块的进位输入 Cin，实现超前进位（carry look ahead）逻辑。同样，EXOR 用来生成加法的 SUM 信号。MUXV4 和 MUXV5 用来选择输出到外部的信号。在 Virtex 5 中，四个这样的逻辑单元的集合称为 Slice，两个 Slice 组成的 CLB 相当于一个逻辑块。

## 3.4　布线线段

图 3-10 展示了几种主要的 FPGA 的布线结构类型：完全连接型、一维阵列型、二维阵列型（或岛型）和层次型[20]。分类的依据是各个逻辑块、I/O 块之间的连接方式，或者说是连接拓扑。虽然结构不同，但它们都是由布线通道和可编程开关组成，并且可由配置存储单元的值来决定布线路径的。图 3-10a 是完全连接型，它的外部输入和逻辑块自身的反馈输出总是连接到输入。这种结构在含有可编程 AND 阵列的 PLA 器件[21]中比较常见，但如今 FPGA 的逻辑块规模更大，这种方式显然是低效的。图 3-10b 是一维阵列型，它的特点是只有横向布线通道，上下布线通道间通过贯通式布线连接。Actel 公司的 ACT 系列 FPGA[2]属于这一类。一般来说一维阵列型布线所使用的开关较多。ACT 系列 FPGA 使用反熔丝型开关，开关数量对面积影响不大。但是近些年的主流 FPGA 大多采用 SRAM 型开关，一维阵列型和完全连接型结构都已失去市场，因此下面我们主要对层次型和岛型布线结构进行详细说明。

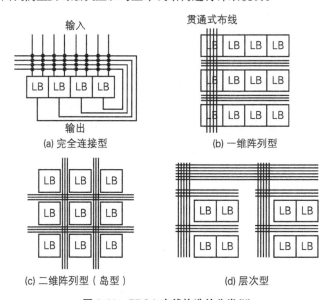

图 3-10　FPGA 布线构造的分类[20]

### 3.4.1 全局布线架构

FPGA 的布线架构分为全局布线（global routing）和详细布线（detail routing）两部分。全局布线架构主要解决逻辑块的连接、布线通道的宽度（连线数量）等高层次的问题，而不关心开关细节。详细布线架构则要决定具体的连接方式，比如逻辑块和布线通道间的开关布局等。图 3-10 中的 4 种分类都属于全局布线架构。

#### 1. 层次型 FPGA

Altera 公司的 Flex 10K[22]、Apex[23] 和 Apex II[24] 等 FPGA 采用的就是层次型布线架构。图 3-11 所示的是具有代表性的层次型 FPGA——UCB 的 HSRA（High-Speed, Hierarchical Synchronous Reconfigurable Array）[25] 的布线构造。HSRA 的布线从第 1 层到第 3 层共有 3 个层次。图中布线的交差点上包含着各层上的开关。一般层次越高，通道里连线的数量就越多。第 1 层为最低层次，用来实现分组内多个逻辑块间的布线。层次型布线的一个优点是同层次内的连接所需开关数量少，因此信号传输速度快。但如果用户电路不适合用层次型布线结构来实现，其效率就会很低。而且各层次间有着明确的分界线，一旦需要跨层连接延迟就会增加。例如，即使是物理上邻近的逻辑块，如果没有被分配到同一层内，就必须通过上层布线相连来增大延迟。而且，在近些年的制程中，布线的寄生电容和寄生电阻偏差较大，即使在同一层内延迟也可能会有偏差。虽然按最坏的条件分析时序不会产生问题，但要想积极优化布线就不能忽视不同路径间的速度差。综上，在比较旧的制程下门电路延迟比布线延迟更具支配性，层次型 FPGA 还有其优势，但近些年已经不再适用了。

#### 2. 岛型 FPGA

图 3-12 为一个岛型 FPGA 的示例 [1]，近些年的 FPGA 大多采用这种架构。岛型结构中逻辑块呈阵列状布置，并且逻辑块间具有横向和纵向布线通道。逻辑块和布线通道间的连接除了图示的双方向（右、下）以外，上下左右四方向的连接方式也很常见。通过设计统一结构的可重复逻辑模块 [26, 27]，布局布线时可以更快地计算延迟。

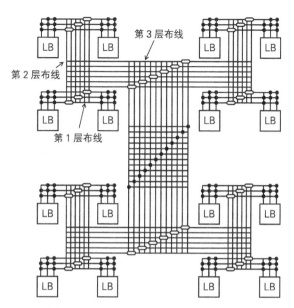

图 3-11 层次型 FPGA 的结构示例 [25]

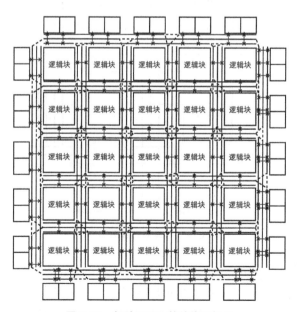

图 3-12 岛型 FPGA 的结构示例 [1]

### 3.4.2 详细布线架构

在详细布线架构中，需要确定逻辑块和布线通道间的开关布置，以及布线的线段长度。图 3-13 是一个详细布线架构的示例。布线通道中连线的数量定义为 $W$，其中包含多种长度类型的布线线段。连接逻辑块和布线通道的连接块（CB）有输入用和输出用两种，输入连接块和输出连接块的自由度分别由 $F_{c, in}$ 和 $F_{c, out}$ 定义。纵向和横向布线通道的交叉处有开关块（SB），开关块的自由度由 $F_s$ 定义。示例中的 $W=4$，布线通道 4 条线段中的 2 条与输入连接块相连，因此 $F_{c, in}=2/4=0.5$，而输出连接块和 1 条布线线段相连，因此 $F_{c, out}=1/4=0.25$。开关块的每个输出都可以从来自 3 个方向的输入中选择，因此 $F_s=3$。

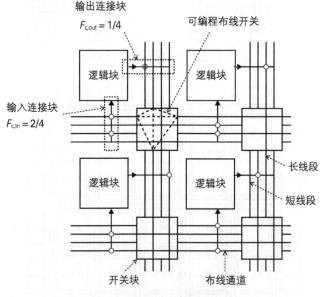

**图 3-13** 详细布线架构 [1]

由连接块和开关块组成的布线要素对 FPGA 面积和电路延迟的影响很大 [28]。就面积来说，连接块和开关块中的开关在 FPGA 版图上所占的比例很大。而对电路延迟影响大是因为最近的制程中，布线延迟比逻辑延迟占比更大。在决定详细布线架构时需要考虑的问题有：(1) 逻辑块和布线通道间的连接结构；(2) 布线线段长度的种类和比例；(3) 布线开关的晶体管参数。但是，布线自由度和性能间存在着复杂的权衡。如果为了提高自由度需要增加开关数量，面积和延迟会恶化；如果减少开关数量，布线所占资源会减少，但有可能会因资源不足而导致布线失败。除上述问题外，要决定布线架构，还要考虑传输晶体管和三态缓冲器使用上的平衡。

### 3.4.3　布线线段长度

使用 CAD 工具进行布局布线，就是在满足速度、功耗约束的情况下寻找成功的布线路径的过程。然而，由于布线拥堵、开关级数等问题，很难为所有电路找到最理想（最短）的布线方案。因此，除了短距离布线线段，还需要中距离、长距离的连线来提高布线性能。现实中的 FPGA 布线通道里，同时存在短距离、中距离、长距离等不同长度的布线线段。图 3-14 展示了 3 种长度的布线线段。布线线段长度指的是连线所跨越的逻辑块的数量，图中有长度分别为 1（单倍线）、2（双倍线）和 4（四倍线）的连线线段。示例中各类线段的组成比例：单倍线为 40%、双倍线为 40%、四倍线为 20%。此外，Xilinx 公司的 FPGA 上还有横跨整个器件的长距离连线，称为长线。布线通道中各个长度线段的比例，大多是通过实现基准电路进行架构探索得来的 [29, 30]。

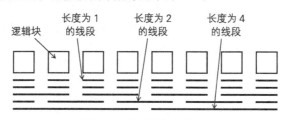

图 3-14　布线的线段长度

### 3.4.4　布线开关的结构

在决定 FPGA 布线架构时，可编程开关的结构也很重要。很多 FPGA 结合使用传输晶体管和三态缓冲器 [30~32] 来实现布线开关。图 3-15

是布线开关的示例。在较短路径上使用传输晶体管可以减少开关数量，但传输晶体管会影响信号质量 [33]，在使用多级传输晶体管时需要插入中继器（缓冲器），而三态缓冲器适合驱动长距离的连线。文献 [31] 提到，传输晶体管和三态缓冲器的构成比例为各占一半时性能最好。

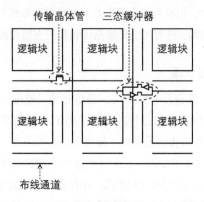

图 3-15　布线开关

传输信号的连接线也分两种：双向连线和单向连线 [30]。图 3-16a 中基于双向连线的结构虽然可以减少布线通道中连线的数量，但总有一个方向的开关会闲置，并且还会增加连线电容影响延ің。而图 3-16b 中基于单向连线的结构虽然布线数量是双向连线的两倍，但开关不会闲置且连线电容较小。因此，双向连线和单向连线也存在性能方面的权衡。近些年制程的金属层数增长（可以实现更多连线），再从设计难度上考量，FPGA 正在从使用双向连线向单向连线转变 [1, 34]。

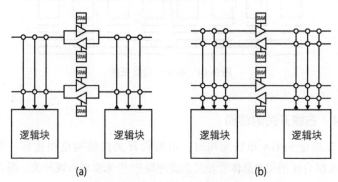

图 3-16　双向连线和单向连线

表 3-1 列出了一些商用 FPGA 中的布线长度和布线数量数据 [28]。不过表中只有数代前的器件信息，近些年的商用 FPGA 架构都没有公开。Xilinx 公司的 Virtex 使用了单倍线（L=1）、六倍线（L=6）和长线（L=∞）。并且有 1/3 的六倍线为双方向，其余为单方向。随后的 Virtex II 中所有六倍线都为单方向。Altera 公司的 Stratix 没有单倍线，短距离连接使用的是 LAB 间的专用布线。长距离布线分别有 L=4、L=6、L=24 的连线。综上，商用 FPGA 中的布线线段长度的种类和比例各不相同，连线方向也是双向、单向两种结构都有。

表 3-1　商用 FPGA 的布线长度和布线数量 [28]

| 架构 | 簇大小 $N$ | 阵列大小 | 布线长度和布线数量 | | | | | | |
|------|------|------|---|---|---|---|---|---|---|
| | | | 1 | 2 | 4 | 6 | 16 | 24 | ∞ |
| Virtex I | 4 | 104×156 | 24 | - | - | 48d+24 | - | - | 12 |
| Virtex II | 8 | 136×106 | - | 40 | - | 12d | - | - | 24 |
| Spartan II | 4 | 48×72 | 24 | - | - | 48d+24 | - | - | 12 |
| Spartan III | 8 | 104×80 | - | 40 | - | 96d | - | - | 24 |
| Stratix 1S80 | 10 | 101×91 | - | - | 160hd+80vd | - | 16vd | 24hd | - |
| Cyclone 1C20 | 10 | 68×32 | - | - | 80d | - | - | - | - |

（注）d：单向连线；h：横向；v：纵向。双向连线无特殊标记。

## 3.5　开关块

### 3.5.1　开关块的拓扑

开关块（SB）位于横向和纵向布线通道的交叉处，通过可编程开关来控制布线路径。图 3-17 展示了 3 种具有代表性的开关块拓扑：不相交（Disjoint）型 [35]、通用（Universal）型 [36] 和威尔顿（Wilton）型 [37]。

不同开关块拓扑的通道间连线自由度是不同的。图中还分别给出了通道连线数为偶数（$W=4$）和奇数（$W=5$）时的结构示例。交叉点处的白色圆点代表此处有可编程开关。所有开关块都是从 3 个输入中选择 1 个输出，因此开关块的自由度 $F_s=3$。

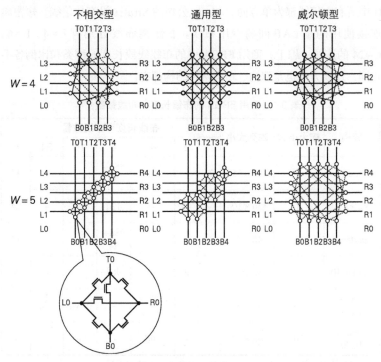

图 3-17　开关块的拓扑

### 1. 不相交型（赛灵思型）

Xilinx 公司的 XC4000 系列使用的是不相交型开关块 [35]，也被称为赛灵思（Xilinx）型开关块。不相交型开关块在 $F_s=3$ 的条件下，4 个方向上相同序号的连线互相连接。例如图 3-17 中 $W=4$ 时，左侧通道的 L0 和 T0、R0、B0 相连接，$W=5$ 时也是同理。连接由 6 个开关共同决定，因此开关总数为 $6W$。不相交型连接结构较为简单，但只有相同序号的连线可以互联，所以自由度比较低。

**2. 通用型**

通用型开关块是在文献 [36] 中提出的一种拓扑结构。虽然和不相交型一样由 $6W$ 个开关组成，但两个成对的连线可以在开关块内互联。例如图 3-17 中 $W$=4 时，连线 0 和 3，1 和 2 分别成对，而 $W$=5 时连线 4 无法成对，就采取和不相交型开关块一样的连接方法。文献 [36] 也提到这种结构可以比不相交型开关块使用更少的连线。然而，通用型只能对应单倍线，无法应用在其他长度的布线上。

**3. 威尔顿型**

不相交型和通用型开关块要么连接相同序号的连线，要么连接成对的连线，而威尔顿型开关块则采用 $6W$ 个开关连接序号不同的连线 [37]。例如图 3-17 中 $W$=4 时，左方的连线 L0 分别和上方的 T0、下方的 B3、右方的 R0 相连。这样可以保证至少有 1 条连线可以和序号最远（$W$–1）的连线相连。这种结构在路径经过多个开关块时，比其他拓扑有更高的自由度。并且，文献 [38, 39] 发现威尔顿型拓扑可以形成顺时针、逆时针的闭环路径，利用该特性可以提高 FPGA 芯片的测试效率。

### 3.5.2　数据选择器的结构

和开关块拓扑一样，可编程开关的电路结构也对延迟有较大影响。尤其是单向布线的情况，只要有布线要素的地方就有数据选择器的存在。一般多输入的数据选择器传输延迟较大，因此其电路结构比较重要。图 3-18 为 Altera 公司 Stratix II[30] 中的多输入数据选择器结构。其中有 9 个普通输入，还有 1 个高速输入用于连接关键路径。因为只有两层开关，所以被称为双层数据选择器 [30]。文献 [30] 中提到，这种结构可以在不增加面积的情况下改善 3% 的延迟。布线要素上的可编程开关为了减少路径延迟，不惜多使用一些存储单元。而查找表则多数由树状传输晶体管结构构成 [33]。

此外，为了削减单向布线的电路延迟，以往的研究分别对中继器的位置、晶体管的尺寸、布线中数据选择器的尺寸等问题进行过探讨。FPGA 布线的驱动元件通常使用 CMOS 反相器。文献 [40] 中提到，驱动的级数为奇数的布线延迟比偶数级要好。虽然这种情况下信号会反转，但只要在生成查找表配置数据时将输入信号反转的因素纳入考量即可。文献 [34] 对中继电路的尺寸进行了研究，在 CMOS 0.18 μm 下实现 3 段反相器时，3 段 pMOS 和 nMOS 晶体管的宽度（$W_p/W_n$）分别为 1/3.5、1/1 和 1.4/1 的情况下面积延迟乘积的指标最优。对相同条件下的多输入数据选择器进行评测后发现，4 输入的数据选择器延迟最优，8 输入的数据选择器面积延迟乘积最优。

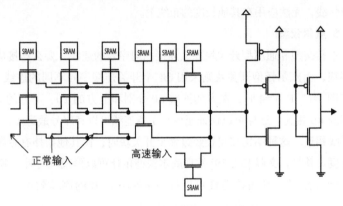

图 3-18　开关块中数据选择器的晶体管结构

## 3.6　连接块

连接块也由可编程开关构成，其功能是连接布线通道和逻辑块的输入 / 输出。连接块和局部连接块一样，需要对开关数量和连线自由度进行权衡。特别是布线通道里的连线非常多，如果单纯地使用全交叉开关矩阵（full crossbar）来实现，连接块的面积就会非常大。因此，实际的连接块很少使用全交叉开关矩阵来实现，而是使用省节掉一些开关的稀疏开关矩阵（sparse crossbar），如图 3-19 所示。示例中的布线通道由单向连线组成，其中正向连线 14 根（F0~F13），反向连线 14 根（B0~B13）。这 28 根连线和 6 个逻辑块的输入（In0~In5）通过连接块相连。逻辑块的每个输入都和布线通道中的 14 根连线相连，因此 $F_{c,in} = 14/28 = 0.5$。稀疏开关矩阵有多种结构 [30]，因此需要通过架构探索寻找布线自由度和面积之间平衡最好的架构。

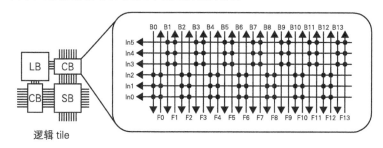

图 3-19　连接块的开关分布示例

## 3.7　I/O块

输入 / 输出要素由专用的 I/O 块（Input / Output Block，IOB）构成，负责器件的 I/O 引脚与逻辑块之间的接口部分。I/O 块放置在芯片的外围。FPGA 的 I/O 除了固定用途的电源、时钟等专用引脚，还有用户可以配置的用户 I/O。I/O 块具有输入 / 输出缓冲、输出驱动、信号方向控制、高阻抗控制等功能，可以使输入 / 输出信号能在 FPGA 阵列内的逻辑块和 I/O 块间按指定方式传输。I/O 块里还有触发器，可以锁存输入 / 输出信号。图 3-20 为 Xilinx 公司 XC4000 的 I/O 块，近些年 FPGA 的 I/O 块和该结构基本相同，其主要特征如下所示。

- 输出部分有上拉和下拉电阻，可以让输出锁定为 0 或者 1。
- 输出使能信号 OE 控制输出缓冲器。
- 输入 / 输出各自都有触发器，可用来调整信号延迟。
- 输出缓冲器的转换速率（slew rate）可调。
- 输入缓冲器阈值符合 TTL 或 CMOS 标准。
- MUX6 带有延时电路，用来保证输入的保持时间。

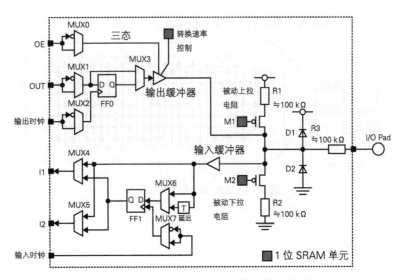

图 3-20　Xilinx XC4000 的 I/O 块 [41]

此外，商用 FPGA 为了对应输出标准、电源电压等特性不同的接口，输入 / 输出模块还负责电气上的适配。很多 FPGA 还具有应对高速通信的差分信号（Low Voltage Differential Signaling，LVDS）、应对不同电压值的参考电压、应对特定高电压的钳位二极管（clamp diode）等功能。表 3-2 所列的是 Altera 公司 Stratix V 的 I/O 规格 [8]。现在的 FPGA 很多都是面向不同用途的产品，因此不同 FPGA 所搭载 I/O 的规格也会随之改变。几代之前的 FPGA 除了时钟、电源电压等专用信号引脚外，一大半都是用户 I/O 引脚。然而在器件所支持的 I/O 规格的种类增加后，就很难让每个独立 I/O 都应对所有标准。因此近些年的 FPGA 将多个 I/O 划为一组，称为 I/O 分组，并以 I/O 分组为单位进行功能划分和管理 [15, 42]。不同器件中每个分组里的 I/O 引脚数各不相同，比如 Virtex 4[5] 为 64 引脚，Virtex 5[15] 为 40 引脚。每个分组内共享电源电压和参考信号，因此多个分组就可以应对不同的 I/O 规格。

表 3-2　Stratix V 支持的部分 I/O 规格 [8]

| I/O 规格 | 输出电压 | 用　　途 |
|---|---|---|
| 3.3-V LVTTL | 3.3 V | 通用 |
| 3.3/2.5/1.8/1.5/1.2-V LVCMOS | 3.3/2.5/1.8/1.5/1.2 V | 通用 |
| SSTL-2 Class I / Class II | 2.5 V | DDR SDRAM |
| SSTL-18 Class I / Class II | 1.8 V | DDR2 SDRAM |
| SSTL-15 Class I / Class II | 1.5 V | DDR3 SDRAM |
| HSTL-18 Class I / Class II | 1.8 V | QDRII / RLDRAM II |
| HSTL-15 Class I / Class II | 1.5 V | QDRII / QDRII+ / RLDRAM II |
| HSTL-12 Class I / Class II | 1.2 V | 通用 |
| Differential SSTL-2 Class I / Class II | 2.5 V | DDR SDRAM |
| Differential SSTL-18 Class I / Class II | 1.8 V | DDR2 SDRAM |
| Differential SSTL-15 Class I / Class II | 1.5 V | DDR3 SDRAM |
| Differential HSTL-18 Class I / Class II | 1.8 V | 时钟接口 |
| Differential HSTL-15 Class I / Class II | 1.5 V | 时钟接口 |
| Differential HSTL-12 Class I / Class II | 1.2 V | 时钟接口 |
| LVDS | 2.5 V | 高速通信 |
| RSDS | 2.5 V | 平板显示器 |
| mini-LVDS | 2.5 V | 平板显示器 |

3.1 节到 3.7 节总结的内容，例如逻辑块和 I/O 块的结构概要等，都可以在商用 FPGA 的数据手册里查到。然而这些器件更详细的版图信息、布线架构等都是未公开的。表 3-3 列出的是在官方数据手册之外可公开查到的和 FPGA 架构相关的文献和专利。

表 3-3　FPGA 架构相关参考文献和专利

(1) FPGA 架构（商用）

| 出版年份 | 内　　容 |
|---|---|
| 1994 | XC4000 之前的 FPGA 架构 [43] |
| 1998 | Flex6000 架构 [44] |
| 2000 | Apex20K 相关论文和配置内存构造 [45] |
| 2003 | Stratix 的布线和逻辑块架构 [46] |
| 2004 | Stratix II 的基本架构和自适应查找表 [47] |
| 2005 | Stratix II 的布线和逻辑块架构 [30] |
| 2005 | eFPGA 的基本构造和评测 [48] |
| 2009 | Stratix III 和 Stratix IV 的架构 [49] |
| 2015 | Virtex Ultrascale CLB 的架构 [50] |

## (2) FPGA 架构（学术）

| 出版年份 | 内　　容 |
|---|---|
| 1990 | 查找表最佳输入数的评测 [4] |
| 1993 | 同质查找表的架构探索 [13] |
| 1998 | 布线线段长度的分配 [28] |
| 1998 | 布线线段和驱动 [40] |
| 1999 | 具有逻辑簇之前的 FPGA 架构 [29] |
| 2000 | 布线架构的自动生成 [29] |
| 2002 | 可编程开关的设计 [33] |
| 2004 | 逻辑块内 BLE 数量相关的架构探索 [7] |
| 2004 | 开关块和连接块 [28] |
| 2008 | 双向布线和单向布线的评测 [51] |
| 2008 | 自适应查找表在内的 FPGA 调查报告 [1] |
| 2009 | FPGA 和 ASIC 性能差的评测 [52] |
| 2014 | 自适应查找表的架构 [16] |

## (3) 专利

| 授权年份 | 内　　容 |
|---|---|
| 1987 | FPGA 内部链接相关专利（Carter 专利）[53] |
| 1989 | FPGA 基本构造相关专利（Freeman 专利）[54] |
| 1993 | 局部连接块相关专利 [55] |
| 1994 | 将查找表作为 RAM 使用的专利 [56] |
| 1995 | 布线网络相关专利 [57] |
| 1995 | 进位逻辑相关专利 [58] |
| 1996 | BLE、FPGA 逻辑簇相关专利 [59] |
| 1996 | 布线线段长度相关专利 [60] |
| 1999 | 查找表作为移位寄存器使用的专利 [61] |
| 2000 | IOB 相关专利 [62] |
| 2002 | 多配置、多粒度相关专利 [19] |
| 2003 | 可拆分查找表相关专利 [17] |
| 2004 | 自适应查找表相关专利 [18] |

## 3.8 DSP块

早期的 FPGA 主要通过可编程的布线连接含有查找表的逻辑块，用这种基本的结构就可以实现用户所需的逻辑电路。那时可在 FPGA 上实现的电路规模也比较小，FPGA 主要用来实现大规模系统中子模块间的接口电路、系统控制状态机等，这类简单的逻辑电路也被称为胶连逻辑（glue logic）。

当 FPGA 进入通用领域后，很快就被人们注意到其广泛应用的可能性，主要应用领域也转为 FIR（Finite Impulse Response，有限脉冲响应）滤波器、高速傅里叶变换等数字信号处理（Digital Signal Processing，DSP）等。这类应用需要进行大量乘法运算，但乘法等运算器的输入信号较多，基于逻辑块的查找表实现需要大量逻辑块相互连接，因此布线延迟就会增大，难以提高运算性能。同时也是为了和数字信号处理器竞争，FPGA 架构开始集成乘法单元来提高运算性能。

在这样的背景下，搭载大量乘法器的 FPGA 架构在 2000 年左右出现了。除了逻辑块，这些 FPGA 还嵌入了乘法硬核块。乘法器基于专用电路实现，虽然编程自由度低但具有很高的运算性能。乘法器和逻辑块间设有可编程布线要素，用户可以在应用电路中自由连接使用。例如，Xilinx 公司的 Virtex II 架构中嵌入了 18 位带符号整数乘法器块，有的 FPGA 型号搭载了 100 多个乘法器块 [63]。

虽然通过嵌入专用运算电路的硬核块可以提升性能，但如果它因不符合应用需求而没有被使用，也会导致资源浪费。也就是说，高性能、高编程自由度、高使用效率之间存在着权衡关系。近些年市场对 FPGA 的要求越来越多样化，为了应对数字信号处理领域中复杂且多样的运算，DSP 块应运而生。DSP 块在一定程度上同时具有可编程性和专用电路的高效性。

### 3.8.1 DSP 块的结构示例

图 3-21 是 Xilinx 公司 7 系列架构所采用的 DSP48E1 slice 的结构示

例[64]。其中前端为 25 位 ×18 位的带符号整数乘法器，后端是 48 位累加运算单元。在信号处理领域，下面这种将乘积结果累加的 MACC（Multiply-Accumulate）运算非常多见。

$$Y \leftarrow A \times B + Y$$

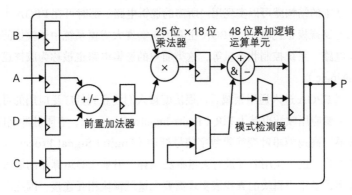

图 3-21　Xilinx DSP48E1 slice 结构概要 [64]

DSP48E1 slice 结合乘法器和 48 位累加器，再通过将最后一级的寄存器输出反馈为操作数，就可以独立完成 MACC 运算。

48 位累加器可以实现加减法，也可以用作逻辑运算等其他多种运算器，具体实现哪种运算符是可以通过编程指定的。因此，DSP48E1 slice 不仅可以实现乘法和 MACC 运算，还可以实现 3 值相加、桶式移位器等各种各样的运算。此外，后端寄存器的前方还设置了 48 位可编程模式检测器，它可以用于计数器的触发检测、运算结果的范围检测等各种用途。灵活运用运算器间的寄存器，还可以实现运算的流水线化。综上，DSP48E1 slice 实现了一种同时具有编程自由度和高速运算能力的结构。

## 3.8.2　运算粒度

在将运算器硬核化的过程中，运算粒度（运算器的位数）的选择对应用实现效率的影响也很大。当应用所需运算的粒度大于硬核块粒度时，需要结合使用多个块来实现，那么布线就可能会影响运算性能。相反，当应用所需运算的粒度小于硬核块粒度时，一部分硬件资源就会空闲，面积使用率就会降低。然而不同的应用对粒度的需求非常不同，因此 DSP48E1 slice 采用以下机制，在运算粒度上实现了一定的灵活性。

- 级联路径（cascade path）

  相邻 2 个 DSP48E1 slice 之间设有专用的高速连接路径（级联路径），可以直接连接相连 2 个 slice 实现多位运算，而不需要消耗通用逻辑资源。

- SIMD 运算

  48 位累加器也支持 SIMD（Single Instruction Stream Multiple Data Stream，单指令流多数据流）形式的运算，可以实现 4 个独立的 12 位加法或 2 个 24 位加法。

而 Altera 公司的 Stratix 10 架构和 Aria 10 架构中采用了粒度更粗一些的 DSP 块 [65]。如图 3-22 所示，其结构包含了符合浮点数运算标准 IEEE 754 的单精度乘法器和加法器，除了高精度 DSP 应用，还适合用作科学运算的加速器。这种结构也配备了专用路径，用于相邻 DSP 块的级联连接。而且除了浮点运算模式，还具有 18 位、27 位定点运算模式，在运算粒度的选择上具有一定灵活性。

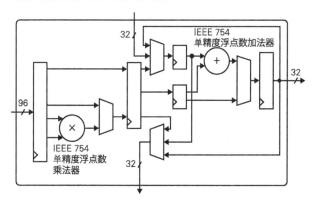

**图 3-22　Altera 的浮点运算 DSP 块结构 [65]**

### 3.8.3　DSP 块的使用方法

近些年的商用 FPGA 架构中，即使同一种运算也可以分为 DSP 块实现和逻辑块实现，用户需要在不同实现方式中进行选择。当然不同选择的运算性能可能会相差很大，一般使用 DSP 块比较有性能优势。然而当 DSP 资源全部用完而逻辑块还有剩余时，还可以充分利用逻辑块提高硬件资源的使用率。

FPGA 用户在设计电路时有多种利用 DSP 块的方法。使用 FPGA 厂商提供的 IP 生成工具，可以从设计库中选取提前设计好的运算器或信号滤波器等 IP，然后进行位宽等参数定制后就可以简单地生成模块。此时，只要 IP 可以在 DSP 块上实现，就可以通过工具选择是否使用 DSP 块。

使用硬件描述语言设计运算器时，只要按照 FPGA 厂商推荐的方式编写程序，逻辑综合工具就能自动识别并使用 DSP 块。这种方式实现简单，而且在不同架构甚至不同厂商的 FPGA 间具有可移植性。当然，也可以通过逻辑综合工具的参数设定来限制或禁止 DSP 块的使用。

此外，也可以在代码中直接实例化并引用 DSP 块的模块，从而实现低层次的访问。但这种方式的缺点是不具有可移植性。

## 3.9  硬宏

随着半导体集成度的提升和 FPGA 规模的增大，在 FPGA 上实现完整的复杂系统的方式开始受到关注。针对这类应用，需要将通用接口电路等硬件模块抽象出来，作为专用硬件嵌入 FPGA 芯片，这样比用户自行设计再占用通用逻辑资源更为高效。因此，最近的商用 FPGA 中搭载了多样的专用硬件电路，这些专用硬件电路一般被称为硬宏（hard macro）。

### 3.9.1  硬宏化的接口电路

3.8 节介绍的硬件乘法器和 DSP 块也属于硬宏，此外 FPGA 上通常还有 PCI Express 接口、高速串行通信接口、外部 DRAM 接口、模拟数字转换器等多种硬宏。在外围电路设备高速化，需要高频时钟驱动的接口电路多样化的背景下，接口电路硬核化十分必要。不过这些硬宏化的接口电路一般在芯片上只有一个或几个，不像逻辑块或 DSP 块那么多。因此在逻辑块上实现用户电路时需要考虑硬宏的位置再进行布局布线，否则产生过长布线就会降低电路性能。

### 3.9.2 硬核处理器

要在 FPGA 上实现完整的复杂系统，很多情况下微处理器都是不可或缺的组成要素。因为 FPGA 可以实现通用电路，当然也可以在 FPGA 上以用户电路的方式实现处理器。通过这种方式实现的处理器被称为软核处理器。Xilinx 公司和 Altera 公司都各自设计了 FPGA 用的软核处理器 [67, 68]，另外还有很多开源的软核处理器可供用户自由定制使用 [68]。

软核处理器的优点是自由度高可定制，但是性能上还是作为硬宏嵌入的处理器更具优势。这种处理器被称为硬核处理器。Xilinx 公司从前生产过搭载 IBM 公司 PowerPC 处理器硬宏的 FPGA，而现在 Xilinx 和 Altera 这两家的 FPGA 中，处理器硬宏采用的都是 ARM 处理器。

图 3-23 所示的是 Xilinx 公司的 Zynq-7000 EPP（Extensible Processing Platform）架构 [69]。这颗芯片分为处理器部和可编程逻辑部。处理器部搭载了拥有两颗 ARM Cortex A9 核心的多核处理器。而且外部存储器接口和各种输入 / 输出接口的控制器也都硬宏化，并通过基于 AMBA 协议的片上连接标准，和处理器相连。这样的硬核处理器可以运行 Linux 等通用 OS。可编程逻辑部和普通的 FPGA 相同，由基于查找表的逻辑块、DSP 块、嵌入式存储器等组成。只要用户遵从标准设计电路接口，就可以将可编程逻辑上的用户电路连接到 AMBA 交换模块上，然后再跟硬核处理器相连。使用种芯片可以将一部分处理器上的计算，以定制硬件的方式实现加速。

## 3.10 嵌入式存储器

早期的 FPGA 架构中，基本上只使用基于查找表和触发器的逻辑块实现用户电路，可用作存储要素的只有逻辑块中的触发器。因此很难在芯片上保存大量数据，而有这样需求的应用需要在 FPGA 上连接外部存储器。但在很多情况下，FPGA 和外部存储器间的带宽会成为系统的瓶颈，从而限制整体性能。因此商用 FPGA 架构在发展过程中开始集成高效的片上存储器。这种 FPGA 内部的存储器统称为嵌入式存储器。最近的商用 FPGA 架构中主要含有两类嵌入式存储器。

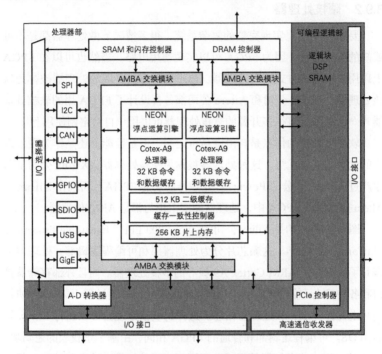

**图 3-23　Zynq-7000 EPP 架构** [69]

### 3.10.1　存储器块硬宏

第一种在 FPGA 上高效实现存储器的机制非常直接，那就是以硬宏的形式在架构中嵌入存储器块。

例如，Xilinx 公司的架构中，这种硬宏型存储器块被称为块存储器（Block RAM，BRAM）。图 3-24 所示的是 7 系列架构中搭载的 BRAM 模块的接口。该架构中每个 BRAM 有 36 Kbit 的容量。该系列小型的 FPGA 芯片中也有数十个这样的 BRAM，而大规模的则含有数百个

BRAM。而且一个 BRAM 既可作为一个 36 Kbit 存储器使用，也可以拆分为两个独立的 18 Kbit（千位）存储器使用。反过来，相邻的两个 BRAM 也可以结合起来实现 72 Kbit 存储器，而且不需要消耗额外的逻辑资源。

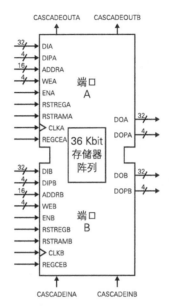

图 3-24　Xilinx 7 系列架构的 BRAM 模块 [70]

从图 3-24 我们可以知道，访问存储器所需的地址总线、数据总线、控制信号等一系列信号都有两套（端口 A 和端口 B），所以 BRAM 既可以作为单端口存储器，也可以作为双端口存储器使用。利用双端口存储器可以方便地实现子模块间传输数据用的 FIFO（First-In First-Out，先进先出）存储器。需要注意的是访问 BRAM 需要和时钟同步，异步访问（比如在地址输入的周期读取数据）是不支持的 [70]。

### 3.10.2　查找表存储器

FPGA 中还有一个实现内部存储器的方法是使用逻辑块内的查找表。我们介绍过，当逻辑块实现组合逻辑电路时，查找表中存储的真值表就可以用作小规模的存储器。通常 FPGA 中不可能将所有的查找表都用来实现组合逻辑电路。因此，利用查找表为用户电路实现存储器，既可实现芯片内部的存储功能，又能提高硬件资源使用率。

Xilinx 公司的架构中，这种由查找表构成的存储器称为分布式 RAM（distributed RAM）。但并非所有查找表都可以用作分布式 RAM，只有被称为 SLICEM 的逻辑块里的查找表才可以。分布式 RAM 的特点是可以实现 BRAM 不能实现的异步访问。不过如果使用分布式 RAM 实现大规模存储器，那么可用来实现逻辑的查找表就会减少。因此，建议仅在需要小规模存储器时使用这种实现方法。

### 3.10.3 嵌入式存储器的使用方法

和 DSP 块一样，FPGA 也为用户提供了多种使用嵌入式存储器的方法。FPGA 厂商提供 RAM、ROM、双端口 RAM、FIFO 等各种存储器的 IP 生成工具，利用这些工具就能轻松获得所需的存储器功能，同时也可以自由选择存储器的实现方式（BRAM 或分布式 RAM）。其次，如果按照 FPGA 厂商推荐的方式编写 HDL 程序，设计工具也就能自动推测使用嵌入式存储器。这种方式的优点是可移植性高。

随着 FPGA 的尺寸变大，FPGA 内部可供使用的嵌入式存储器的容量也在增大，但还是达不到像通常计算机系统所使用的 DRAM 那么大的存储空间。然而 FPGA 内部众多的 BRAM 和分布式 RAM 可以并行访问，存储器访问的总带宽很大。在使用 FPGA 实现应用时，有效利用嵌入式存储器所提供的大带宽，是实现高性能硬件的关键一点。

## 3.11 配置链

将电路编程到 FPGA 上的过程叫作配置（configuration），向 FPGA 写入的电路信息叫作配置数据（configuration data）。配置数据中包含在 FPGA 上实现电路的所有信息，比如查找表中真值表的数据、开关块中各个开关的开闭状态等。

### 3.11.1　配置存储器的技术

FPGA 需要一种在芯片上存储配置数据的机制。根据所使用的存储单元的不同，FPGA 可分为以下 3 类。

(1) SRAM 型。使用 SRAM 存储配置信息。优点是没有重写次数的限制，但 SRAM 是易失性存储器，断电后 FPGA 上的电路信息会丢失。因此一般需要在芯片外部另行准备非易失存储器，在上电时自动将配置信息写入 FPGA。

(2) 闪存型。闪存为非易失性存储器，因此作为配置存储器使用的话，具有即使断电电路信息也不会丢失的优点。实际上闪存也没有写入次数的限制，但是写入速度比 SRAM 要慢。

(3) 反熔丝型。反熔丝的初始状态为绝缘体，加高压后熔化导通，我们可以利用这种特性来存放配置数据。虽然反熔丝具有非易失性，但一次导通后就不能复原，因此配置一次后 FPGA 就不能再改变了。

每种配置存储器的实现方式都有其优缺点，用户需要根据应用的特征选择合适的器件。

### 3.11.2　JTAG 接口

SRAM 型 FPGA 一般需要在上电时使用存储在外部存储器的配置数据进行配置，因此绝大部分 FPGA 器件可以主动访问外部存储器，获取配置信息并进行配置。相反地，也可以从外部的控制系统被动地接收数据进行配置。也就是说，有多种配置模式可供用户选择。

另一方面，在开发或调试 FPGA 电路时，需要从开发所使用的上位机频繁地重写 FPGA，因此大多数商用 FPGA 都支持通过 JTAG 接口进行配置。JTAG 为边界扫描测试标准 IEEE 1149.1 的总称，是标准化组织 Joint Test Action Group 的缩写。原本，边界扫描（boundary scan）是一种将半导体芯片输入 / 输出上的寄存器串联成一条长的移位寄存器链，通过从外部访问移位寄存器，在输入引脚上设置测试值，或观测输出引脚上输出值的机制。访问移位寄存器只需要 1 位输入 / 输出，其余只要有时钟信号、测试模式选择信号即可，因此具有接口非常简洁的优点。

很多商用 FPGA 利用这种边界扫描框架来实现配置存储器机制。使用 JTAG 接口进行配置时，要先将配置数据一位一位序列化，再通过边界扫描用的移位寄存器写入 FPGA。这条移位寄存器的路径就称为配置链（configuration chain）。使用边界扫描的方式也可以将多个 FPGA 串联到一条移位寄存器链上，因此可以使用一条配置链配置多个 FPGA，并且还可以在同一个 JTAG 接口上有选择地进行配置。

近些年针对采用 JTAG 接口的 FPGA 的测试环境也在进步。通常在电路运行时为了观测 FPGA 内部信号的变化，需要将观测信号引到输出引脚，再在输出引脚上连接观测装置，整个过程较为烦琐。因此，FPGA 厂商基于 JTAG 开发了更简便的测试技术：先将需要观测的信号的变化写入嵌入式存储器，再通过 JTAG 读取到上位机，然后就能直观地看到信号波形。而且还可以设置开始记录观测信号的触发条件，其效果就像在 FPGA 内部安装了虚拟的逻辑分析仪一样。

## 3.12　PLL和DLL

在 FPGA 上可以自由地实现各种各样的电路，不过这些电路的关键路径不同，其时钟频率自然也会各不相同，因此如果能在片上生成各种频率的时钟信号就会很方便。而且当 FPGA 上的电路需要和外部系统通信时，也需要生成和外部输入的时钟没有相位差的时钟信号。此外，为了对应外部接口，有时需要使用多个不同频率、不同相位的时钟信号。因此，最近的商用 FPGA 都可以基于外部输入的基准时钟，通过可编程 PLL 机制来生成各种时钟信号。

### PLL 的基本结构和工作原理

图 3-25 所示的是 PLL 的基本结构。生成时钟信号的核心部分是压控振荡器（Voltage-Controlled Oscillator，VCO）。VCO 是能够根据所加的电压调整频率的振荡器。从图中我们可以看出，鉴相器可以比较外部输入的基准时钟和 VCO 自身输出时钟间的相位差。如果两个时钟一致则维持 VCO 电压。如果不一致就需要通过控制电路对 VCO 电压进行调

整：VCO 主频过高则降低电压，反之则提升电压。一般使用电荷泵（charge pump）电路来实现这种模拟电压信号转换。

图 3-25　PLL 的组成框图

使用按上述过程得到的电压值直接控制 VCO，可以让输出时钟和基准时钟达到一致，但是这样得到的时钟有不稳定的问题。因此反馈时钟信号还要用一个低通滤波器去掉高频成分后再输入 VCO。这样就可以稳定地生成和外部输入时钟相同频率、相同相位的时钟信号。这就是 PLL 的工作原理，图 3-25 所示的主要模块基本上都是模拟电路实现的。

## 3.13　典型的PLL块

前面介绍的 PLL 结构只能以和从外部输入的基准时钟相同的频率振荡，然而实际在 FPGA 上实现的电路各不相同，需要能够产生各种各样频率的时钟信号。因此基于图 3-25 所示的基本结构，再添加几个可编程分频器的 PLL 块的情况更为常见，其典型结构如图 3-26 所示。

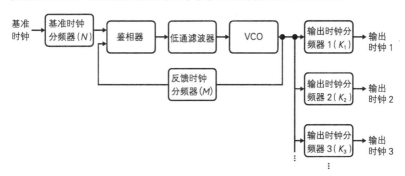

图 3-26　FPGA 中 PLL 块的结构示例

首先，基准时钟在输入鉴相器前要通过分频器。如果分频比为 $N$，VCO 的目标频率就为基准时钟频率的 $1/N$。另外，反馈 VCO 的输出时钟到鉴相器的路径也追加了分频器。当这里的分频比为 $M$ 时，反馈控制的目标就是让 VCO 振荡频率的 $1/M$ 和目标频率一致。因此基准时钟的频率为 $F_{ref}$，VCO 的振荡频率为 $F_{vco}$ 的话，它们的关系可以用下式来表示。

$$F_{vco} = \frac{M}{N} F_{ref} \tag{3-2}$$

FPGA 的 PLL 使用的是可编程分频器，可以自由设定 $M$ 和 $N$ 的值。需要注意的是通过设置反馈时钟的分频比（$M$），还能使 VCO 以高于基准频率的频率振荡。

从图 3-26 中可以看出，FPGA 所采用的典型 PLL 块中 VCO 后端也有分频器，可以将 VCO 振荡生成的时钟信号再次分频。并且 VCO 后接的多个独立输出都有分频器，这样从一个 VCO 时钟可以生成多个不同频率的时钟。如果第 $i$ 个输出时钟的频率为 $F_i$，其对应的输出分频器的分频比为 $K_i$，则以下关系成立。

$$F_i = \frac{1}{K_i} F_{vco} \tag{3-3}$$

最后将公式 (3-2) 代入公式 (3-3)，就能得到基准频率和输出频率的关系。

$$F_i = \frac{M}{N \cdot K_i} F_{ref} \tag{3-4}$$

依据这个公式设置适当的 $M$、$N$ 和 $K_i$ 的值，就可以根据从外部输入的基准时钟信号生成各种频率的时钟信号。

## 3.14　PLL块的自由度和限制

最近的商用 FPGA 中具备可以生成更加自由的时钟信号的块管理机制。在该机制下，可以让时钟信号相位移位或精细调整延迟量[71]，还可以从芯片内外各种信号源中选择基准时钟信号或反馈时钟信号。另外，也可以动态地设置 PLL，在 FPGA 工作时调整时钟的输出[72]。

通过公式 (3-4) 我们能看出来，使用频率为 $F_{ref}$ 的基准时钟生成频率为 $F_i$ 的目标时钟时，分频比参数 $M$、$N$ 和 $K_i$ 的组合并非唯一。然而实际上各个分频器的分频比是有限制的，设定值不能超出规定。输入的基准时钟的频率 $F_{ref}$ 也有上限值和下限值的规定。VCO 振荡频率 $F_{vco}$ 也有上下限的约束，只能生成频率在规定范围内的时钟信号。最后，使用多个 PLL 块组成多级电路时也要注意约束问题。

为了掌握 FPGA 中 PLL 的使用方法，找到能满足种种约束的 $M$、$N$ 和 $K_i$ 来得到所需的时钟，熟悉 FPGA 厂家提供的相关文档是非常必要的。幸运的是，为了让用户可以更容易地设定 PLL 的参数，Xilinx 公司和 Altera 公司都提供了 GUI 工具来设置输入基准频率、所需的输出频率、相位角等参数。因此分频器设定参数都是自动计算出来的，以保证不会违反硬件约束。

### 3.14.1　输出锁定

前面介绍了 PLL 的基本原理，PLL 是一个以外部输入的基准信号为目标，以 VCO 振荡频率为控制对象的反馈控制系统。当然，在启动、复位或基准时钟大幅变动时，反馈系统需要一定时间才能让 VCO 的振荡稳定下来。因此在 PLL 的输出时钟稳定之前，由该时钟同步的用户电路可能会发生无法预测的动作。

为了防止这种情况发生，PLL 块中还有对基准信号和反馈信号进行监测的机制。当 VCO 输出稳定并和基准时钟吻合时，我们称 PLL 为锁定状态。PLL 通常会设置 1 位输出信号来表示 PLL 是否为锁定状态。外部电路利用锁定输出来判断此时的时钟是否可以信赖。例如，在 PLL 锁定之前让用户电路保持复位，就可以规避不稳定时钟引起的无法预期的动作。

### 3.14.2　DLL

有的 FPGA 的时钟管理机制不是基于 PLL 而是基于 DLL 的。图 3-27 所示的就是 DLL 的基本概念框图。虽然和 PLL 同样是反馈控制系统，但 DLL 最大的不同之处在于它没有使用 VCO，而是通过可变延迟线来控制时钟信号的延迟量。虽然可以使用电压控制的延迟单元来实现可变延迟线，但 FPGA 中主要采用如图 3-28 所示的数字方式——预置多个延迟单元，再通过选择器选择所需延迟量的路径。

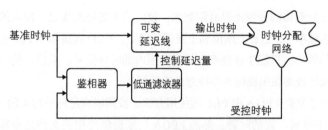

图 3-27　DLL 的基本概念

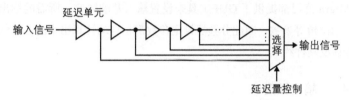

图 3-28　数字方式的可变延迟线的概念

像这样，使用 DLL 也可以实现受控时钟和输入时钟的相位跟踪。这是通过调整基准时钟到受控时钟的延迟来实现的。前面介绍过时钟分配网络会引起时钟偏移，而 DLL 就可以消除这种偏移，其效果被称为 deskew。另外，和 PLL 一样，DLL 也可以通过整合分频器来自由地调整输出频率。DLL 所使用的数字方式的可变延迟线要比 PLL 所使用的 VCO 稳定性好，不容易积累相位误差 [73]。然而 PLL 时钟合成的自由度更高，所以目前采用 PLL 的 FPGA 架构为主流。

## 参考文献

[1] I. Kuon, R. Tessier, J. Rose. FPGA Architecture: Survey and Challenges. Foundations and Trends in Electronic Design Automation, 2008, 2(2): 135-253.

[2] Actel Corporation. ACT 1 series FPGAs, 1996. http://www.actel. com/documents/ACT1DS.pdf.

[3] D. Marple, L. Cooke. An MPGA compatible FPGA architecture. Proc. IEEE Custom Integrated Circuits Conference, 1992: 4.2.1-4.2.4.

[4] J.S. Rose, R.J. Francis, D. Lewis, et al. Architecture of Field-

Programmable Gate Arrays: The Effect of Logic Block Functionality on Area Efficiency. IEEE J. Solid-State Circuits, 1990, 25(5): 1217-1225.

[5] Xilinx Corporation. Virtex 4 ファミリー overview. DS112(Ver.1.4). 2004-03.

[6] Altera Corporation. Stratix Device Handbook, Volume 1. 2005.

[7] E. Ahmed, J. Rose. The Effect of LUT and Cluster Size on Deep-Submicron FPGA Performance and Density. IEEE Trans. Very Large Scale Integration(VLSI) Systems, 2004, 12(3).

[8] Altera Corporation. Stratix V Device Handbook: Volume 1. Device Interfaces and Integration, 2014.

[9] J. Lamoureux, S.J.E. Wilton. On the Interaction between Power-Aware Computer-Aided Design Algorithms for Field-Programmable Gate Arrays. J. Low Power Electronics(JOLPE), 2005, 1(2): 119-132.

[10] K. McElvain. IWLS'93 Benchmark Set: Version 4.0, Distributed as part of the MCNC International Workshop on Logic Synthesis'93 benchmark distribution, 1993.

[11] UCLA VLSI CAD Lab. The RASP Technology Mapping Executable Package. http://cadlab.cs.ucla.edu/software_release/rasp/htdocs.

[12] Xilinx Corporation. XC4000XLA/XV Field Programmable Gate Array Version 1.6. 1999.

[13] J. He, J. Rose. Advantages of Heterogeneous Logic Block Architectures for FPGAs. Proc. IEEE Custom Integrated Circuits Conference(CICC 93), 1993: 7.4.1-7.4.5.

[14] Altera Corporation. Stratix II Device Handbook, Volume 1: Device Interfaces and Integration. 2007.

[15] Xilinx Corporation. Virtex 5 User Guide UG190 Version 4.5. 2009.

[16] J. Luu, J. Geoeders, M. Wainberg, et al. VTR 7.0: Next Generation Architecture and CAD System for FPGAs. ACM Trans. Reconfigurable Technology and Systems (TRETS), 2014, 7(2).

[17] D. Lewis, B. Pedersen, S. Kaptanoglu, et al. Fracturable Lookup

Table And Logic Element: US 6,943,580 B2. 2005-09.

[18] M. Chirania, V.M. Kondapalli. Lookup Table Circuit Optinally Configurable As Two Or More Smaller Lookup Tables With Independent Inputs: US 6,998,872 B1. 2006-02.

[19] T. Sueyoshi, M. Iida. Programmable Logic Circuit Device Having Lookup Table Enabling To Reduce Implementation Area: US 6,812,737 B1. 2004-11.

[20] S. Brown, R. Francis, J. Rose, et al. Field-Programmable Gate Arrays. Luwer Academic Publishers, 1992.

[21] J.M. Birkner, H.T. Chua. Programmable array logic circuit: US 4,124,899. 1978-11.

[22] Altera Corporation. FLEX 10K embedded programmable logic device family: DS-F10K-4.2. 2003.

[23] Altera Corporation. APEX 20K programmable logic device family data sheet: DS-APEX20K-5.1. 2004.

[24] Altera Corporation. APEX II programmable logic device family data sheet: DS-APEXII-3.0. 2002.

[25] W. Tsu, K. Macy, A. Joshi, R. Huang, et al. HSRA, High-Speed, Hierarchical Synchronous Reconfigurable Array. Proc. International ACM Symposium on Field-Programmable Gate Arrays(FPGA), 1999: 125-134.

[26] I. Kuon, A. Egier, J. Rose. Design, Layout and Verification of an FPGA using Automated Tools. Proc. International ACM Symposium on Field-Programmable Gate Arrays(FPGA), 2005: 215-216.

[27] Q. Zhao, K. Inoue, M. Amagasaki, et al. FPGA Design Framework Combined with Commercial VLSI CAD. IEICE Trans. Information and Systems, 2013, E96-D(8): 1602-1612.

[28] G. Lemieux, D. Lewis. Design of Interconnection Networks for Programmable Logic. Springer (formerly Kluwer Academic Publishers), 2004.

[29] V. Betz, J. Rose, A. Marquardt. Architecture and CAD for Deep-

Submicron FPGAs. Kluwer Academic Publishers, 1999.

[30] D. Lewis, E. Ahmed, G. Baeckler, et al. The stratix II logic and routing architecture. Proc. ACM/SIGDA 13th Int. symp. Field-programmable gate arrays(FPGA), 2005: 14-20.

[31] V. Betz, J. Rose. FPGA routing architecture: Segmentation and buffering to optimize speed and density. Proc. of the ACM/SIGDA Int. symp. Field-programmable gate arrays(FPGA), 2002: 140-149.

[32] M. Sheng, J. Rose. Mixing bufferes and pass transistors in FPGA routing architectures. Proc. of the ACM/SIGDA Int. symp. Field-programmable gate arrays(FPGA), 2001: 75-84.

[33] C. Chiasson, V. Betz. Should FPGAs Abandon the Pass Gate?. Proc. IEEE Int. Conf. Field-Programmable Logic and Applications(FPL), 2013.

[34] E. Lee, G. Lemieux, S. Mirabbasi. Interconnect Driver Design for Long Wires in Field-Programmable Gate Arrays. J. Signal Processing Systems, Springer, 2008, 51 (1).

[35] Y.L. Wu, M. Marek-Sadowska. Orthogonal greedy coupling: a new optimization approach for 2-D field-programmable gate array. Proc. ACM/IEEE Design Automation Conference(DAC), 1995: 568-573.

[36] Y.W. Chang, D.F. Wong, C.K. Wong. Universal switch-module design for symmetric-array-based FPGAs. ACM Trans. Design Automation of Electronic Systems, 1996, 1(1): 80-101.

[37] S. Wilton. Architectures and Algorithms for Field-Programmable Gate Arrays with Embedded Memories. PhD thesis, University of Toronto, Department of Electrical and Computer Engineering, 1997.

[38] K. Inoue, M. Koga, M. Amagasaki, et al. An Easily Testable Routing Architecture and Prototype Chip. IEICE Trans. Information and Systems, 2012, E95-D(2): 303-313.

[39] M. Amagasaki, K. Inoue, Q. Zhao, et al. Defect-Robust FPGA Architectures For Intellectual Property Cores In System LSI. Proc. Int. Conf. Field Programmable Logic and Applications (FPL), 2013, Session M1B-3.

[40] G. Lemieux, D. Lewis. Circuit Design of FPGA Routing Switches. Proc. of the ACM/SIGDA Int. symp. Field-programmable gate arrays(FPGA), 2002: 19-28.

[41] M. Smith. Application-Specific Integrated Circuits. Addison-Wesley Professional, 1997.

[42] Altera Corporation. Stratix III Device Handbook, Volume 1: Device Interfaces and Integration. 2006.

[43] S. Trimberger. Field-Programmable Gate Array Technology. Kluwer, Academic Publishers, 1994.

[44] K. Veenstra, B. Pedersen, J. Schleicher, et al. Optimizations for Highly Cost-Efficient Programmable Logic Architecture. Proc. ACM/SIGDA Int. symp. Field-programmable gate arrays(FPGA), 1998: 20-24.

[45] F. Heile, A. Leaver, K. Veenstra. Programmable Memory Blocks Supporting Content-Addressable Memory. Proc. ACM/SIGDA Int. symp. Field-programmable gate arrays(FPGA), 2000: 13-21.

[46] D. Lewis, V. Betz, D. Jefferson, et al. The Stratix Routing and Logic Architecture. Proc. ACM/SIGDA Int. symp. Field-programmable gate arrays(FPGA), 2003: 15-20.

[47] M. Hutton, J. Schleicher, D. Lewis, et al. Improving FPGA Performance and Area Using an Adaptive Logic Module. Proc. Int. Conf. Field Programmable Logic and Applications (FPL), 2013: 135-144.

[48] V. AkenOva, G. Lemieus, R. Saleh. An improved "soft" eFPGA design and implementation strategy. Proc. IEEE Custom Integrated Circuits Conference, 2005: 18-21.

[49] D. Lewis, E. Ahmed, D. Cashman, et al. Architectural Enhancements in Stratix-III and Stratix-IV, Proc. ACM/SIGDA Int. symp. Field-programmable gate arrays(FPGA), 2009: 33-41.

[50] S. Chandrakar, D. Gaitonde, T. Bauer. Enhancements in UltraScale CLB Architecture. Proc. ACM/SIGDA Int. symp. Field-programmable gate arrays(FPGA), 2015: 108-116.

[51] G. Lemieux, D. Lewis. Circuit Design of FPGA Routing Switches. Proc. ACM/SIGDA Int. symp. Field-programmable gate arrays(FPGA), 2002: 19-28.

[52] I. Kuon, J. Rose. Quantifying and Exploring the Gap Between FPGAs and ASICs. Springer, 2009.

[53] W.S. Carter. Special Interconnect For Configurable Logic Array: US 4,642,487. 1987-02.

[54] R.H. Freeman. Configurable Electrical Circuit Having Configurable Logic Elements And Configurable Interconnects: US 4,870,302. 1989-09.

[55] B.B. Pedersen, R.G. Cliff, B. Ahanin, et al. Programmable Logic Element Interconnections For Programmable Logic Array Integrated Circuits: US 5,260,610. 1993-11.

[56] R.H. Freeman, H.C. Hsieh. Distributed Memory Architecture For A Configurable Logic Array And Method For Using Distributed Memory: US 5,343,406. 1994-08.

[57] T.A. Kean. Hierarchically Connectable Configurable Cellular Array: US 5,469,003. 1995-11.

[58] K.S. Veenstra. Universal Logic Module With Arithmetic Capabilities: US 5,436,574. 1995-07.

[59] R.G. Cliff, L. ToddCope, C.R. McClintock, et al. Programmable Logic Array Integrated Circuits: US 5,550,782. 1996-08.

[60] K.M. Pierce, C.R. Erickson, C.T. Huang, et al. Interconnect Architecture For Field Programmable Gate Array Using Variable Length Conductors: US 5,581,199. 1996-12.

[61] T.J. Bauer. Lookup Tables Which Bouble As Shift Registers: US 5,889,413. 1999-05.

[62] K.M. Pierce, C.R. Erickson, C.T. Huang, et al. I/O Buffer Circuit With Pin Multiplexing: US 6,020,760. 2000-12.

[63] Xilinx Corporation. Virtex-II Platform FPGAs: Complete Data Sheet: DS031 (v4.0). 2014.

[64] Xilinx Corporation. 7 Series DSP48E1 Slice User Guide: UG479 (v1.8). 2014.

[65] U. Sinha. Enabling Impactful DSP Designs on FPGAs with Hardened Floating-Point Implementation. Altera White Paper: WP-01227-1.0. 2014.

[66] Xilinx Corporation. MicroBlaze Processor Reference Guide: UG984 (v2014.1). 2014.

[67] Altera Corporation. Nios II Gen2 Processor Reference Guide: NII5V1GEN2 (2015.04.02). 2015.

[68] R. Jia, et al. A survey of open source processors for FPGAs. Proc. Int. Conf. Field Programmable Logic and Applications (FPL), 2014: 1-6.

[69] M. Santarini. Zynq-7000 EPP Sets Stage for New Era of Innovations. Xcell Journal, Xilinx, issue 75, 2011: 8-13.

[70] Xilinx Corporation. 7 Series FPGAs Memory Resources: UG473 (v1.11). 2014.

[71] Xilinx Corporation. 7 Series FPGAs Clocking Resources User Guide: UG472 (v1.11.2). 2015.

[72] J. Tatsukawa. MMCM and PLL Dynamic Reconfiguration. Xilinx Application Note: 7 Series and UltraScale FPGAs: XAPP888 (v1.4). 2015.

[73] Xilinx Corporation. Using the Virtex Delay-Locked Loop. Application Notes: Virtex Series, XAPP132 (v2.3). 2000.

# 第**4**章

# 设计流程和工具

本章将要介绍在 FPGA 上开发系统所需的开发环境，包括设计流程和设计工具等。具体会涉及：开发者在将自己所构想的功能、动作、模块、架构和编写的代码或框图，转换为最终能在 FPGA 上运行的电路的过程中，是如何将开发对象一步步具象化的，其中又使用了哪些工具，以及相关的流程、目的、概念、处理和原理等内容。FPGA 整体的概要请参考本书 1~3 章，或参考文献 [1~3]。设计工具所使用的模型和算法将在第 5 章详细说明。

本章的内容主要基于 Xilinx 公司的设计工具链 [4~9, 13, 16~19]，Alter 公司和其他公司所提供的环境也大同小异。本章尽量以通用的方式讲解，而不依赖于具体的厂商、工具和版本。面向具体设计工具的示例或者工具更高级的使用方法请参照厂商的用户手册、教程或类似的书籍。

## 4.1　设计流程

设计流程是指将开发者输入的需求、目标性能、约束条件、代码、框图、电路图等描述加上各种参数设定，使开发对象具象化的过程。图 4-1 为本章所采用的设计流程的概要。

我们这里采用最典型的方式——用 Verilog HDL 或 VHDL 等硬件描述语言编写寄存器传输级（RTL）代码来描述电路。RTL 描述通过逻辑综合、技术映射、布局布线，最后生成 FPGA 配置数据。这个设计流程将在 4.2 节详细说明。此外，4.2 节还会介绍仿真验证和向 FPGA 写入配置文件、调试等内容。最近使用 C 语言进行行为描述再生成电路的高层次综合技术不断实用化。从行为描述到行为级仿真，经过行为综合再到逻辑综合的设计流程将在 4.3 节说明。4.4 节介绍将 IP 模块作为零件组装设计的方法和基于框图的设计方法。IP 级别的框图比经典的门级和运算器级别的框图抽象度更高，是将复杂的功能及行为作为模块元素，结合数据和控制信号接口作为连接单位的描述方式。4.5 节介绍含有处理器的系统的设计方法，包括系统构建方法、软件开发、实现和调试等。

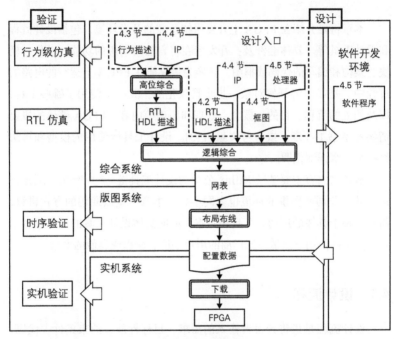

**图 4-1　设计流程**

## 4.2　基于HDL的设计流程

本节将要介绍基于 HDL 进行 RTL 描述的设计流程以及相关工具。设计对象是由 Verilog HDL 或 VHDL 等 HDL 描述的 RTL 级别电路。大体的设计流程包括对 RTL 描述进行逻辑综合、技术映射、布局布线、生成配置，最后写入 FPGA 进行系统验证。在实际的 FPGA 电路板上实现电路不仅需要电路的描述，还需要提供 FPGA 型号、电路板上引脚的连接、时钟、时序等物理约束。而且，调试电路时还需指定所要监测的信号，并设置监测系统。另外，即使是相同功能、相同描述的电路，不同优化参数所实现电路的性能（速度、大小、功耗等）也不同，因此还要根据需求对设计工具的参数进行设置。下面就按上述设计流程，对 FPGA 的设计方法和各种工具的使用进行说明。

### 4.2.1　工程的创建

现在的综合开发环境一般以工程（project）为单位管理设计对象。工程中不但包括源程序，还包括各种设置文件、约束文件、中间产物、综合结果等。图 4-2 为工程中通常所包含信息的示例。开始一个新的设计时，首先要创建一个新的工程。设定好工程名和工程文件夹（默认路径），之后工具生成的中间产物、综合结果等都会保存在这里。

图 4-2　工程信息示例

#### 1. 约束设定

约束设定是指向工程中输入电路设计所使用 FPGA 器件的型号、时钟信号等 FPGA 板卡的物理约束。这些信息可以直接以代码形式输入到约束文件中，也可以从约束设置菜单进行设定。和板卡规格相关的设置通常由板卡开发者或提供者以主约束文件或板卡定义文件的形式提供，用户根据需要修改即可。器件的设置包含系列（family）、型号、封装、引脚数、速度等级等。引脚配置用来定义顶层模块输入/输出信号各自对应的引脚序号、输入/输出方向、电压、信号模式等。时钟信号的设置包括信号源、周期、占空比等。

**2. 源文件的创建**

创建源文件是指将用户电路的描述代码文件添加到工程中去。按模块（或模块群）为单位创建多个源文件时则需要将所有文件添加进来。设计工具可以对添加到源文件中的模块、寄存器、信号等实例进行分析，根据引用关系按树状结构（实例树）进行展示。实例树和模块的层次关系示例如图 4-3 所示。示例中顶层文件 sampletop.v 中含有顶层模块 SampleTop 和 FilterModule 模块。SampleTop 中引用了 FilterModule 的实例 filter，同时还通过实例 ififo 和 ofifo 引用了 fifo.v 中的模块 FifoModule。如果源文件有文法错误，工具会报告错误（error）或警告（warning），用户可以依据提示信息进行修正。通常，实例树根部的模块为顶层模块，但用户也可以自己指定顶层模块。4.4 节要介绍的基于 IP 的开放方式中涉及资产包的添加也是在这一步进行。

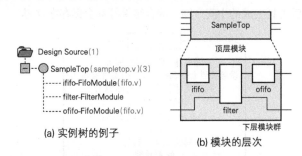

(a) 实例树的例子

(b) 模块的层次

**图 4-3　实例树和模块层次**

**3. 仿真源文件的创建**

仿真用的源文件也需要添加到工程之中。作为仿真对象，设计电路自身的源文件肯定要添加进来。此外还需要添加 testbench 源文件，它在仿真时向设计电路施加各种输入信号，并观测输出信号。如果设计中使用的 IP 是以黑盒子的形式引用的，此时需要添加用于仿真该 IP 的行为模型。

## 4.2.2　逻辑综合和技术映射

逻辑综合是指从 RTL 描述生成逻辑电路的过程。逻辑综合的结果是输出网表文件，其中包括逻辑门、触发器等逻辑元素的集合以及它们的连接关系。将网表所表示的逻辑映射到 FPGA 实际的逻辑元素的过程称为技术映射。大多 FPGA 采用查找表作为可编程逻辑元素。图 4-4 的示例展示了从 RTL 到逻辑综合和技术映射的过程。现在的开发环境中逻辑综合和技术映射都已自动化，按一下按钮就能自动完成。

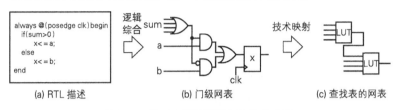

(a) RTL 描述　　　　　　　　(b) 门级网表　　　　　　　　(c) 查找表的网表

**图 4-4　从 RTL 到逻辑综合和技术映射**

在逻辑综合和技术映射时，综合开发环境会对电路规模、速度进行优化。综合的优化过程中会去掉常数输入、悬空输出等信号，还会针对源文件中未连接的输入或具有多个驱动的输出等问题报告错误或警告。有时即使设计上有缺陷，工具也会按照既定的方式自行解决，但所生成的电路可能并不符合开发者的本意，所以调试时需要对警告信息特别留意。综合的优化过程还会对逻辑进行组合置换，因此需要注意的是，并非源文件中所有模块、寄存器、信号都会出现在综合结果的网表中。

### 4.2.3　RTL 仿真

RTL 仿真是指使用 testbench 对 RTL 电路描述进行仿真的过程，其目的是确认所设计的电路能否得到预期的输出。为了高效地对电路的功能和行为进行调试并对性能进行准确的评测，需要认真推敲测试场景再编写 testbench。

仿真工具一般由仿真用的编译器、仿真引擎和波形查看器等部分组成。编译器对源代码进行解析后生成中间代码来提高仿真效率。仿真引擎基于中间代码进行仿真，按时间序列引发让电路运行的事件并完成处理。有的工具还会从仿真源程序直接生成开发环境上的本地代码来运行仿真。

在仿真环境中还可以进行设置仿真终止时间、断点（触发条件），以及继续运行等操作。使用仿真命令还可以将仿真结果输出到命令行，再保存到记录文件。仿真结果记录的是时间轴上信号变化的数据。

波形查看器用来观测时间轴上信号的变化波形。图 4-5 所示的是一个波形查看器的界面示例。用户从实例树中选取需要观测的对象。针对每个信号，还可以设置数据格式（High/Low、二进制、十进制、十六进制等）、信号归组、显示位置等。在波形图中的时间轴上可以进行移动、缩放、标记、查询信号等操作。

仿真根据所考虑参数的精度，分为以下几种模型。

(1) 对 RTL 所描述行为的直接仿真。

(2) 对综合后的网表进行仿真。

(3) 考虑了布局布线结果的仿真。

模型 1 可以对 RTL 描述的功能及行为的正确性进行验证。模型 2 要在逻辑综合完成之后才能执行。它可以基于所分配的逻辑元素、记忆元素的延迟，对信号变化的时序、动作的延迟等进行确认，还可以通过分析信号的变化来计算功耗。模型 3 则要在布局布线完成后执行。从布局布线的结果可以估算布线的延迟时间，并在仿真时考虑这些因素。这个阶段的仿真所得到的时序分析、耗电分析精度最高。但高精度仿真也最为耗时，应该根据情况选择适当的仿真模型。

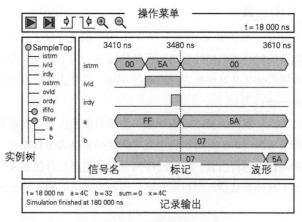

图 4-5　波形查看器的界面示例

#### 4.2.4　布局布线

布局布线（place and route）是利用片上逻辑和布线等资源实现网表的过程。首先对逻辑元素进行布局，然后进行网络布线。图 4-6 为布局布线的过程示例。

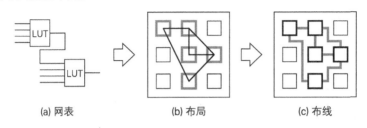

(a) 网表　　　　　　　(b) 布局　　　　　　　(c) 布线

**图 4-6　从网表到布局布线**

布局过程中虽然会对信号的拥挤度（congestion）和传输延迟等参数进行预测，但实际布线时仍有可能发生网络无法布线或布线结果的信号传输延迟（估算）不合约束等情况。

这时为了避免拥堵的情况，可以通过调整参数选择优先使用迂回的长信号线完成连接，或基于失败的布线结果再次进行布局。现在的开发环境中布局布线处理（包括基于失败结果的再次布局布线）也都已高度自动化，按一下按钮就能自动完成。

布局布线需要耗费很长时间。规模越大、逻辑资源使用率越高的电路耗时越长，并且布线失败的可能性也越大。遇到无论如何都无法将所有逻辑放进 FPGA 或多次反复布线也无法成功的情况，就需要采用后述的优化技术，或重新设计架构、算法，或换用面积更大且速度更快的 FPGA 器件等方法。

#### 4.2.5　配置 FPGA

完成布局布线的电路，最终会以 FPGA 内逻辑元素和布线开关的编程数据的形式保存。这种数据文件有多种叫法，比如配置数据、比特流（bitstream）、编程文件（program file）等，文件扩展名为 bit 或 sof（SRAM object file）等。从布局布线结果到生成配置数据的过程如图 4-7

所示。FPGA 的布局决定了各个可编程逻辑元素的内容，布线决定了各个布线开关的状态。这些信息的集合就是配置文件。

将配置文件写入器件需要使用编程器（也称为编程工具），具体有以下几种方式。

(1) 直接通过 JTAG 写入。

(2) 通过编程用非易失性存储器写入。

(3) 通过存储卡或 USB 存储器写入。

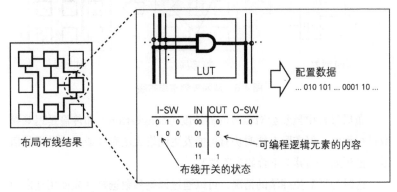

**图 4-7　从布局布线结果生成配置数据**

图 4-8 展示了这几种配置 FPGA 的方式。不同的 FPGA 板卡所支持的方式可能会不同，详细情况需要确认所用板卡的说明材料。

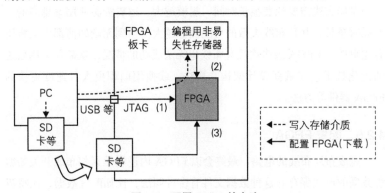

**图 4-8　配置 FPGA 的方法**

(1) JTAG（Joint Test Action Group）是面向器件编程和板卡调试的一种标准。先用专用线缆或 USB 线将开发用 PC 和板卡连接，然后通过操作 PC 上的编程工具就能直接将配置文件写入 FPGA 器件。虽然这个方法操作简单，但 FPGA 断电或重置后，片上的配置信息就会丢失。后面将要介绍的实机验证也是基于这种连接方式的。

(2) 如果板卡上搭载了 FPGA 编程用的非易失性存储器（板载 ROM），就可以利用这种配置方式。编程用的存储器根据不同的接口规格、位宽、容量、存储方式等分为多个种类。例如基于 SPI（Serial Peripheral Interface）接口的闪存类型，在上电或重置时可以将编程用存储器中的配置数据写入 FPGA。此处也有两种实现方式，分别是存储器向 FPGA 写入配置数据（FPGA 为被动）和 FPGA 从存储器读取配置数据（FPGA 为主动）。配置数据先要转换成存储器所使用的文件格式之后才能写入存储器。存储器文件格式有 mcs、pof（programmer object file）等类型，通过 JTAG 就能将这些文件写入存储器。也有编程用的存储器和 FPGA 直接连接的情况，这时可从 JTAG 经由 FPGA 对其写入。将配置数据写入存储器比直接写入 FPGA 所需的时间长，但优点是写入后板卡可以单独启动。JTAG 可以将 FPGA 和编程用存储器等多个设备级联（cascade）连接。根据不同的存储器类型和连接方式，还可以在一块存储器上保存多个 FPGA 配置数据以及其他数据。

(3) 还有的 FPGA 板卡上搭载了微处理器，可以使用 SD 卡或 USB 闪存等存储设备。将生成的配置数据复制到存储卡，存储卡插入后上电或重置，再通过微处理器向 FPGA 写入配置数据。不过需要注意的是，这种方式对存储卡的格式化类型、文件的保存方式有所限制。虽然复制文件、插拔存储卡较为烦琐，但其优势是无须特别线缆，板卡可以单独启动。

### 4.2.6 实机功能验证

向 FPGA 写入配置数据后，就可以在实机上进行用户电路的功能验证。教学用的板卡一般如图 4-9 所示，带有丰富的基本输入 / 输出器件，如发光二极管（LED）、按钮和开关等。板卡上通常有观测信号用的探针引脚、接头或通用输入 / 输出（General Purpose Input/Output，GPIO），连接示波器或逻辑分析仪等测试仪器后可以对系统进行详细的功能验证。

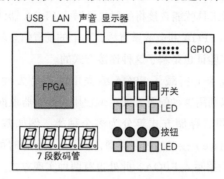

**图 4-9　教学用 FPGA 板卡的构成示例**

如果在用户电路中加上状态观测、信号记录等验证用的功能后再综合，就无须专门的测试仪器，而且可以获得更多调试细节。最近的设计工具中都以库的形式集成了这种信号观测模块，通过设定触发条件（开始记录信号的条件）就可以记录、观察信号的变化。基础的触发条件有信号的上升沿或下降沿，多个信号的组合条件（条件的 AND 和 OR）等。作为更高级的触发条件，还可以设置时间序列上信号的变化模式等。

图 4-10 为信号观测示例。使用信号观测模块进行功能验证时，开发者首先要指定观测对象和作为触发条件的候选信号（图中的信号 a、b、c）。可以使用特殊的描述在电路代码中指定观测对象，也可以从逻辑综合的结果中查找实例进行指定。要注意的是逻辑综合优化后的电路结构和信号名称可能会发生变化。其次，要在用户电路中添加观测模块。此时可以对观测模块的触发功能（只检测信号值，还是检测信号在时间序列上的变化等）及保存观测信号用的缓冲器的大小等进行设置。设置过于复杂的触发条件或指定过大的缓冲器，都会导致观测电路的面积变大从而影响本来的设计电路的性能，因此应该只选择必要的尺寸和功能。另外，各个观测信号值的记录也要和时钟同步，所以需要为观测模块指定对应的时钟域。

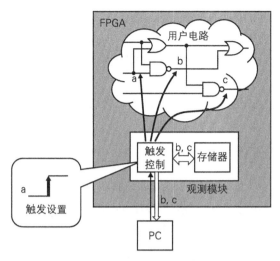

**图 4-10 使用观测模块观测电路**

在板卡上进行功能验证，需要将执行观测工具的 PC 和板卡用 JTAG 连接。在观测工具中设置触发条件（图例中为信号 a 的上升沿），并在触发预备的状态下运行电路，观测的结构就会在工具上显示出来。和仿真的波形查看器一样，结果的表现形式可以设定，也可以在时间轴上进行移动、放大缩小、标记等操作。这样就能够根据电路在真实的板卡上的运行情况进行功能调试和性能测试。

### 4.2.7 优化

一般来说，实现某种功能或行为的电路设计并不是唯一的，逻辑综合、技术映射、布局布线等任何阶段都可能存在多个结果。这些结果从不同角度来看都有着不同的特性，比如最大运行频率、电路规模或功耗等不同。并且不同的特性间经常存在着权衡关系，例如提升频率就会增大电路规模等。

开发者想要找到满足所有约束条件或某个指标最优的结果，但通常在各种可能的结果中找到理论上的最优解是不现实的。因此需要朝着给定的目标修改编译条件从而改善结果，这就叫作优化。设计工具根据所采用的算法不同，控制优化过程的参数也不同。而这些优化的细节调整要么难以理解，要么不对外公开。因此为了化繁为简，大多数设计工具只提供大致的优化方针（目标、策略等）让用户选择。优化方针分为几种，比如优先提升频率、优先缩减电路规模、优先缩减功耗等。当设计结果无法达到设计需求所要求的频率或 FPGA 资源不够实现目标电路时，可以先尝试改变优化方针再次编译，最后再考虑更改设计。

## 4.3　HLS设计

最为传统的数字电路设计方式是绘制基于 AND、OR 等逻辑门的电路图，而近些年使用 RTL 描述的设计方式成为主流。这些方式虽然可以让开发者掌握电路的实现细节并有针对性地实施优化，但设计时间长，且容易引入人为的设计错误。因此，基于更高抽象度的行为描述的开发技术历经多年发展，现在已经进入了实用化的阶段 [10~15]。由行为描述生产电路的技术被称为高层次综合（High Level Synthesis, HLS）或者行为综合（behavioral synthesis）。下面就对这种基于行为描述和行为综合的设计方法及其工具进行介绍。

### 4.3.1　行为描述

目前大多数行为综合工具所采用的语言都是 C 语言，或者其他从 C 语言改进而来的语言。然而要将软件综合成硬件需要遵循特定的行为描述的规则，并且描述方式的不同对最终硬件性能的影响也很大。因此，开发者需要对行为综合工具所生成的硬件结构有一定的认识，才能编写行为描述代码。设计方式和软件编程类似，可以使用变量、运算符、赋值、流程控制（if、for、while 等）、函数声明和调用等常见的概念来设计电路行为。行为综合一般会把变量映射为寄存器实例、把数组映射为内存实例、把函数映射为电路模块实例等，然后将顺序执行、分支、循环、函数调用等流程控制用状态机来实现。图 4-11 为上述映射关系的示例，其中变量 $i$ 用寄存器来实现，数组 $a$ 用内存来实现，流程控制则用状态机来实现。

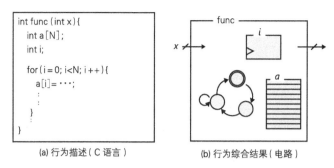

(a) 行为描述（C 语言）　　　　　(b) 行为综合结果（电路）

**图 4-11　从行为描述生成的硬件实例**

面向硬件生成的行为综合在描述规范上有一定的限制。虽然各个具体的行为综合工具或语言都有自己的规范，但目前这些处理系统有如下两点约束是共通的：

- 禁止递归；
- 禁止动态指针。

在硬件实现的范畴，函数递归意味着需要能够动态生成电路模块，这明显超出了数字电路概念，因此几乎所有行为综合都不允许递归。动态指针是指运行时指针值可以任意变化的指针变量。硬件不像软件那样一块巨大的主内存，它的内存都是分散在局部，从而可以实现并行处理以提升性能。动态指针的实现需要作为访问对象的内存实体可以在运行时变化，这也是超出数字电路概念的功能，因此也被禁止使用。

**1. 输入 / 输出的描述**

使用 C 语言来描述硬件的输入 / 输出是需要经过一番探讨的。一般软件函数的输入在调用时作为参数传入，输出就是在函数结束时的返回值（或以形参的方式返回）。但是硬件模块的输入 / 输出是一直存在的，并且需要随时可以接收或发送数据。两者的运行原理完全不同。图 4-12 列出了几种描述输入 / 输出的方式。下面我们对每种方式进行说明，但各种工具的具体实现有所不同，具体方法请参考各工具的教程。

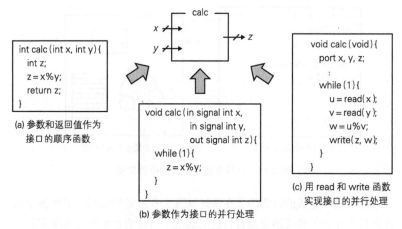

图 4-12　几种输入／输出的描述方式

(a) 参数和返回值作为接口的顺序函数

这种描述方式和软件类似，如果硬件按顺序调用、执行、返回就可以使用和软件相同的描述方式。软件函数的参数为硬件模块的输入，返回值为输出。图 4-13 中的参数 $x$、$y$ 和返回值 $z$ 对应着硬件的输入输出。图中还展示了从输入、运算到输出的顺序执行的行为波形图。输出除了可以使用返回值表示，还可以使用指针。

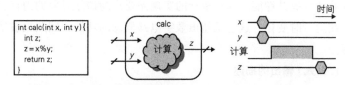

图 4-13　参数和返回值描述，输入／输出电路以及波形图的示例

(b) 参数作为接口的并行处理

有的综合工具定义了专门用于硬件输入／输出的变量类型 [11, 12]，有的则通过编译指示（pragma）等方式对用作硬件输入／输出的变量做出指示 [13]。硬件的输入／输出变量在任何时候都可以从函数外进行读写，如图 4-12b 所示。这种描述方式从软件的角度看没什么意义，然而硬件需要随时对外进行读写。例如每当 $x$ 和 $y$ 发生变化时，对应的 $z$ 的值就也

要发生变化。典型的方法是使用无限循环 while(1) 实现这种应激型的描述。每个软件的并行进程都由一个硬件模块实现，多个硬件模块的输入/输出端口通过通信通道相连接，这种模型如图 4-14 所示。这种记述方式类似于 RTL 中的 always@(posedge clock) 和 process(clock) 语法。对应到软件开发中看，则和单片机程序中声明输入/输出端口、中断时用的 volatile 变量，或多线程、多进程程序中使用共享变量来进行编程的方式相近。

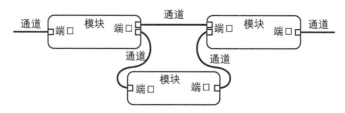

图 4-14 由模块和通道构成的架构模型

(c) 用 read 和 write 函数实现接口的并行处理

和图 4-12b 的思路类似，有的工具使用专门的函数来声明硬件的输入/输出 [14, 15]。这种方式和面向文件、网络端口等的编程方式类似，需要开发框架提供输入/输出的变量类型以及对应的 read、write、open、close 等函数。图 4-12c 中可以看出这种方式的大致流程：从输入 read，做一些计算处理后将结果 write 到输出。

输入/输出大致分为两种，一种是可以表示某时间点状态的寄存器式，另一种是按队列收发数据的数据流式。如图 4-15 中的示例所示，寄存器式表示的是某个时间点的值为 0 或 1，而数据流式表示的是像 0, 0, 1, 1, 0, 1 一样的数据队列。数据流式端口在没有数据流过时为空闲休止状态，而当接收或发送端口输出 busy 信号时，对其进行 read/write 操作的模块需要停止、等待。

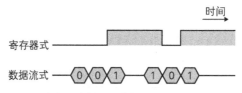

图 4-15 寄存器式输入/输出和数据流式输入/输出

### 2. 位宽

标准 C 语言通常提供 8 位字符型、32 位或 64 位整数型、32 位或 64 位浮点型等数值类型。FPGA 可以指定任意位宽，也可以使用定点小数。通过设置必要的位宽，有助于优化电路规模、运行速度、功耗、运算精度等。因此一般行为综合工具都可以指定变量的位宽。不过选择使用哪种位宽最为高效，取决于设计者的判断。

### 3. 并行化描述

行为综合工具先从程序代码中分析控制流程和数据间的依赖关系，再由此决定调度方案。其中没有依赖关系的部分可以在一定程度上按并行处理的方式自动调度。但是并行化在改善性能的同时还会增大电路规模，所以需要对并行度充分权衡。现在的编译器对依赖关系弱、语法相对单纯的循环的并行化处理比较成熟，然而更高层面的并行性和优化分析依然是较难解决的技术课题。因此很多行为综合工具都为开发者提供了手动指示并行处理的记述方式。例如通过编译指示、指令（directive）、扩充命令等方式来指示循环的流水线化以及模块级别的并行化等。

图 4-16 中的代码是一个以数组作为并行模块输入 / 输出的循环处理的描述示例。将这段描述直接综合后得到的硬件结构如图 4-17a 所示，顺序执行的时序波形如图 4-18a 所示。然后，对 for 循环加入适当的流水线化指示后再综合，硬件时序就会如图 4-18b 所示，可见流水线化的电路得到了性能上的改善。如果再给输入 / 输出的数组加上数据流化指示，其内存就会消失，我们就可以看到如图 4-17b 这样整个电路都被流水线化的结构，性能也再次得到提升（图 4-18c）。相对地，还有抑制并行化的编译指示，通常会用在想通过切分时钟周期保证电路行为顺序的情况。

```
void calc ( int x [ N ], int y [ N ]){
  for ( i = 0; i<N; i + + ){
    u = x [ i ] 为处理 A;
    v = u 为处理 B;
    y [ i ] = v 为处理 C;
  }
}
```

图 4-16　代码块单位的输入 / 输出和循环处理的描述示例

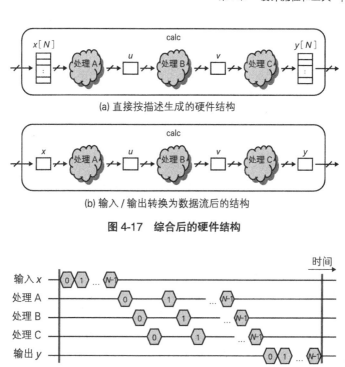

(a) 直接按描述生成的硬件结构

(b) 输入/输出转换为数据流后的结构

图 4-17 综合后的硬件结构

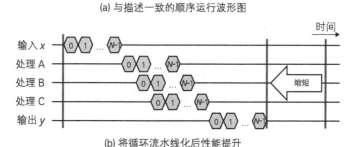

(a) 与描述一致的顺序运行波形图

(b) 将循环流水线化后性能提升

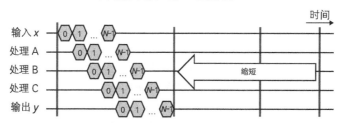

(c) 将输入输出转为数据流后性能提升

图 4-18 综合后硬件的行为

## 4.3.2 行为级仿真

用 C 语言描述的设计对象首先可以作为软件编译并对其实施行为、功能验证，这个阶段的仿真称为行为级仿真。不同于以时钟周期为单位进行事件驱动仿真的 RTL 级仿真，行为级仿真将设计编译为本地程序执行，因此速度很快。这种方式可以在较短的时间内，通过反复仿真对代码进行修正和改善。而其缺点在于由于没有考虑行为时序，所以无法进行时钟精确的验证。特别需要注意的是，和外部或内部多个模块间有联动关系时，模块间信号传输的延迟、模块间行为的依赖关系（顺序）等的仿真结果和实机可能存在差异。

还有就是为了提高仿真速度，数据实际的位宽并不是设计指定的位宽，而是执行仿真的计算机容易处理的位宽。因此遇到按指定位宽处理时数据溢出的情况，仿真结果就会和实机存在差异。同样，数组索引超出范围时的行为也存在差异。例如图 4-19 所示的设计，变量 $i$ 为 4 位整数，其最大值为 15，因此实机上的 for 循环会无限循环下去。然而行为仿真时 $i$ 的实现会用 8 位以上的类型代替，所以这段代码能正常运行。另外，对计算的中间结果也要注意这一点。虽然也有能正确处理位宽的仿真器，但仿真的执行速度会变慢。

```
uint8 a[16];
uint4 i;

for (i = 0; i<16; i++)
  a[i]=i;
```

**图 4-19　仿真和实机间行为不同的描述示例**

## 4.3.3　行为综合

从基于 C 语言的行为级描述生成 RTL 级描述的过程，称为高层次综合或行为综合。行为综合的概要如图 4-20 所示。在行为综合的过程中，行为记述所使用的变量、数组、运算分别用寄存器、局部内存、运算器来实现。行为记述中的处理流程（顺序执行、分支、循环）则以状态机的形式来实现。通过分析行为描述，可以将运算的依赖关系表示为

数据流图（Data Flow Graph，DFG），将控制流程表示为控制流图
（Control Flow Graph，CFG）。根据数据流图和控制流图来决定运行顺序
和运行时刻的过程称为调度（scheduling），而将变量和运算映射到寄存
器或运算器的过程称为绑定（binding）。寄存器或运算器和数据选择器
相连，并按照既定的调度进行切换就可以实现一连串的运算。这个运算
的部分称为数据通路。

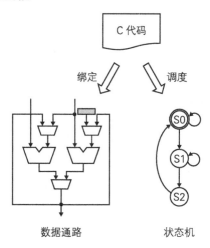

图 4-20　行为综合的概要

对于既定的调度方案，可通过行为综合来生成相应的状态机。分配
的资源数量和可供调度的执行时间存在权衡关系，不过在调度和绑定方
面都留有选择的余裕，每个设计工具都可通过自己的算法去实现优化。

### 4.3.4　分析、评测和优化

电路规模和运行时间之间存在着权衡关系，因此根据给定的设计需
求、约束和目标来生产最优化的 RTL 描述是非常困难的。当前的行为综
合技术通常需要开发者来提供大致的优化方针，甚至是明确的优化指
示。因此很多行为综合工具都为开发者提供了性能评估的功能和向编译
器指示优化方式的途径。针对行为描述进行行为综合，可以获取如下多
种性能指标。

**电路规模相关的性能指标：**

- 运算器的数量；
- 内存使用量；
- 寄存器的数量；
- 查找表等逻辑资源的数量（估算值）。

**速度、时间相关的性能指标：**

- 吞吐量；
- 延迟；
- 各运算的行为时序；
- 最大频率（估算值）。

开发者可以根据这些分析结果调整电路规模和速度之间的平衡，找出造成性能瓶颈或性能过剩的部分，并做出有针对性的改进。行为综合工具一般会提供多种优化的指示方式。为了简便，综合工具会提供设置优化策略的参数，设计者可以设置电路规模优先或速度优先的级别、占用运算器的上限、目标吞吐量和目标延迟等内容。在代码中的相应部分添加编译指示或指令等则是更为细致的方法，其中典型的优化就是指示代码中的 for 循环流水线化或展开（unroll）。此外，还有指示运算器的并行或共享（反复使用）、指示数组内存的分割和访问调度、指示分支的扁平化（flatten）及函数内联（inline），等等。当进行详细优化也无法达到预期目标时，就需要考虑设计代码本身的优化。具体的运算、命令等微观的优化可以由综合算法来完成，而优化设计电路的架构和算法则是设计者的工作。这就需要开发者在设计模块（函数、过程等）时灵活运用并行、流水线等架构，并在充分理解综合机制的基础上编写更容易生成高效硬件的描述。

### 4.3.5　与 RTL 连接

行为综合后的模块再和其他模块群整合，就可以过渡到逻辑综合之后的流程了。行为综合后的模块可以通过在上层 RTL 描述中实例化的方式连接。最近，还可以使用后面将要介绍的 IP 整合工具，无须编写 RTL 就能和处理器或其他模块整合。行为综合工具还可以设置接口类型和信号命名规则，生成的接口大致分为 3 类：直接读写数据值的寄存器式；按队列收发数据的数据流式；指定地址进行读写的内存总线式。图 4-21 给出了各种接口的示例。

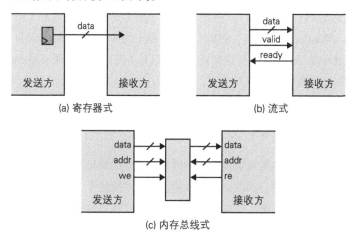

图 4-21　接口的表现形式

寄存器式接口由数据信号和写入指示信号组成（图 4-21a）。数据发送方先输出数据，然后使写入信号有效（assert）并保持一个时钟周期就可以将数据写入了。数据接收方只需要接收数据值就可以了。原则上寄存器式接口无法记录数据写入的时间和次数。

数据流式接口由数据信号和收发控制信号组成（图 4-21b）。发送控制信号（图中的 valid）用来指示是否可以发送数据，接收控制信号（图中的 ready）用来指示是否可以接收数据。发送方先输出数据再使能 valid 信号，接收方如果处于可接收数据状态则使能 ready 信号。在某个时钟周期如果 valid 和 read 同时有效则达成收发共识，接收方就可以输入数据了。遵循这种机制可以一个一个地传输数据。数据流式接口主要用在数据驱动型（data driven）应用，为了更高效地传输数据经常在收发双方之间插入 FIFO 缓冲器。需要注意的是，发送或接收的控制信号从双方各自立场看意义不同。从发送方看发送控制信号为请求、接收控制信号为许可（应答），而从接收方看接收控制信号为请求、发送控制信号为许可（应答）。请求信号的叫法有 valid、enable、strobe、run、do 等。许可信号的叫法有 ready、acknowledge、busy、wait 等。

内存总线式接口由数据、地址信号和读写控制信号组成（图 4-21c）。和普通的内存访问一样，指定数据值（图中的 data）、地址（图中的 addr，即 address 的缩写）和写入信号（图中的 we，即 write enable 的缩写）就可以写入数据，指定地址和读取信号（图中的 re，即 read enable）就可以读取数据。

## 4.4 基于IP的设计方法

随着数字电路的系统规模不断增大，开发周期长、开发成本高成为了不可忽视的问题。实际上在一般的系统组成模块中，像接口、外围设备控制、通信、加密、压缩、图像处理等各式各样的设计开发都是可以通用的，通过高效地重复利用成品模块就可以减轻开发周期、成本上的问题。这种可以通用和重复使用的设计资产被称为 IP，也可以叫作 IP 模块、IP 核、IP 宏等。

### 4.4.1 IP 和设计工具

一个 IP 所要提供的不单是设计对象的源代码，还需要提供各种功能以实现可定制性。例如通过将数据位宽等要素参数化来提高代码复用性、提供代码生产工具（也称为 IP generator、IP wizard 等）来根据给定条件自动生成代码，提供代码模板生成工具来降低 IP 的使用成本等 [16-18]。FFT（高速傅里叶变换器）的 IP 生成工具就可以设定块的大小、数据位宽、数据输出顺序、工作频率等。FPGA 中固有的 IP 也可以进行设置，例如 FPGA 内部集成的内存、运算块、PLL、高速收发器等模块，根据需要还可以使用提供的工具自动生成这些 IP 的接口和控制电路代码。

IP 化的设计不仅可以被开发者自身或团队重复利用，IP 本身也可以作为产品流通销售。为 FPGA 上的固有模块开发的 IP 以及存储器、运算器的基本接口等，都会作为 FPGA 厂商综合开发环境的一部分提供给开发者，而其他来自 FPGA 厂商或第三方的 IP 则通常需要单独购买使用。有的 IP 以源代码的形式提供，有的 IP 为了对资产进行保护，只提供综合后的网表或布局布线后的电路数据。不提供源代码的 IP 除了编译后的电路数据以外，通常还要提供与 IP 有同等动作逻辑的仿真代码。

### 4.4.2 IP 的使用和集成工具

开发者首先要查找适合自己项目的 IP，比如可以先在 IP 列表中寻找可能具有相关性的 IP，再通过研读数据手册最终确定符合条件的模块。这是一个烦琐的过程，需要高效的数据库和检索工具来协助。IP 的使用则和平常的方式一样，在电路代码中将 IP 作为模块实例化后，再和其他模块连接就可以了。

最近的综合开发工具中还可以使用图形界面对 IP 模块进行配置和连接。在图形设计环境中，电路描述的抽象度从电路图级别提升到模块图级别。配置的对象不是门电路、触发器、运算器、选择器等细粒度的电路，而是功能较为复杂的粗粒度的 IP。连接方式也不仅是单比特或多比特信号线，还可以将一组相关的数据和控制信号整合，进行统一连接。例如，由地址信号、数据信号、写入控制信号、读取控制信号组成的接口可以作为一个整体进行连接。

图 4-22 所示的是一个包含处理器、GPIO、UART、FFT 等 IP 的模块图示例。处理器（图中的 μProc）和 GPIO 等外围电路通过具有地址的内存总线（图中的 BUS inter-connect）连接。FFT 则通过带有 FIFO 的 DMA 控制器（图中的 DMA 控制），以数据流式输入 / 输出的方式连接。通过图形设计工具来描述 IP 及其连接，和 RTL 描述中需要对每一根信号编写代码的方式相比显然大大提升了开发效率。并且，如果将示例中的外部输入 / 输出直接和 FPGA 引脚相连，RTL 的顶层描述也省去了。

在抽象度较高的 IP 集成工具中，对接口体系的属性及属性值的设定都有一个自定义的体系，例如控制信号的含义、总线的地址分配、时钟信号及其频率、复位信号及其极性等。基于这些信息可以实现多种设计辅助功能，例如设计验证、地址自动分配等。然而各个厂商的工具都有自己的一套体系，而非标准化的。今后综合设计工具还会不断进步，帮助开发者提高开发效率。

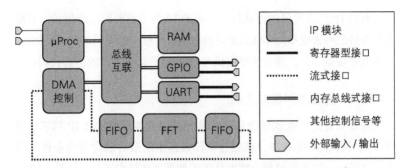

图 4-22   IP 集成工具中的模块图设计

### 4.4.3   IP 辅助工具

开发者不但能以用户的身份使用 IP，还可以将自己设计的模块 IP 化，这样既可以提高模块的复用性，也可以将其作为商品销售。只要按照 IP 集成工具的标准设计接口，就可以在集成工具中使用自己设计的 IP。设计环境通常会提供具有图形界面的 IP 打包工具，帮助开发者制作接口、参数可调的 IP。并且只要模块的接口符合 IP 集成工具的标准，比如数据流式接口或内存总线式接口，综合后的设计也可以直接作为 IP 导出。

## 4.5   包含处理器的设计

从开发成本的角度考虑，大型复杂的系统很难全部都通过硬件来实现。因此，为了在改进性能及功耗和提高设计自由度、开发效率上达到更好的平衡，在 FPGA 芯片上集成处理器的开发方式得到了广泛的应用。此类系统通过整合 FPGA 上的可编程硬件和处理器上的软件，可以同时发挥硬件和软件各自的优势。

### 4.5.1   硬核处理器和软核处理器

FPGA 上的处理器大致可以分为硬核处理器和软核处理器两种（图 4-23）。顾名思义，硬核处理器就是以硬核（硬宏）形式集成在

FPGA 里的处理器（图 4-23a）。这类处理器采用标准的嵌入式处理器，具备与普通处理器同等完备的功能和性能，在此基础上还具备和 FPGA 部分连接的结构。软核处理器则是在 FPGA 的可编程逻辑上实现的处理器（图 4-23b）。因为需要双重编程（在 FPGA 上通过硬件编程实现处理器，再对处理器进行软件编程），在性能上要比硬核处理器差一些。但是，软核处理器的优点是可以在任何 FPGA 上实现，并且可以根据需要的数量、功能对架构进行定制，自由度较高。

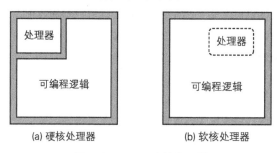

图 4-23　FPGA 上的处理器

### 4.5.2　构建处理器系统

开发者需要通过各厂商提供的处理器系统构建工具或前一节介绍的 IP 集成工具，在 FPGA 上构建处理器系统。图 4-22 所示的就是一个含有处理器的系统示例。

在构建过程中，处理器、总线结构、内存以及外围电路都需要进行配置。首先，要选择处理器并对其进行设置。硬核处理器通常只能设置工作主频，而软核处理器则可以对流水线、缓存、运算器、指令等进行详细定制。开发者需要根据设计对象的性能目标来决定处理器的功能。其次，构建连接处理器和内存以及外围电路的总线接口。由于不同的处理器所支持的总线标准不同，所以需要在设计工具中对总线的连接方式、传输模式、层次结构等进行定制。

然后构建内存并将其连接到总线。硬核处理器本身包含了内存接口，可以直接和外部的主存储器相连。软核处理器要先构建内存接口，再连接外部主存储器。当然也可以使用 FPGA 内部的块 RAM 实现主存储器。外围电路和存储器一样通过总线连接。硬核处理器通常还具有非易失性存储器接口、网络接口等外部接口。

无论硬核还是软核处理器，都可以通过总线与 FPGA 可编程逻辑中实现的 IP 模块或用户电路相连接。通常，处理器需要通过地址来访问内存和外围电路。地址的分配在模块连接的时候进行，如果需要中断，中断号也在这个过程中分配。

像 DMA 和多层次总线结构这样更为复杂的系统，可以分别通过设置 DMA 控制器和总线桥来实现。具体方法可以参照各个工具的说明手册。生成的处理器系统本身可以作为 FPGA 的顶层实例进行综合，也可以在 RTL 描述中作为模块实例化使用。

### 4.5.3 软件开发环境

要让处理器系统运作还需要对其进行软件开发。软件开发环境称为 SDK（Software Development Kit），其中包含开发所必需的编译器、调试器等工具。软件开发需要知道处理器系统的结构信息，例如内存和外围电路的结构、地址空间的分配，以及访问这些资源的库（设备驱动）等。在处理器系统构建完成后，可以通过工具导出这些信息，然后再导入 SDK 当中。

通常 SDK 都会提供 C 语言开发环境。图 4-24 所示的就是一个典型的 SDK 界面。在 SDK 中首先要选择操作系统。根据需求，可以选择只包含最少功能的简易操作系统，也可以选择包含进程管理、内存管理、文件系统、网络等复杂功能的操作系统，或是选择不使用操作系统。如果选择不带内存管理的操作系统，开发者就需要自行管理、分配内存的使用。软件执行的堆、栈的大小等也可以设置。设定内存分配的文件称为链接脚本（linker script）。对堆、栈、链接等概念不熟悉的读者可以参考编译器或操作系统的图书、资料。在 SDK 中可以编写代码并对其进行编译（或构建）。

编译所得到的可执行文件通常以 ELF（Executable and Linkable Format，可执行和可链接）文件的形式保存。

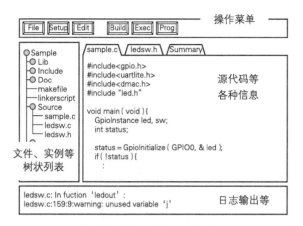

图 4-24　SDK 的界面示例

### 4.5.4　软件和硬件的整合和执行

最后将基于处理器系统所开发的硬件和软件整合，就可以在 FPGA 上运行了（图 4-25）。整合以及执行的方法每个厂商各不相同，比较典型的有以下几种。

(1) 在 SDK 上整合并执行。

(2) 在 SDK 上整合，从非易失内存执行。

(3) 在硬件开发环境中整合并执行。

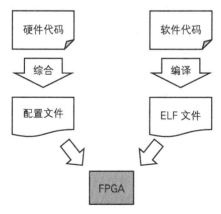

图 4-25　硬件信息和软件信息的配置

下面详细说明一下这几种方法。

(1) 在 SDK 上整合并执行时，需要预先从硬件开发环境导入配置文件。在 SDK 上整合硬件配置文件和软件的 ELF 文件，下载到 FPGA 的主存储器后启动系统。此时还可以使用软件调试器进行调试，例如在 SDK 上观测软件的运行状态，通过设置断点控制程序的运行等。这种方式适用于在硬件设计完成后，以软件开发、调试为主的阶段。

(2) 在 SDK 上整合并从非易失内存执行的方式和上述过程类似，在 SDK 中整合硬件和软件并生成设计数据。根据器件或板卡的不同，设计数据可以存放在 SD 卡、USB 闪存或内存芯片上，在上电或复位时系统从这些设备加载硬件和软件的设计数据并执行。这种方式可以实现操作系统的引导启动。详细方法请参阅器件或板卡的设计资料或教程。

(3) 如果软件程序存放在 FPGA 的块 RAM 中，则可以在硬件开发环境中进行整合并执行。首先从软件开发环境导出 ELF 文件，再在硬件开发环境中导入 ELF 文件并同时设置（或导入）内存实例及其地址空间等信息。最后，将内存实例设置为处理器内存的初始值即可。这种方法生成的配置数据同样也适用于不包含处理器的设计。

## 参考文献

FPGA 和设计流程整体相关

[1] S.D. Brown, R.J. Francis, J. Rose, et al. Field Programmable Gate Arrays. Kluwer Academic Publishers, 1992.

[2] V. Betz, J. Rose, A. Marquardt. Architecture and CAD for Deep-Submicron FPGAs. Kluwer Academic Publishers, 1999.

[3] 末吉敏则，天野英晴. リコンフィギャラブルシステム. オーム社, 2005.

[4] Vivado Design Suite Tutorial: Design Flows Overview. Xilinx UG888. 2015-11.

HDL 设计流程相关

[5] Nexys4 Vivado Tutorial. Xilinx University Program. 2013. http://japan.xilinx.com/support/university/vivado/vivado-teaching-material/hdl-design.html.

[6] Vivado Design Suite Tutorial: Using Constraints. Xilinx UG945. 2015-11.

[7] Vivado Design Suite Tutorial: Logic Simulation. Xilinx UG937. 2015-11.

[8] Vivado Design Suite User Guide: Programming and Debugging. Xilinx UG908. 2016-02.

[9] Vivado Design Suite Tutorial: Programming and Debugging. Xilinx UG936. 2015-11.

HLS 设计相关

[10] W. Meeus, K. Van Beeck, T. Goedeme, et al. An Overview of Today's High-Level Synthesis Tools. Design Automation for Embedded Systems, 2012, 16(3): 31-51.

[11] D. Gajski, et al. SpecC 仕様記述言語と方法論. 木下常雄, 冨山宏之, 訳. CQ 出版社, 2000.

[12] M. Fujita. SpecC Language Version 2.0: C-based SoC Design from System level down to RTL. Tutorial of Asia and South Pacific Design Automation Conference (ASPDAC), 2003.

[13] Vivado Design Suite Tutorial: High-Level Synthesis. Xilinx UG871. 2015-11.

[14] 鳥海佳孝. [ 実践 ]C 言語による組込みプログラミングスタートブック. 技術評論社, 2006.

[15] D. Pellerin, S. Thibault. C 言語による実践的 FPGA プログラミング. 天野英晴, 宮島敬明, 訳. エスアイビー・アクセス, 2011.

IP 的使用相关

[16] Vivado Design Suite Tutorial: Designing with IP. Xilinx UG939. 2015-11.

[17] Vivado Design Suite User Guide: Creating and Packaging Custom IP. Xilinx UG1118. 2015-11.

[18] Vivado Design Suite Tutorial: Creating and Packaging Custom IP. Xilinx UG1119. 2015-11.

处理器的使用相关

[19] Vivado Design Suite User Guide: Embedded Processor Hardware Design. Xilinx UG898. 2015-11.

# 第**5**章

# 设计原理

## 5.1 FPGA设计流程

EDA（Electronic Design Automation，电子设计自动化）是充分发挥 LSI 性能的关键技术。理论上，一款 FPGA 所能达到的性能上限是由制程等物理因素决定的，而在实际应用中用户电路的性能很大程度上取决于器件的架构和 EDA 工具。这就像汽车一样，无论引擎（制程）多么强劲，都需要配合适当的车体（架构）和驾驶技术（EDA 工具）才能发挥出极限速度。尤其是与电路实现直接相关的 EDA 工具，其对性能的影响不可估量。

图 5-1 所示的是 FPGA 的设计流程。FPGA 的设计流程由 HDL 源代码的逻辑综合开始，经过工艺映射、逻辑打包、布局布线等过程，最终生成比特流。逻辑综合将 HDL 描述转换为门级网表，工艺映射将这个网表转换为查找表级别的网表。逻辑打包是将多个查找表和触发器集合到一个逻辑块的过程。布局布线工具先决定逻辑块在器件上的位置，然后通过布线结构实现逻辑块之间的连接。最终，基于这些布局布线信息可以决定 FPGA 中各个开关的连接关系，以此生成比特流。

器件上查找表的输入数是既定的（查找表能实现输入数不大于自己的任意逻辑），而 FPGA 的设计就是要从目标电路的逻辑函数中不断分离出既定输入数之内的逻辑，并将其映射到查找表上。然后将这些查找表通过布线相连，就可以在 FPGA 上实现目标电路。

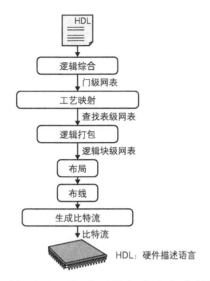

设计流程由 HDL 源代码的逻辑综合开始，经过工艺映射、
逻辑打包、布局布线，最终生成比特流。

**图 5-1 FPGA 的设计流程**

FPGA 和 ASIC 的区别在于，ASIC 通过组合使用标准单元库中的逻辑实现电路，而 FPGA 则使用统一构造的查找表。这种区别也体现在了 EDA 工具上。下面我们就对这种不同于 ASIC 的 EDA 技术原理进行详细介绍，具体包括上述的工艺映射、逻辑打包、布局布线。

## 5.2 工艺映射

工艺映射是指将不依赖于任何工艺的门级网表转换为由特定 FPGA 逻辑单元所表示的网表的过程。这里所说的逻辑单元依赖于特定的 FPGA 架构，是由查找表或 MUX 等逻辑电路实现的 FPGA 上的最小逻辑单位。工艺映射是从 HDL 开始的逻辑转换的最后一步，因此对最终电路实现的质量（面积、速度、功耗等）至关重要。

下面我们就通过工艺映射最具代表性的工具 FlowMap[1]，来讲解工艺映射的原理。FlowMap 是由加州大学洛杉矶分校丛京生教授（Jason

Cong)的研究团队开发的工艺映射算法。将目标电路网表转换到 $k$ 输入的查找表（$k$-LUT）的工艺映射过程由下面两个步骤组成。

    I. 分解：门级网标实际上都是以布尔网络[①]的形式来表示的。先将布尔网络的各个节点不断分解，直至输入数小于查找表的输入数 $k$。

    II.覆盖：基于过程 I 所得到的布尔网络，使用某种基准对输入进行切分，使用 $k$-LUT 覆盖多个节点。

    FlowMap 第 II 步的覆盖过程，是一种可以在多项式时间内找到逻辑层数最优解的方法。

    图 5-2 是使用 FlowMap 算法将网表映射到 3-LUT 的示例。我们通过这个示例对工艺映射的原理进行说明。首先，将图 5-2a 中的门级网表转换为图 5-2b 中的 DAG（Directed Acyclic Graph，有向图）方式表示。最上层的节点称为 PI（Primary Input，主输入），最下层的节点称为 PO（Primary Output，主输出）。请注意图 5-2c 右侧的 PO，连接到该 PO 的全部节点都用虚线框了出来。虚线框住的范围就是映射的范围。图 5-2d 所示的是标注和切分求解的过程。标注从 PI 开始按照图的拓扑顺序进行，标注规则如下。

    (1) PI 的标注标签为 0。

    (2) 在所有以 PI 作为输入的节点中，寻找 3-LUT 可以覆盖的节点，将其输入切分出来。

    (3) 新标签为切分点上一层标签中最大的数字，再加上自身的层数（也就是 1 层）。例如此处为 PI 的 0+1=1，所以标签为 1。

    (4) 顺序计算已标注节点的相邻节点。遇到还没标注的节点，先对其进行计算标注。

    (5) 当所有相关节点的标签都计算完成后，再计算第 2 层节点的标签。此时还是同一个 3-LUT 可以覆盖的范围（可以在全部 PI 处切分），该节点的标签也为 1。

    (6) 如此反复计算所有节点的标签，最终 $t$ 的标签为 2。

---

① 布尔网络是一种基于有向图的门级网表的表现方式。各个节点表示逻辑门或逻辑门的组合逻辑，有向边表示输入 / 输出信号。

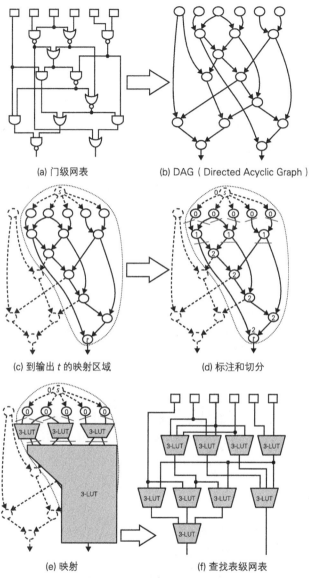

(a) 门级网表

(b) DAG（Directed Acyclic Graph）

(c) 到输出 t 的映射区域

(d) 标注和切分

(e) 映射

(f) 查找表级网表

将网表分解为 DAG，再通过重复标注和切分的过程将
其转换为查找表级网表。

图 5-2 FlowMap 的原理

这样计算得到的标签值是从上层计算而来的最小值，因此可以保证最少的逻辑层数。图 5-2e 从电路的 PO 开始进行映射。对所有 PO 反复执行上述算法之后，最终可以得到映射到 3-LUT 的网表图 5-2f。

在对目标电路进行切分和映射的过程中，通过改良评估函数可以实现各种工艺映射算法。例如，FlowMap 的发明者丛京生教授的团队还开发了 CutMap[2]、ZMap[3] 和 DAOMap[4] 等来优化逻辑层数和削减查找表使用量，不列颠哥伦比亚大学的 Steve Wilton 团队开发了改善功耗的 EMap[5]，多伦多大学的 Stephen Brown 开发了 IMAP[6] 等。此外，丛京生教授的团队还开发了支持多种查找表的异构工艺映射工具 HeteroMap[7]。

---

**工艺映射相关术语**

节点（node）：节点是指使用布尔网络表示 DAG 时，基于 2 输入逻辑门模型表示的基本构成要素。电路网络中的逻辑门全部由 2 输入 1 输出的节点来建模表示。

标签（label）：标签的数值用来表示网络的深度，也就是从各个节点到主输入按照最小深度映射时的逻辑层数。电路网络中的各个逻辑门在使用节点表示之后，要对其进行标签标注。下图为标注过程的示例。

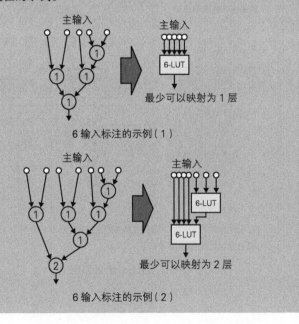

6 输入标注的示例（1）

6 输入标注的示例（2）

切分集（cut set）：切分集是指按照 $k$ 输入进行工艺映射时可能实现的切分集合。切分是指将节点划分为总输入在 $k$ 之内、可以使用查找表实现的节点集合。下图为按照 6 输入切分时所生成的切分集的示例。

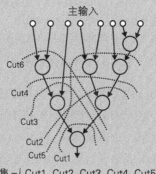

切分集 = { Cut1, Cut2, Cut3, Cut4, Cut5, …… }

## 5.3 逻辑打包

目前，主流 FPGA 的逻辑块都具有多个查找表，因此将查找表高效地打包到逻辑块的过程是不可或缺的。逻辑打包主要有两个要点：第一，逻辑块内部布线（局部布线）和逻辑块外部布线（布线通道中的布线）的延迟相差很大；第二，如果逻辑块中有查找表空闲，资源使用率就会降低（增加逻辑块的使用量），因此要尽量在每个逻辑块内填装更多逻辑。多伦多大学 Jonathan Rose 教授的研究团队开发的早期的打包工具 VPack[8]，主要有以下两个优化目标：

- 最小化逻辑块的数量；
- 最小化逻辑块间的连接数量。

VPack 首先选择输入占用最多的查找表作为逻辑块的种子（seed），然后再将具有最多共同输入信号的查找表填装到当前逻辑块中（图 5-3）。

通过这种方式，可以实现逻辑块使用量最小化和逻辑块互连信号优化的目标，但无法对延迟进行优化。VPack 在打包时无法考虑之前所述的第一个要点，即逻辑块内外的延迟差，所以是一个延迟性能偏差较大的打包工具。

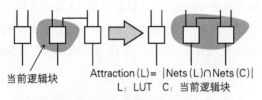

选择输入最多的查找表作为逻辑块的种子，再将具有<br>共同输入信号最多的查找表填装到当前逻辑块。

**图 5-3 VPack 的原理**

因此 Jonathan Rose 的团队对 VPack 进行了改进，两年之后推出了 T-VPack[9]。T-VPack 是从 VPack 扩展而来的打包工具，特点是采用了 Timing-driven（延时驱动）的装箱算法。T-VPack 选择关键路径上输入最多的查找表作为逻辑块的种子，而且向当前逻辑块填装查找表时不单会考虑共同信号的数量，还会考虑另外两项吸引因子：连接重要度（connection criticality）和影响路径数（total path affected）。连接重要度由 slack（延迟余裕）值计算而来，是判断当前路径对时序影响大不大、是否是关键路径的指标。图 5-4 是一个计算 slack 值的示例。图中的正方形表示查找表，正方形内部数字表示 slack 值，上方数字表示到达时间，下方数字则表示要求时间。到达时间的值就是从输入到该查找表之间所通过的查找表数的最大值，要求时间则是以输出的到达时间为基准，减去回溯到该查找表所通过的查找表数的最大值后得到的结果。slack 值就是要求时间和到达时间的差值。从图例可以看出，slack 值越小，该路径就越接近关键路径。

影响路径数则指当前查找表所影响的关键路径的数目，是输入和当前查找表之间关键路径的总和。如图 5-5 所示，该指标表明了当前查找表的延迟一旦得到改善，总共会有多少关键路径可以随之改善。图中正方形表示查找表，粗线表示关键路径，正方形内的数字表示影响路径数。查找表 Y 到查找表 Z 之间的粗虚线是 3 条关键路径共用的布线，只要改善这条路径的延迟，就可以同时改善 3 条关键路径。因此，T-VPack 中的装箱算法会将查找表 Y 和查找表 Z 打包到同一逻辑块中。

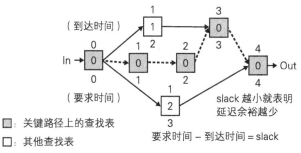

slack 是要求时间和到达时间的差值，slack 值越小，该路径就越接近关键路径。

**图 5-4 连接重要度的计算**

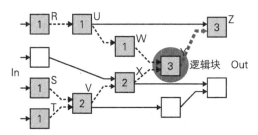

吸收查找表 Z 可以同时改善 3 条关键路径。

表明了可随当前查找表一起得到延迟改善的关键路径的数量，是输入和当前查找表之间的关键路径的总和。

**图 5-5 影响路径数的计算**

  此外，还有重视布线布通率的打包工具 RPack/t-RPack[10]。布通率表示在 FPGA 设计流程中的布局布线阶段电路布线的自由度，是为了削减布线拥挤度的指标。改善布通率不但可以缓解逻辑块间布线的拥挤度，还可以减少布线的总使用数量。打包工具 iRAC[11] 中的装箱算法就是基于布通率指标，通过在逻辑块内留出"空位"来优化布线的（图 5-6）。也就是说，这种算法同时考虑了逻辑块内外的因素来进行优化。与RPack、iRAC 类似，笔者的研究中[12] 也提出了可以同时改善布通率和逻辑块内外布线资源使用量的优化方法。

  至此我们介绍了可以实现多种性能优化的打包工具，但它们的装箱算法都只能处理单一的查找表结构。正如前面章节所提到的，近些年的逻辑块包含了自适应查找表等更为复杂的结构。自适应查找表不仅需要在工艺映射时选择最佳输入数的查找表，对装箱算法也有很大影响。比如，在打包自适应查找表的网表时为了改善布通率和延迟，不能只考虑逻辑块中查找表的数量，还要考虑主输入数量、逻辑块所允许的查找表模式组合等因素。因此要找到同时满足逻辑块数最少、延迟最小、布线数最少的解是非常困难的。

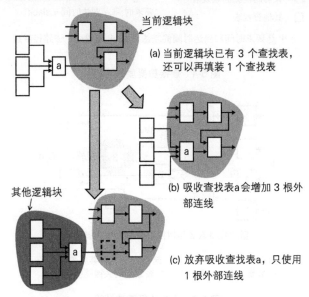

图 5-6　考虑到布通率的装箱算法

VTR（Verilog-to-Routing）6.0[21] 中集成的 AAPack（Architecture-Aware Packer）[20] 就是为了挑战这个问题而诞生的。VTR 系统使用 XML 的形式建立器件的架构模型①。其架构的定义分为单元结构（physical block，相当于逻辑块内的逻辑单元）和布线结构（interconnect，相当于 physical block 间的连接关系和连接方式）。单元结构的描述方式为嵌套

---

式，可以描述含有多个逻辑单元的逻辑块。使用模式单元还可以表达具有多种模式的结构，可以用来描述类似前面章节所介绍的 Altera 公司的可拆分查找表，例如将多输入查找表拆分为多个少输入的查找表（多种模式）等。

AAPack 实现了对上述架构模型的支持，其装箱算法如下所示。

(1) 如果有未打包的查找表，则选其作为种子并确定要插入的逻辑块。

(2) 按照如下算法向当前逻辑块填装查找表。

　　(a) 寻找可填装的候补查找表。

　　(b) 将选择的查找表填入逻辑块。

　　(c) 如果逻辑块还有空位，返回到步骤 (2) 的 (a)。

(3) 将装箱完毕的逻辑块输出到文件，返回到步骤 (1)。

AAPack 的步骤 (1) 和 VPack、T-VPack 相同。步骤 (2) 的 (a) 要依据"逻辑块内可共享的输入数"和"与逻辑块外查找表的关系"两方面因素决定将要填装的查找表。步骤 (2) 的 (b) 依据逻辑块的结构判断是否可以将选取的查找表吸收进来。此处的判断过程如图 5-7 所示，是通过搜索逻辑块的结构图来实现的。图的结构为从右到左，查找表的粒度由细到粗排列。要从这个图的右侧（细粒度一侧）开始进行深度优先搜索。逻辑块含有多模式查找表时，优先使用最小的能实现所选逻辑的查找表模式。例如，将 4 输入 1 输出的组合逻辑电路映射到查找表时，可以选择 5-LUT 或 6-LUT。如果选择映射到 5-LUT，同一逻辑块内还可以再实现一个 5-LUT 电路。而如果选择 6-LUT，映射过程就此结束，无法再实现更多逻辑。因此优先使用小的查找表，实现效率会更高。

确定填装位置后马上判断该决策能否布线成功。向可拆分查找表的一个子查找表填装完成后，在网表中寻找可以填装到另一个子查找表的逻辑。然后重复此过程直至打包结束。

判断是否能布线成功的方法如下：首先，使用有向图来描述逻辑块输入 / 输出引脚和各逻辑单元引脚的连接关系；然后，使用 PathFinder 算法（VPR 中的布线算法）确认新填装的查找表能否布线成功。

综上，按照本节所介绍的方式，AAPack 可以对结构复杂的逻辑块实现查找表打包功能。

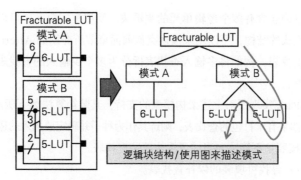

从右到左，查找表的粒度由细到粗排列。从图的右侧（细粒度一侧）开始进行深度优先搜索。对于多模式查找表，优先使用最小的能实现所选逻辑的查找表模式。

**图 5-7　AAPack 的装箱算法**

## 5.4　布局布线

布局布线是 FPGA 设计流程的最后一个步骤——在物理上确定逻辑块的位置和信号连接路径。一般来说首先会确定逻辑块的布局，然后再对逻辑块间的连接进行布线。

多数 FPGA 的逻辑块都呈二维阵列状排列，因此逻辑块布局问题可以视为标准的二次分配问题。然而，此类问题也被公认为是 NP 问题[1]，通常只能使用 SA（Simulated Annealing）[2] 等算法获取近似解。

布线过程中主要使用两种布线方法：全局布线和详细布线。全局布线阶段主要决定线网的布线路径，例如通过哪些通道形成连接。详细布线则基于全局布线所得的信息，确定路径具体使用了哪些布线资源、通

[1] NP 问题是指具有和计算复杂度理论中的 NP（非确定性多项式时间，Non-deterministic Polynomial Time）类问题同等或同等以上难度的问题。二次分配问题（Quardratic Assignment Problem，QAP）是具有 NP 难度的组合优化问题中非常难解的一种问题。

[2] 模拟退火算法。这是一种通用的基于概率的演化算法，其特点是利用随机性来跳出局部最优解，并且尝试跳出的频率随着温度冷却而降低，从而加速求解过程的收敛。

过了哪些开关等。

下面我们使用由多伦多大学开发、在学术界被广泛应用的布局布线工具 VPR（Versatile Place and Route）[13, 15, 16, 19, 20] 进行介绍 ①。VPR4.3 的布线过程如下（图 5-8）。

(1) 先将逻辑块、I/O 块随机放置。

(2) 计算当前布局的布线拥挤度。

(3) 随机选择两个逻辑块并对调其位置。

(4) 计算对调后的布线拥挤度。

(5) 比较对调前后拥挤度的数值，决定是否接受新的布局。

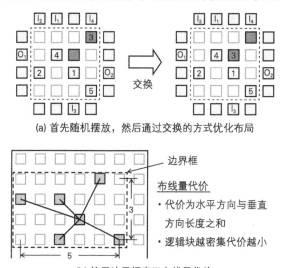

(a) 首先随机摆放，然后通过交换的方式优化布局

(b) 使用边界框表示布线量代价

将联系紧密的逻辑块就近摆放可以缩短布线长度，使整体布局更为紧凑。

**图 5-8 VPR 的布局过程**

如图 5-8a 所示，布局过程采用了 SA 算法，虽然是否接受新的布局主要由对调前后的布线代价和时序来决定，但是不管评估结果变好还是变坏都存在一定的接受概率。布线量代价是指布线方案所占用的布线资源的数

---

① 与 VPR 历史相关的内容请参照稍后的《布局布线工具 VPR 的历史》小专栏。

量。图 5-8b 通过逻辑块布局图来说明估算布局质量的方法，其中虚线框表示边界框①。边界框代价是当前布局中 FPGA 器件上某个线网区域矩形的长与宽之和。逻辑块越密集，边界框代价的值就越小。时序代价则由从线网的源点（source）到终点（sink）间的延迟和路径的 slack 值决定。

布局过程主要是将联系紧密的逻辑块就近摆放，从而缩短总布线长度，使布局更为紧凑。最理想的布局中各个布线通道的拥挤度也大致相等。

早期 VPR 中的布局算法 VPlace 只考虑最优化边界框代价，而自 VPR4.3 开始引入的 T-VPlace[18] 在布局的算法中还考虑了延迟代价。

如图 5-9 所示，布线分为全局布线和详细布线两个过程。FPGA 的全局布线问题可以转换为图的路径搜索问题。VPR4.3 中采用的 Timing-Driven Router[17] 是详细布线，它基于一种被称为 Pathfinder[14] 的算法，其原理就是使用有向搜索（Directed-search）② 在线网的源点到终点间搜索连线路径。搜索过程中需要不断估算源点到当前搜索位置以及当前搜索位置到终点的代价。图 5-9b 为搜索源点到终点间路径的示例，其中从源点出发的实线为已确定的布线，粗实线为当前正在搜索的节点 n。灰色实线是从当前搜索位置到终点按最短距离连接的路径，使用了和当前节点 n 同类的连线。灰色实线框表示源点到当前搜索位置的拥挤度和时序代价，灰色点线框表示当前搜索位置到终点间的预估时序代价。

搜索过程中需要针对每个线网按下述过程计算代价。

(1) 首先，每个线网按最小代价布线。

(2) 多个线网竞争相同连线资源时，增加该连线的拥挤度代价。

(3) 竞争导致布线失败时，再次让每个线网按最小代价布线。

(4) 由于上一次布线后连线的代价值更新了，所以新的布线路径也会相应改变。

(5) 布线路径的变更导致竞争减少。

(6) 如果依然存在连线竞争，继续更新代价值后再次搜索布线路径。

(7) 重复该过程直到连线竞争得以消除。

---

① 边界框（bounding box）是包含与某个信号线网相关的所有逻辑块的最小矩形区域。

② 通过缩小搜索范围提高算法执行速度的方法。

布局布线由于包含多种最优化问题求解过程，通常处理时间会相对较长，因此为了更实用，运行速度需要提高。另外，还需要支持复杂的逻辑块结构、专用电路、专用布线等多样化的架构。基于这些需求，VPR 的开发团队自 VPR6.0[20] 开始引入 XML 架构定义方式，再联合其他设计工具，于 2012 年启动了 VTR（Verilog-to-Routing）框架项目 [21]。当前，作为最主要的开源 FPGA 设计框架，VTR 已经发展到了 7.0 版本（Current Version: 7.0, Full Release - last updated April 22, 2014）[23, 24]。

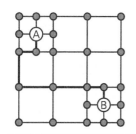

全局布线是图的路径搜索问题的求解过程

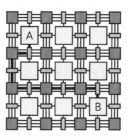

详细布线由图 (b) 所示的方法求解

(a) 全局布线和详细布线

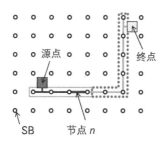

使用有向搜索
源点到当前搜索位置间的代价和当前搜索位置到终点间的预估代价

计算预估代价时使用和节点 n 同类的连线，按最短路径连接时的延迟代价

(b) 线网源点到终点间路径的搜索方法

布线过程分为全局布线和详细布线。图 (b) 为详细布线时搜索源点和终点间路径的方法。

**图 5-9　VPR 的布线过程**

专栏：布局布线工具VPR的历史

1997 年 VPR[13, 15]：VPR 最初版本。该版本仅实现了 VPlace 和 Routability-Driven Router，布局布线算法没有针对时序优化。但其作为一款开源工具，对随后的研究产生了深远的影响。

2000 年 VPR ver.4.3[16]：该版本实现了 Timing-Driven Router[17] 和 T-VPlace[18]。时序优化算法的引入极大地提高了 VPR 的实用性，同时也确立了 VPR 在 FPGA 架构研究领域中作为标准工具的地位。然而该版本仅支持双向布线结构（使用三态缓冲器或传输门连接连线）。

2009 年 VPR ver.5.0.2[19]：在官方版本还没有提升的时候，学术界出现了众多基于 4.3 改进而来的 VPR 版本。而该版本打破了官方版本近 10 年的沉默，大幅提高了实用性，实现了对异构架构、硬宏、单驱动布线结构（使用多选器切换单方向连线的结构）等架构的支持。从此，FPGA 架构的主流研究对象也从查找表、逻辑块、布线架构等基础性的课题，转移到了嵌入式存储器、运算宏等方面。

2012 年 VPR ver.6.0[20]：从该版本起，VPR 团队发起了新的 EDA 工具链项目——Verilog-to-Routing（VTR）[21]。VTR 工具链囊括了逻辑综合工具 ODIN II、工艺映射工具 ABC，以及打包布局布线工具 VPR 等。VTR 统一了各个工具的库和设置文件，还提供了用于测试的基准电路集。该版本 VPR 实现了对复杂查找表结构（自适应查找表等）的支持，整体的运行速度也得到了改善。

2013 年 VPR ver.7.0[22]：随 VTR 项目的 7.0 版本一同发布，加入了一些更加实用的功能和工具，例如支持进位信号等专用连接、多时钟域时序分析、功耗分析等。

Vaughn Betz, Jonathan Rose, Alexander Marquardt. Architecture and CAD for Deep-Submicron FPGAS. Boston: The Springer International，1999.

这是多伦多大学 Rose 教授等人合著的讲解 FPGA 架构的教科书。此书是早期 FPGA 架构研究的集大成者，从 FPGA 架构到 EDA 工具原理都有详细介绍。

## 5.5　低功耗设计工具

至此，我们对 FPGA 设计工具的基本原理做了介绍。近些年，设计工具的发展主要体现在低功耗方面。在 FPGA 技术所面临的众多挑战当中，功耗过高是影响其嵌入 SoC 等器件的重要因素，因此在工艺映射、逻辑打包到布局布线的各个过程中，都进行了降低功耗的设计方法的相关研究。例如 UBC 大学的 S. Wilton 教授所提出的工艺映射工具 EMap、逻辑打包工具 P-T-VPack 和布局布线工具 P-VPR[5] 等。本节以这几个工具为例，介绍低功耗设计方法及其效果。

首先，简单说明一下 FPGA 的动态功耗。公式 (5-1) 是计算 LSI 动态功耗的通用公式。$V$ 表示电源电压，$f_{clk}$ 表示时钟频率，$Activity(i)$ 表示节点 $i$ 的开关活动率[①]，$C_i$ 表示节点 $i$ 的负载电容。公式 (5-1) 中的 $Activity(i)$ 为 $f_{clk}$ 时节点 $i$ 的切换概率，是一个介于 0.0 和 1.0 之间的数值，表示对象节点切换活动的平均程度。对负载电容反复充放电需要消耗能量，该过程中时间和空间上的积分即为动态功耗。也就是说，要削减功耗有以下几种方法：降低电压、降低频率、减少负载电容，或是降低活动率。降低电压是最为有效的方法，但这依赖于制造工艺并对外围电路有影响。而降低主频往往会导致性能恶化。因此通过低功耗设计工具降低负载电容和活动率是最为简单有效的方式。

$$Power_{dynamic} = 0.5 \cdot V^2 \cdot f_{clk} \cdot \sum_{i \in nodes} Activity(i) \cdot C_i \qquad (5\text{-}1)$$

需要注意的是 FPGA 中使用了大量 SRAM，所以漏电流等静态功耗也相对较大。本节所介绍的低功耗设计工具（Emap、P-T-VPack、P-VPR）只针对动态功耗进行了优化。

### 5.5.1　Emap：低功耗工艺映射工具

Wilton 等人的研究以削减公式 (5-1) 中的 $Activity(i)$ 一项为主要目

---

① 开关活动率（switching activity）和切换率（Toggle Rate，TR）是相似的概念。切换率指对象节点的逻辑值在单位时间内从 0 变为 1 和从 1 变为 0 的次数。

的。在工艺映射阶段，将活动率高的布线吸收到查找表内部，就可以将其从映射后网表的线网中去除。图 5-10 为 Emap 所实现的以降低活动率为目标的映射算法。

图 5-10 中的 a 和 b 都是将同一网表映射到基于 3 输入查找表的网表。各连线旁边的数字表示活动率。图 5-10a 所示的映射方法是将高活动率的连线吸收到查找表内部，从而将平均活动率最小化。而图 5-10b 中的映射方案，虽然查找表层数和图 5-10a 相同，也就是说延迟性能相同，但由于高活动率的连线在查找表外部，所以会导致功耗较大。

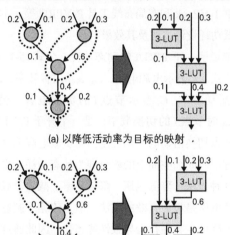

(a) 以降低活动率为目标的映射

(b) 未考虑活动率的映射

Emap 基于布线的活动率指标，优先选择可将活动率高的节点（布线）吸收到查找表内部的切分。

图 5-10　Emap 的映射算法

还有一种降低功耗的方法是最小化工艺映射过程中的节点复制。工艺映射时为了对时序进行优化会复制一些节点，而复制节点会导致节点数量、布线分支数量增加，进而增大功耗。因此，Emap 允许关键路径上的节点复制，同时抑制其他节点的复制。另外，具有多个扇出的节点被划入逻辑锥内部时也会发生节点复制。对此，Emap 优先选择多扇出节点为根节点，因此比 FlowMap 在映射过程中发生的节点复制更少。

　　图 5-11 是一个节点复制的示例。节点 3 在图 5-11a 的切分方案中是逻辑锥的顶点（根节点），而在图 5-11b 方案中则位于逻辑锥内部。虽然图 5-11a 和图 5-11b 两种方案在查找表层数上相同，但由于节点 3 有两个扇出，图 5-11b 的切分方案需要对其进行复制，因此会多使用一个查找表。而 Emap 中实现的算法可以抑制此类节点复制的发生。

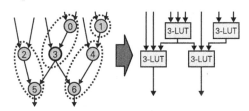

(a) 对扇出进行优化的映射

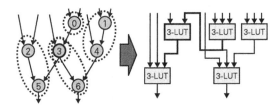

(b) 未对扇出进行优化的映射

Emap 优先选择多扇出节点为根节点，从而抑制节点的复制。

**图 5-11　映射过程中的节点复制**

## 5.5.2　P-T-VPack：低功耗打包工具

　　低功耗打包工具 P-T-VPack 和 Emap 类似，也以降低活动率为主要目标。逻辑块内外布线的负载电容差别很大。逻辑块外部的连线不但长度较长，还和连接块、开关块等相连接，一般电容较大。因此在逻辑块内部实现活动率较高的布线有助于降低功耗。图 5-12 是 P-T-VPack 的打包示例。

　　该示例中，比较图 5-12a 和图 5-12b 的装箱组合，可知图 5-12b 的逻辑块间布线活动率为 0.4，而图 5-12a 仅为 0.1。因此，假设逻辑块间布线负载电容相同，那么图 5-12a 的组合功耗更低。

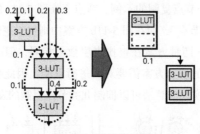

(a) 对活动率优化的打包

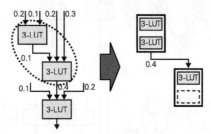

(b) 未对活动率优化的打包

与 Emap 类似，将布线活动率高的查找表装箱到逻辑块内部。

**图 5-12　P-T-VPack 的打包过程**

### 5.5.3　P-VPR：低功耗布局布线工具

低功耗布局布线工具 P-VPR 也采用了类似的思路，不过在布局过程中它是通过尽量将以高活动率布线相连的逻辑块就近摆放来降低功耗的。然而，如果关键路径上的信号活动率较低，这种优先优化活动率的算法就会产生迂回布线（连线变长），从而导致时序恶化。因此需要在代价函数中权衡多种因素，实现高性能和低功耗目标的平衡。

### 5.5.4　ACE：活动率估算工具

前面我们介绍了设计工具如何通过降低活动率的算法来减少电路功耗。然而如何正确地计算活动率也是非常重要的课题。Wilton 教授的团队为此开发了活动率估算工具 ACE（Activity Estimator）。

　　估算活动率大致有两种方法：一种是通过仿真动态地计算活动率，另一种是通过概率静态地计算活动率。一般来说，动态方法精度高但耗时很长，并且测试向量的选择很容易左右估算结果的准确度。而基于概率计算的静态方法执行速度快但精度较低。静态方法会基于预先设置的输入信号的转换概率进行计算，因此初始值的设置是影响准确度的重要因素。

　　ACE 是一种对网表实施静态分析的工具。用于分析的网表可以是工艺映射所使用的门级网表，也可以是打包过程中用的查找表级网表，还可以是布局布线过程中用的逻辑块级网表。无论哪种网表，ACE 都可以对其计算活动率。ACE 输出的活动率结果包含 Static Probability（SP，也就是信号为高电位的比例）和 Switching Activity（SA，也就是信号转换的概率）两种。

　　本章对 FPGA 设计工具的原理和发展过程进行了简单的介绍。每个研究都以最优化电路的延迟、面积和功耗为目的，然而就算每个设计步骤达到最优化，也并不意味着最终生成的电路是最优化的。各个设计过程之间还需要相互配合。有的研究同时涉及多个过程的最优化方法，例如同时优化工艺映射和逻辑打包的方法、同时处理逻辑打包和布局布线的方法等。笔者认为今后此类设计方法是 FPGA 设计工具的一个重要发展方向。

## 参考文献

[1] J. Cong, Y. Ding. FlowMap: An Optimal Technology Mapping Algorithm for Delay Optimization in Lookup-Table Based FPGA Designs. IEEE Trans. CAD, 1994, 13(1): 1-12.

[2] J. Cong, Y. Hwang. Simultaneous Depth and Area Minimization in LUT-Based FPGA Mapping. Proc. FPGA'95, 1995: 68-74.

[3] J. Cong, J. Peck, Y. Ding. RASP: A General Logic Synthesis System for SRAM-based FPGAs. Proc. FPGA'96, 1996: 137-143.

[4] D. Chen, J. Cong. DAOmap: A Depth-Optimal Area Optimization Mapping Algorithm for FPGA Designs. Proc. ICCAD2004, 2004: 752-759.

[5] J. Lamoureux, S.J.E. Wilton. On the Interaction between Power-Aware Computer-Aided Design Algorithms for Field-Programmable Gate Arrays. Journal of Low Power Electronics (JOLPE), 2005, 1(2): 119-132.

[6] V. Manohararajah, S.D. Brown, Z.G. Vranesic. Heuristics for Area Minimization in LUT-Based FPGA Technology Mapping, IEEE Trans. CAD, 2006, 25 (11): 2331-2340.

[7] J. Cong, S. Xu. Delay-oriented technology mapping for heterogeneous FPGAs with bounded resources. Proc. ICCAD'98, 1998: 40-45.

[8] V. Betz, J. Rose. Cluster-Based Logic Blocks for FPGAs: Area-Efficiency vs. Input Sharing and Size. Proc. CICC'97, 1997: 551-554.

[9] A. Marquardt, V. Betz, J. Rose. Using Cluster-Based Logic Blocks and Timing-Driven Packing to Improve FPGA Speed and Density. Proc. FPGA'99, 1999: 37-46.

[10] E. Bozorgzadeh, S.O. Memik, X. Yang, et al. Routability-driven packing: Metrics and algorithms for cluster-based FPGAs. Journal of Circuits Systems and Computers, 2004, 13(1): 77-100.

[11] A. Singh, G. Parthasarathy, M. Marek-Sadowska. Efficient circuit clustering for area and power reduction in FPGAs. ACM Trans. Design Automation of Electronic Systems (TODAES), 2002, 7(4): 643-663.

[12] 木幡雅貴, 飯田全広, 末吉敏則. FPGA のチップ面積および遅延を最適化するクラスタリング手法. 信学論, 2006, J89-D(6): 1153-1162.

[13] V. Betz, J. Rose. VPR: A New Packing, Placement and Routing Tool for FPGA Research. Proc. FPL'97, 1997: 213-222.

[14] L. McMurchie, C. Ebeling. PathFinder: a negotiation-based performance-driven router for FPGAs. Proc. FPGA'95, 1995: 111-117.

[15] V. Betz, J. Rose, A. Marquardt. Architecture and CAD for Deep-Submicron FPGAs. The Springer International, 1999.

[16] V. Betz. VPR and T-VPack User's Manual (Version 4.30). University of Toronto, 2000.

[17] J.S. Swartz, V. Betz, J. Rose. A fast routability-driven router for FPGAs. Proc. of the 1998 ACM/SIGDA sixth international symposium on Field programmable gate arrays (FPGA'98), 1998: 140-149.

[18] A. Marquardt, V. Betz, J. Rose. Timing-driven placement for FPGAs. Proc. of the 2000 ACM/SIGDA eighth international symposium on Field programmable gate arrays (FPGA'00), 2000: 203-213.

[19] J. Luu, I. Kuon, P. Jamieson, et al. VPR 5.0: FPGA CAD and architecture exploration tools with single-driver routing, heterogeneity and process scaling. ACM Trans. Reconfigurable Technol. Syst., 2011, 4(4): 23.

[20] J. Luu, J.H. Anderson, J. Rose. Architecture description and packing for logic blocks with hierarchy, modes and complex interconnect. Proc. 19th ACM/SIGDA int. symp. Field programmable gate arrays (FPGA'11), 2011: 227-236.

[21] J. Rose, J. Luu, C.W. Yu, et al. The VTR project: architecture and CAD for FPGAs from verilog to routing. Proc. ACM/SIGDA int. symp. Field Programmable Gate Arrays (FPGA'12), 2012: 77-86.

[22] J. Luu, J. Goeders, M. Wainberg, et al. VTR 7.0: Next Generation Architecture and CAD System for FPGAs. ACM Trans. Reconfigurable Technol. Syst., 2014, 7(2): 30.

[23] Verilog to Routing — Open Source CAD Flow for FPGA Research. GitHub. https://github.com/verilog-to-routing/vtr-verilog-to-routing.

[24] The Verilog-to-Routing (VTR) Project for FPGAs (Wiki). GitHub. https://github.com/verilog-to-routing/vtr-verilog-to-routing/wiki.

# 第**6**章

# 硬件算法

硬件算法是指适合使用硬件实现的运算处理方法，以及将这些方法具象化的硬件模型。在本章，我们着重从运算处理的并行性、控制、数据流等方面，概括地介绍各种常见的硬件算法。

## 6.1 流水线结构

### 6.1.1 流水线的原理

硬件的流水线结构（pipelining）和我们身边生产工厂里的流水线作业类似，是一种通过连续进行大量运算来实现高速化处理的手段。图 6-1 是流水线结构的示意图。在图 6-1a 所示的非流水线结构中，运算 1 和运算 2 在硬件电路上依次执行。而在图 6-1b 所示的流水线结构中，示例中的硬件电路被拆分为 $n$ 个均等的阶段（stage）后，下一个运算无须等前一个运算完全结束即可开始。流水线的阶段也称为流水线的"级"。例如图 6-1b 中，$n=5$ 个阶段也可称为 5 级流水线结构。相对于非流水线结构中完成全部运算所需要的时间 $L$，流水线结构在运算 1 完成之后，按阶段划分的每 $L/n$ 个单位时间就可以完成一个运算。也就是说单位时间内，用来表示运算量的吞吐量（throughput）指标最大可以提升 $n$ 倍。图 6-1a 的非流水线结构完成 2 个运算的时间内，图 6-1b 的 5 级流水线结构则可以完成 6 个运算。我们可以看到，运算 5 开始的时候，从运算 1 到运算 5 总共 5 级流水线在同时工作，不同阶段可以连续、并行地执行，这就是流水线结构高速化处理的基本原理 [1, 2]。

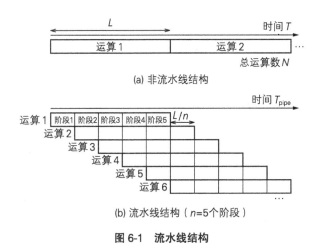

(a) 非流水线结构

(b) 流水线结构（n=5个阶段）

**图 6-1　流水线结构**

## 6.1.2　使用流水线提升性能

其实在流水线的实际应用中，$n$ 级流水线并不一定能得到 $n$ 倍的速度提升。下面我们假设单位运算时间为 $L$，总运算量为 $N$，流水线分为 $n$ 个阶段，然后通过建模对流水线的速度提升率进行分析说明。

图 6-1a 所示的非流水线结构完成 $N$ 个运算所需要的时间为 $T(N)=LN$。而对于 $n$ 级流水线结构，完成 $N$ 个运算所需的时间 $T_{\text{pipe}}(N)$ 按以下方法求解。首先，完成运算 1 所需时间为 $L$。而下一个运算会在运算 1 完成后的 $L/n$ 时间后完成。因此除了运算 1，之后的 $N-1$ 个运算每隔 $L/n$ 个单位时间依次完成，总运算时间如下。

$$T_{\text{pipe}}(N)=L+(N-1)L/n=(n+N-1)L/n$$

使用流水线结构的速度提升率 $S_{\text{pipe}}(N)$ 为 $T(N)$ 除以 $T_{\text{pipe}}(N)$，可按下面式子展开。

$$S_{\text{pipe}}(N)=\frac{T(N)}{T_{\text{pipe}}(N)}=\frac{nN}{n+N-1}=\frac{n}{1+\dfrac{n-1}{N}}$$

当 $n \ll N$ 时 $S_{\text{pipe}}(N) \cong n$，因此流水线结构和非流水线结构相比所得到的速度提升和阶段数量成正比，大约为 $n$ 倍。注意这里的速度提升指的是吞吐量指标，而完成单个运算所需的延迟时间不会缩短。也就是说，所谓的性能提升 n 倍是指完成全部 N 个运算的时间缩短了，而每个运算从开始到结束的时间没有变化。这就像汽车工厂里的流水线一样，例如流水线上的工序（相当于流水线阶段）增加后每十分钟就能生产一台汽车，结果是每天的总生成台数（相当于吞吐量）增加，而每台车从接收订单到完成出厂的用时（相当于延迟时间）并没有缩短。

当总运算量 N 没有远远大于流水线级数 n 时，性能提升的空间就比较有限了。例如，n=6 级流水线上处理的运算量 N=5 时，$S_{pipe}(5)=6/(1+1)=3$，运算时间只缩减到了原来的三分之一。一个 n 级流水线所能达到的最大速度提升率为 n，我们可以用下面的效率公式来衡量实际的速度提升率达到了最大提升率的百分之多少。

$$E_{pipe}(n,N) = \frac{S_{pipe}(N)}{n} = \frac{1}{1+\dfrac{n-1}{N}} = \frac{N}{N+n-1}$$

按刚才的例子计算得到的效率为 $E_{pipe}(6, 5)=5/(5+6-1)=0.5$，因此所得速度提升为最大提升率的 50%，这主要是硬件以低并行度处理的时间较长导致的。图 6-1b 的示例中，运算 1 处于阶段 1 时，硬件上只有一个任务在执行。在运算 5 开始之前，硬件一直没有达到最大的并行度 n=5。因此，流水线开始时有一个各阶段逐一启动的载入过程（prologue），而在流水线结束时有一个各阶段逐一停止的清空过程（epilogue）。载入过程和清空过程虽然无法省略，但当运算总数 N 足够大时其所占的时间比例足够小，就可以得到和 n 非常接近的速度提升率。反之，当运算总数较小时载入过程和清空过程的影响相对较大，速度提升率就较低。

此外还有其他几个在实际硬件中影响流水线性能的因素存在，因此需要在设计时格外注意。图 6-2 是一个流水线的硬件结构示例。图 6-2a 为非流水线结构的硬件，整个运算采用单一的组合逻辑电路实现。前级寄存器的值在时钟的上升沿更新，经过寄存器内部传输延迟后，输出到组合逻辑电路的输入。输入的数据接着在组合逻辑电路内部传播，经过关键路径（critical path）所需的延迟时间后运算结果到达后级寄存器。关键路径是指电路内延迟最长的路径。运算的结果数据在保持一定时间（触发器所需的建立时间）稳定之后，在下一个时钟到来时被写入寄存器，这样该电路的处理过程就完成了。从上面的过程我们可以得出时钟信号的输入时间间隔，也就是时钟周期（cycle time）必须大于（传输延迟）+（组合逻辑电路的关键电路延迟）+（建立时间），这个极限值也就是电路时钟频率的最大值。

(a) 非流水线结构

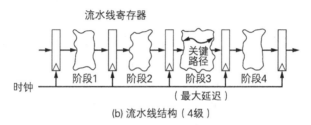

(b) 流水线结构（4级）

**图 6-2　流水线的硬件结构**

将电路流水线化，可以提高时钟频率、增大吞吐量。图 6-2b 是一个 $n=4$ 级流水线的电路结构示例。通过将电路拆分为多个阶段并在阶段之间插入流水线寄存器，单个时钟周期内数据需要传输的距离就被缩短到各个阶段内较小的组合逻辑电路中。然而，就算是完全均等地将原本的关键路径切分成 $n$ 阶段，时钟周期也不能缩短为原来的 $1/n$。这是由于电路中还加入了流水线寄存器的延迟、建立时间，此外还要考虑各个寄存器的输入时钟信号间的偏移等因素。而且一般来说，将电路均等地拆分成 $n$ 个阶段也是比较困难的。像图 6-2b 中阶段 3 所示的那样，通常存在某个阶段的关键路径要比其他阶段的关键路径长。此时，就算 $n=4$，阶段的最大延迟也比 1/4 要长，因此时钟频率无法达到原来的 4 倍。

这些因素的影响在阶段数增多的时候更为显著。因此，通常对某个组合逻辑电路进行轻度的流水线化时容易得到和阶段数相当的时钟频率提升，而将其拆分为数十、数百个阶段时主频提升的效果就会逐步减弱，甚至因为时钟偏移等因素反而降低性能。不单是拆分流水线，为电路添加流水线阶段时也要注意类似的问题。另外如图 6-2b 所示，还要注意插入流水线寄存器所增加的延迟或关键路径切分不均等，都可能导致流水线化后电路的整体延迟比原电路恶化的情况。

## 6.2 并行计算和Flynn分类

### 6.2.1 Flynn 分类

高性能硬件设计必须要考虑计算的并行性。Michel J. Flynn 在 1965 年提出了一种并行计算架构分类方法 [3, 4]，以下简称为 Flynn 分类（Flynn's Taxonomy）。通用计算机架构中存在用于控制的指令流（instruction stream）和作为运算对象的数据流（data stream），Flynn 分类根据基于指令流和数据流的并行度对架构进行分类，如图 6-3 所示。Flynn 将并行架构分为 SISD、SIMD、MISD 和 MIMD 四类。该分类的对象原本是基于指令序列的通用处理器架构，而将定义扩展到指令流后，其对更加一般化的并行计算架构研究也很有价值。

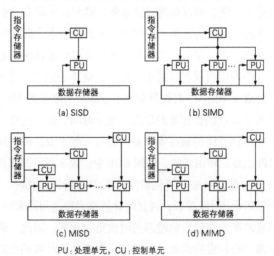

(a) SISD      (b) SIMD

(c) MISD      (d) MIMD

PU：处理单元，CU：控制单元

**图 6-3　Flynn 分类**

Flynn 分类所使用的计算机模型由运算单元（PU）、控制单元（CU）、数据存储器、指令存储器构成。图 6-3a 所示的 SISD 架构中，单一 CU 从指令存储器读取指令流来控制单一的 PU。PU 受 CU 控制，从数据存储器读取单一数据流进行计算处理。SISD 架构代表的是按顺序计算的处理器架构，不具备并行计算能力。

下面我们详细介绍其他架构分类。

### 6.2.2 SIMD 架构

图 6-3b 所示的 SIMD 架构中，单一 CU 在读取指令流的同时控制多个 PU。各个 PU 接受相同的控制，各自对不同的数据流进行相同的计算处理。因此 SIMD 架构是一种具有数据并行性的架构。各个 PU 可以有自己的本地存储器（local memory），也可以所有 PU 访问同一个共享存储器（shared memory）。这种架构中的 PU 可以按照相同的指令序列同步处理大量数据，因此通常被应用在图像处理等专用处理器中。

微处理器通常还会提供 SIMD 指令来实现数据的并行计算。例如，Intel 公司在 1997 年就推出了具有 SIMD 扩展指令集的微处理器 MMX Pentium[5, 6]，可以高速处理三维图像。MMX Pentium 架构可以使用一条 SIMD 指令同时处理 4 个 16 位整数运算。AMD 公司也在 1998 年推出了 K6-2 处理器，其中搭载了用于浮点小数运算 SIMD 扩展指令集的 3DNow! 技术。之后，Intel 公司又推出了浮点小数运算 SIMD 扩展指令集 SSE（Streaming SIMD Extensions）。Pentium III 处理器开始搭载的 SSE 扩展指令集，经历 Pentium 4 发展到 SSE2、SSE3 代，逐步追加了 128 位整数运算、双倍精度浮点运算、视频压缩等指令，一直延伸发展到目前主流的处理器架构。因此使用 SIMD 扩展指令集是实现微处理器性能最大化的必要条件 [6]。

### 6.2.3 MISD 架构

图 6-3c 所示的 MISD 架构中，多个 CU 各自读取不同的指令流并控制多个 PU。各个 PU 根据不同的控制指令对单一数据流进行操作。现实中很难找到属于这一分类的通用微处理器，不过如果将一系列 PU 视为

流水线的阶段，每个阶段各自独立可控，这样组成的粗粒度的流水线结构就可被认为是 MISD 架构。通过每个 CU 各自控制一个不同功能的 PU 来实现并行计算，因此 MISD 架构是一种具有功能并行性的架构。例如在一个面向图像处理的处理器阵列中，多个连续的阶段分别依次进行像素转换、边缘检测、分类等操作，每个阶段分别由独自的指令集控制，这就可以归类为面向特定用途的 MISD 架构 [7, 8]。

### 6.2.4 MIMD 架构

图 6-3d 所示的 MIMD 架构中，多个 CU 各自读取不同的指令流并控制多个 PU。然而和 MISD 架构不同的是，各个独立受控的 PU 对不同的数据流并行处理。因此 MIMD 架构是一种同时具有数据并行性和功能并行性的架构，可以实现多个指令序列操作多个数据。例如 SMP（Symmetric Multi-Processor）等多个核心紧密结合的处理器，其中多个微处理器或微处理器核心共享存储系统，可以归类为数据存储器共享型 MIMD 架构。另外，各个计算节点拥有独立的处理器和局部存储器，通过互联网络（interconnection network）相连的计算机集群，可以归类为数据存储器独立的 MIMD 架构。

## 6.3 脉动算法

### 6.3.1 脉动算法和脉动阵列

脉动算法（systolic algorithm）是指基于 H. T. Kung 所提倡的脉动阵列（systolic array）[9, 10] 所实现并行处理的算法的总称。脉动阵列是一种由众多简单的运算元件（Processing Element，PE）按规则排列的硬件架构，具有以下特征。

(1) 由单一或多种构造 PE 按规则排列。

(2) 只有相邻的 PE 互相连接，数据每次只能在局部范围内移动。除了局部连接，同时还采用总线等连接方式的架构被称为半脉动阵列（semi-systolic array）[9]。

(3) PE 只重复进行简单的数据处理和必要的数据收发。

(4) 所有 PE 由统一的时钟同步工作。

每个 PE 都和相邻 PE 同步进行数据收发和运算。数据从外部流入，PE 阵列一边搬运数据，一边采用流水线或并行方式对其进行处理。各个 PE 的运算和数据收发动作和心脏规律性地收缩（systolic）促使血液流动的过程非常相似，因此此类架构被命名为脉动阵列。此外，PE 有时也被称为单元（cell）。

脉动阵列中数据的移动只能在相邻 PE 间进行，这种单纯的架构具有良好的扩展性，系统性能可随着阵列的规模的扩大成比例增加。并且脉动阵列非常适合在集成电路上实现，因此在 20 世纪 80~90 年代得到了广泛运用。图 6-4 展示的是一些典型的脉动阵列和脉动算法 [10]。脉动阵列按 PE 的排列和连接方式，大致上可以分为线性串联的一维阵列、网格状连接的二维阵列，以及树状连接的树结构阵列。基于这些阵列结构，大量的研究分别提出了用于信号处理、并行运算、排序、图像处理、模板计算、流体计算等各种应用的脉动算法。

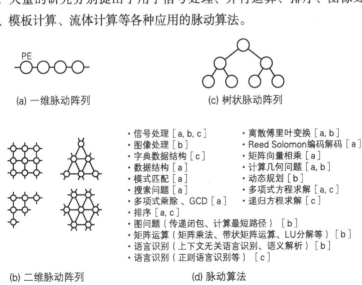

图 6-4　具有代表性的脉动阵列和脉动算法 [10]

早期的脉动阵列无论结构还是功能都是固定的，随后才出现了具有可编程或可重构功能的通用脉动阵列（general-purpose systolic array）[11]。表 6-1 列出了以通用性为基准的脉动阵列分类 [11]。在这里，可编程是指在固定电路上运行不同的程序来改变功能，可重构是指通过更新电路来改变功能。此外，当脉动阵列的规模扩大到一定程度后，由于时钟的延迟，实现大范围内的电路以较高频率同步是非常困难的。S.-Y. Kung 为了解决这个问题，提出了将数据流引入脉动阵列架构的波前阵列（wavefront array）[12]。该架构中的 PE 由异步电路方式设计，可以按照各自的速度运行，和相邻 PE 基于握手的方式进行数据收发。

表 6-1　基于通用性的脉动阵列分类 [11]

| class | General-Purpose（通用） | | | | | | | | | Special-Purpose（特定用途） |
|---|---|---|---|---|---|---|---|---|---|---|
| Type | Programmable | | | Reconfigurable | | | Hybrid | | | Hardwired |
| Organization | SIMD or MIMD | | | VFIMD | | | | | | VFIMD |
| Topology | Programmable | | | Reconfigurable | | | Hybrid | | | |
| Inter-connections | Static | Dynamic | Fixed | Static | Dynamic | Fixed | Static | Dynamic | Fixed | Fixed |
| Dimensions | $n$-dimensional（$n$>2 is rare due to complexity） | | | | | | | | | $n$-dimensional |

VFIMD: Very-few-instruction stream, multiple data streams.

下面的章节针对一些采用一维或二维脉动阵列，以及脉动算法的案例进行讲解。

## 6.3.2　基于一维脉动阵列的部分排序

将数据按照某种顺序重新排列的过程被称为排序。排序是很多问题求解过程中都要用到的一种重要的数据处理过程。下面我们以一种将 $n$ 个数据组成的数组按数值从大到小排列，再输出其中数值最大的 $N$ 个数据的应用为例，讲解如何使用脉动算法进行处理。图 6-5a 所示的是用来对数值最大的 $N$ 个数据进行排序的一维脉动阵列及其 PE[13]。一维排列上的 $N$ 个 PE 都具有寄存器，用来保存临时最大值 $X_{max}$，当输入 $X_{in}$ 比 $X_{max}$ 大时将 $X_{max}$ 更新为 $X_{in}$。临时最大值更新时将原本的 $X_{max}$ 输出到右侧的 PE，没有更新时则将 $X_{in}$ 输出到右侧的 PE。不断重复这个过程直到最后第 $N$ 个数据进入 PE，数值最大的 $N$ 个数据就会从左到右按顺序存放在各个 PE 的寄存器中。整个电路的运行过程如图 6-5b 所示。采用

由 $N$ 个 PE 组成的脉动阵列对 $n$ 个数据进行部分排序，总共需要 $(N+n-1)$ 个步骤。

图 6-5a 左图所示的脉动阵列包含控制用输入信号 reset、mode、shiftRead。当 reset 有效时，所有 PE 内的临时最大值寄存器被初始化。mode 信号用来选择电路为排序模式（输入为 1 时）或读取结果模式（输入为 0 时）。shiftRead 是用来将排序结果从大到小逐一读出的信号。如图 6-5b 中 $t=6$ 时的电路状态所示，最大值存放在最左侧具有输入 / 输出端口的 PE 中。此时，脉动阵列可被当作移位寄存器，shiftRead 作为移位控制信号，使用 $Z_{out}$ 和 $Z_{in}$ 的连接依次读取数据。

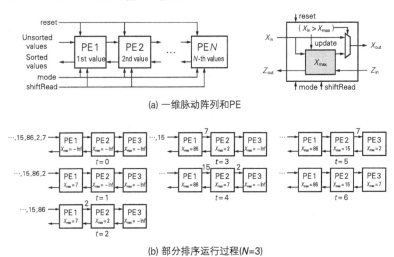

(a) 一维脉动阵列和PE

(b) 部分排序运行过程($N=3$)

**图 6-5　部分排序的脉动算法** [13]

### 6.3.3　基于一维脉动阵列的矩阵向量相乘

矩阵向量相乘运算 $Y=AX$ 也可以采用一维脉动阵列实现。运算元素数为 $N \times N$ 的矩阵所需 PE 的个数为 $N$。图 6-6 为 $N=4$ 时矩阵向量相乘的一维脉动阵列示例。向量 $X$ 的各要素从左到右，矩阵 $A$ 各行从上到下依次输入到一维线性排列的 PE 进行运算。各个 PE 将向量 $X$ 的元素 $x$ 和矩阵 $A$ 各行要素 $a$ 相加，将结果向量 $Y$ 各元素的中间结果暂存到寄存器

$y_i$ 中。所有 PE 每一步计算一次 $y_i=y_i+ax$，并将 $x$ 值输出到右侧的 PE。

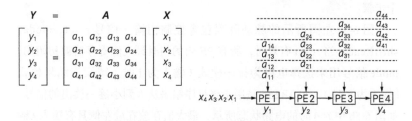

**图 6-6　矩阵向量相乘的脉动算法** [14]

首先在运算开始前将所有 PE 中的寄存器 $y_i$ 初始化为 0。第一步在 PE1 中计算 $y_1=0+a_{11}x_1$。随后，PE1 中的 $y_1=y_1+a_{12}x_2$ 和 PE2 中的 $y_2=0+a_{21}x_1$ 运算并行进行。向 PE1~PE4 输入的各行元素依次延迟一步，这样各个 PE 运算所需的数据都会在恰当的时间点输入。不断重复这个过程直到最后一个矩阵元素输入到 PE4，各 PE 中寄存器所组成的 $y_1$~$y_4$ 的值即为所求向量 **Y** 的值。由于矩阵各行的输入时间依次错开，完成运算所需总步数为 $2N-1$。

### 6.3.4　基于二维脉动阵列的矩阵相乘

将上一节的一维脉动阵列扩展到二维，形成网格状排列的二维脉动阵列，就可以进行矩阵相乘运算 **C**=**AB**。矩阵大小为 $N \times N$ 的话，需要由 $N^2$ 个 PE 构成的 $N \times N$ 纵横排列的脉动阵列。图 6-7 为 $N=4$ 时的示例。和基于一维脉动阵列的矩阵向量相乘相同，从阵列左侧和上方将矩阵 **A** 和 **B** 各行依次错位输入。PE 的功能和之前也一样，运算开始前将内部寄存器初始化为 0。当矩阵最后一个元素 $a_{44}b_{44}$ 输入到 PE44，所有 PE 中的寄存器值组成所求矩阵 **C**。运算所需总步数为 $3N-2$。

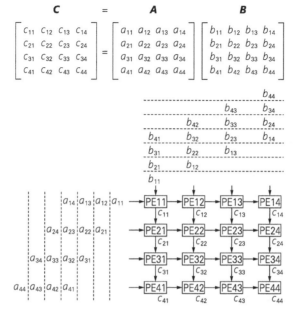

图 6-7　矩阵相乘的脉动算法 [14]

### 6.3.5　基于可编程脉动阵列的模板计算和流体力学计算应用

上述示例中所采用的 PE 的功能相对比较简单。此外还有一些复杂案例，例如为计算流体力学（Computational Fluid Dynamics，CFD）等应用实现任意模板计算（stencil computation）的可编程脉动阵列 [15~17]。

图 6-8 是一个用于模板计算的脉动计算存储器阵列及其 PE 结构的示例。该阵列是一个 PE 纵横连接的二维构造。如图 6-8b 所示，PE 由运算器、本地存储器、将数据传输到东西南北（E、W、S、N）的交换电路，以及用于控制这些部件的可编程序列发生器（sequencer）构成。由于架构中各个 PE 包含相对较大的本地存储器，整个阵列不但可以运算还可作为数据存储器，因此被称为计算存储器。运算器可进行浮点数的乘法和加法。本地存储器中存储一部分运算数据。整个系统由微程序控制，通过各个 PE 从相邻 PE 或本地内存重复读取数据并处理的过程来实现各种各样的运算。

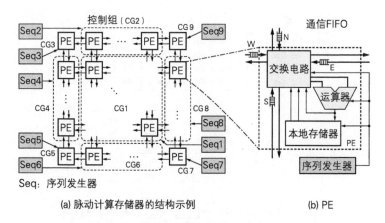

(a) 脉动计算存储器的结构示例 (b) PE

**图 6-8 脉动计算存储器及其 PE[15~17]**

如图 6-8a 所示，一个脉动计算存储器阵列分为多个控制组（Control Group，CG），各控制组内的 PE 由统一序列发生器控制，按 SIMD 架构并行处理。图例中总共有 9 个控制组，分别分布在二维阵列的内部、四边和四个角落。这是因为在流体计算等应用中，虽然阵列内部的运算是统一的，但周边的 PE 通常需要根据边界条件进行不同的运算。

图 6-9 展示的是模板计算的伪代码和一个 $3 \times 3$ 二维星形模板计算的示例。如图 6-9b 所示，模板计算是针对二维阵列上的某个元素，根据其周围元素的值计算新值并更新的计算。计算所参照的临近数据区域范围被称为模板。图例中的 $3 \times 3$ 二维星形模板是一种较为常用的模板。在二维数据处理中，通常对所有元素的值采用同一模板、同一计算来进行更新。

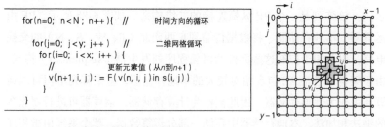

(a) 二维循环模板计算的伪代码 (b) 二维网格和 $3 \times 3$ 星形模板

**图 6-9 二维模板计算 [15~17]**

图 6-9a 所示的是二维模板计算的伪代码，其中包含三重循环，分别是纵、横方向的循环，以及按时间顺序对全部元素更新的时间方向循环 $n$。循环体内的函数 $F()$ 描述针对模板内数据进行的某种运算。函数 $F()$ 通常采用下面这种带权重的积和运算。

$$v(i,j):=c_0+c_1v(i,j)+c_2v(i-1,j)+c_3v(i+1,j)+c_4v(i,j-1)+c_5v(i,j+1)$$

这里的 ":=" 表示对变量进行计算并更新。图 6-8b 中的 PE 针对本地存储器中的部分元素，依据序列发生器的微程序按照上述公式进行模板计算。佐野等学者在文献 [15~17] 中提出了一种利用 Fractional-Step 方法，从系数不同的重复的模板计算中探测流动现象的脉动算法，并采用图 6-8a 所示的脉动计算存储器阵列进行了验证。

## 6.4 数据流机

冯·诺依曼架构是当今主流的计算机架构，它从程序计数器所指向的指令存储器地址读取指令并执行。而数据流机 [①] 是一种只要输入数据就能进行运算的非冯·诺依曼架构 [18]。冯·诺依曼架构计算机必须从指令存储器读取指令，这也是其本质上的性能瓶颈所在，而数据流机则不存在这个问题。图 6-10 对冯·诺依曼架构计算机和数据流机进行了比较。从图中我们可以看出，相对于冯·诺依曼架构一边从存储器读取指令和数据一边运算的形式，数据流机只需要将数据单方向流过硬件即可完成运算。

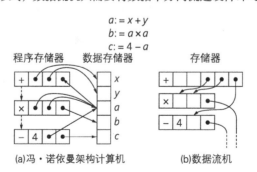

图 6-10　冯·诺依曼架构计算机和数据流机的比较
（文献 [18]，第 370 页图 2）

---

① 也被称为数据驱动方式。

数据流机将对象程序转化为数据流图后执行处理。图 6-11 列出了数据流图中使用的数据流节点类型。Fork 为数据复制，Primitive Operation 按描述进行算术运算并输出结果，Branch 根据条件信号的值（T 或 F）控制数据的流向分支，Merge 则根据条件信号的值选择输入数据并输出。图 6-12 给出了图 6-10 中示例的数据流图。图中的"○"表示运算中传递的数据，被称为"令牌"（token）。本节中令牌所包含的数字代表该处数据的数值。首先，当加法器的两个输入令牌都准备好时运算开始。其次，加法器运算的结果作为令牌输出。然后，乘法器和减法器的输入令牌都到位后运算开始。像这样，用数据流图表示程序就可以清晰地发现数据的并行性。

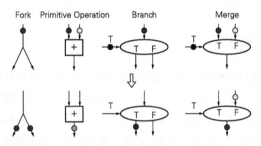

图 6-11 数据流节点

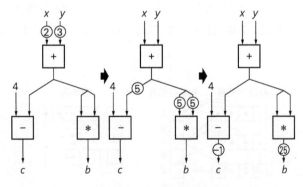

图 6-12 数据流图示例

和冯·诺依曼架构计算机一样，数据流机也可以实现条件分支和循环。图 6-13 为分支示例。分支基于 Branch 节点和 Merge 节点实现。当令牌到来时，先执行 Branch 节点再将结果送入运算节点。Merge 节点对条件进行判断，条件为真时输出令牌 T，条件为假时输出令牌 F。图 6-14 为循环示例。循环通过不断更新 Merge 节点的初始值，在退出循环条件满足前由 Branch 节点控制不断重复运算来实现。数据流机中的循环有两种实现方式：一种是将循环完全展开，全部以数据流的方式实现，称为静态数据流机；另一种是只实现循环体的数据流，之后的循环复用同一组硬件的动态数据流机。静态数据流机是比较直接的数据驱动处理方式，但多数情况下数据流图的规模会变得十分庞大，鉴于现实中数据流机有限的硬件资源，这个方式很难实现。而另一方面，动态数据流机为了复用循环体内的运算器，需要设置额外的控制电路，否则如果发生循环间令牌混乱的情况就难以保证计算结果的正确性。例如，在图 6-13 和图 6-14 所示的循环中，如果 $y$ 在 $x$ 更新前改变的话就无法得到预期的运算结果。

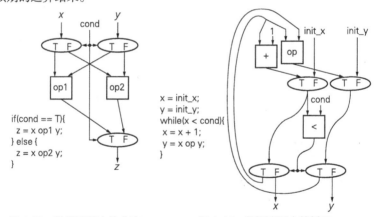

图 6-13　数据流图中的分支　　图 6-14　数据流图中的循环

在动态数据流机中，为了区别各次循环中的令牌，可以为令牌加上标号，这被称为带标号令牌（tagged token）方式，也可以按颜色区分令牌，这被称为有色令牌方式。将令牌用标号区分后就可以对持有相同标号的令牌进行运算，从而保证结果的正确性。

### 6.4.1 静态数据流机

静态数据流机经常用于节点的运算功能和运算数混合存在的场合。MIT 的 Dennis 等人提出的数据流机中，数据流图的节点可通过运算种类、运算数以及存放结果的目的单元等信息进行定制，这些信息以令牌包的形式传入节点。不过因为令牌不带有标号，所以只能处理不包含循环的静态数据流图。图 6-15 展示了静态数据流机架构的硬件框图和各个命令单元的结构。图 6-15a 中的指令单元用来保存上述节点信息，静态数据流机中含有有效信息的全部指令单元联合组成了所要实现的目标数据流图。

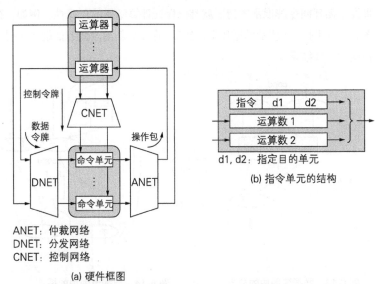

ANET：仲裁网络
DNET：分发网络
CNET：控制网络

(a) 硬件框图

d1, d2：指定目的单元

(b) 指令单元的结构

**图 6-15　静态数据流机（文献 [19]，第 749 页）**

下面对运算处理的过程进行说明。假设某个指令单元的运算数已准备好，指令单元会通过 ANET 发出操作包，其中包含了运算类型、运算数和存放结果的目的单元信息。运算结果以数据令牌的形式通过 DNET 传输到目的单元（图 6-15b 中的 d1 和 d2），并写入指定指令单元内的运算数部分。然后继续重复这个过程就可以实现一连串的数据驱动运算。

### 6.4.2 动态数据流机

动态数据流机经常用于节点的运算功能和运算数分离的场合。这种方式的优势是数据流图和实际的数据分离，可以采用带标号令牌实现循环处理。MIT 的 Arvind 等人所提出的动态数据流机如图 6-16a 所示，由 $N$ 个 PE 和一个 $N \times N$ 的连接网络组成。图 6-16b 为指令的格式：op 代表指令；nc 为包含的常数个数；nd 为存储位置的个数；常数 1 和常数 2 代表常数的存储位置。存储位置的信息由 4 个参数决定：s 表示存储位置指令的状态编号；p 表示存储位置指令的输入端口编号；nt 表示存储位置指令所需运算数的个数；af 为决定存储位置的指令分配到哪个 PE 上执行的函数（分配函数）。而实际的运算数据则由数据令牌表示，即程序（数据流图）和数据是完全分离的。数据令牌由存储位置指令的状态编号、标号（颜色）、存储位置指令的输入端口编号，以及存储位置指令的运算数组成。在动态数据流机中，即便是相同的数据流图处理的数据，根据控制标号的变化就可以实现循环处理。

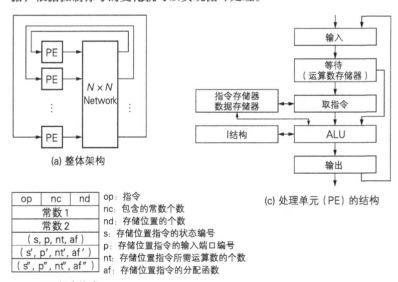

(a) 整体架构

| op | nc | nd |
|---|---|---|
| 常数 1 | | |
| 常数 2 | | |
| ( s, p, nt, af ) | | |
| ( s', p', nt', af' ) | | |
| ( s", p", nt", af" ) | | |

(b) 指令格式

op：指令
nc：包含的常数个数
nd：存储位置的个数
s：存储位置指令的状态编号
p：存储位置指令的输入端口编号
nt：存储位置指令所需运算数的个数
af：存储位置指令的分配函数

(c) 处理单元（PE）的结构

**图 6-16 动态数据流机（文献 [19]，第 757~758 页）**

PE 的结构如图 6-16c 所示,其运算流程如下。首先输入模块从连接网络或自身的输出接收数据令牌,然后等待模块利用数据令牌中的状态编号和标号信息,在运算数存储器中进行相连检索判断运算所需的全部运算数是否都已准备好。比如二元运算需要两个运算数,如果其中的一个运算数已经输入进来了,就应该已经写入运算数存储器。因此,根据相连检索就可以知道运算所需的运算数是否都已到位。如果运算所需的运算数全部准备就绪,接下来取指令的模块利用存储位置指令的状态编号,从指令存储器读取运算信息,同时将新输入的运算数和之前输入的运算数分别从等待模块和运算数存储器中读取出来,这样运算所需的全部信息就都准备好了。最后,在 ALU 中进行运算并将结果根据存储位置指令的信息以数据令牌的形式输出,这样就完成了 PE 运算的一连串动作。

此外,I 结构是一个为数组等简单数据结构提供等待功能的模块。在按数据驱动方式处理数组访问时,可能会有数组元素在生成之前就被请求读取的情况发生。为了保证数据在写入之后再被读取,需要对每个元素设置一个存在标志位(presence bit),标志位值为 1 时表示数据已写入,为 0 时表示数据还未写入。这样,在数据读取时如果标志位值为 0,就会一直等待到该值被写入后再继续运算。这种做法可以在硬件层面保证数据访问的同步性。

在本节,我们对静态和动态两种数据流机进行了简要地介绍。我们可以看出两者的运算和控制方式有着很大的不同。本节中所介绍的是第一代数据流机架构,第二代之后的架构请参阅文献 [20, 21] 等。

### 6.4.3 Petri 网

数据流机是基于表示系统状态的图来实现的,此外还有一种表示信号输入 / 输出的图,称为 Petri 网(petri net)。信号转换图(Signal Transition Graph,STG)是 Petri 网的一个子类,通常被用来描述并行系统和异步系统。

Petri 网是由库所(place)和变迁(transition)两类节点以及有向弧组成的二分图。此处我们用记号〇表示库所,用记号 | 表示变迁。使用

Petri 网描述系统时，系统的状态或条件用库所表示，系统状态迁移的发生和完成等事件用变迁表示。这样，库所→变迁的有向弧表示现象的发生及其前提条件，变迁→库所的有向弧表示事件发生后的状态以及和成立条件的关系。此外，可以在库所内使用记号●来描述令牌，并可按照 Petri 网的规则移动，以此来描述系统的行为。

我们可以用 Petri 网来表示数据流机的行为，例如图 6-17 所示的数据流图可以用图 6-18 的方式表示。首先将令牌放在输入数据所对应的库所处，用来表示数据的输入。代表运算的变迁发生（fire）的条件是连接在变迁的全部输入中至少存在一个令牌。变迁发生后，输出库所产生一个令牌。这样，我们就可以使用 Petri 网清晰地描述数据流机及其行为。此外，还可以用图 6-19 所示的方式对并行、同步等 Petri 网的基本行为进行描述。

对 Petri 网及并行处理的描述感兴趣的读者可以参考文献 [23, 24] 等。

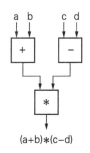

图 6-17　数据流图示例

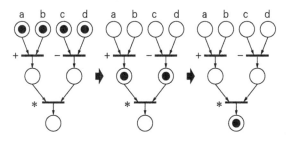

图 6-18　Petri 网示例

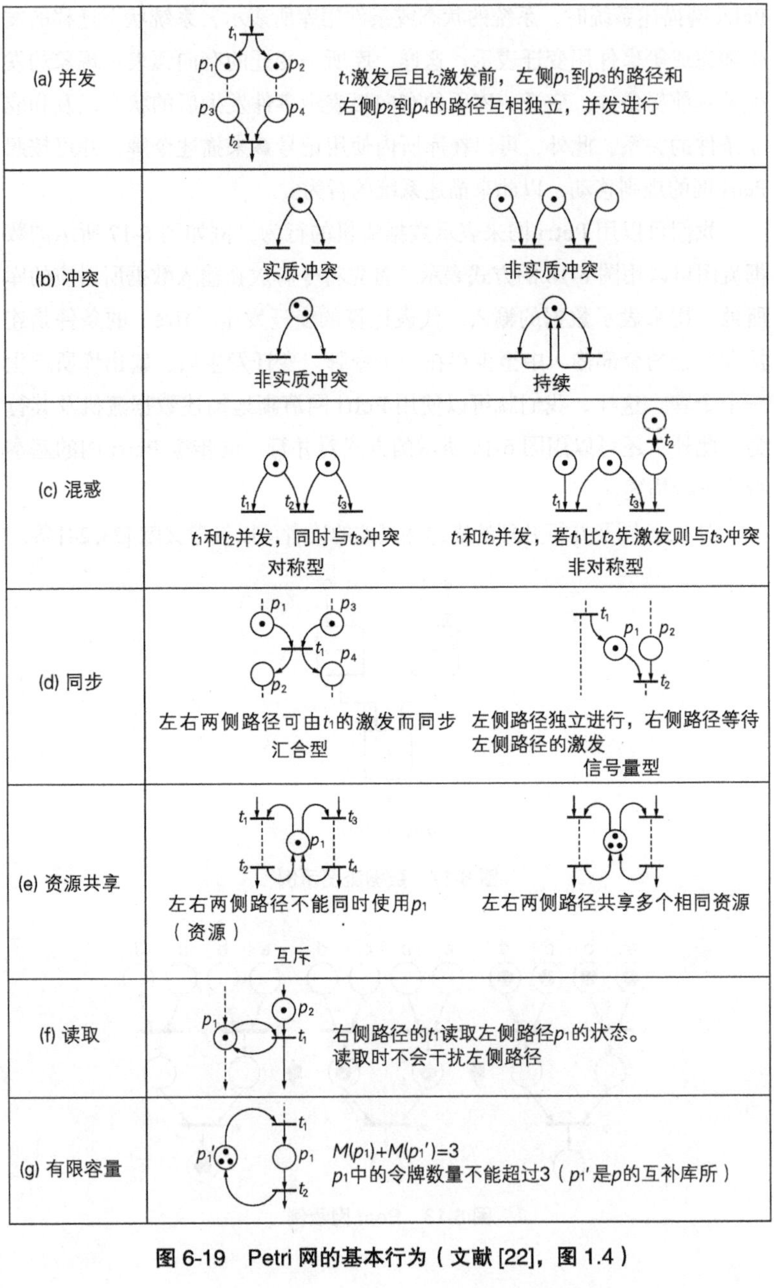

| | | |
|---|---|---|
| (a) 并发 | | $t_1$激发后且$t_2$激发前，左侧$p_1$到$p_3$的路径和右侧$p_2$到$p_4$的路径互相独立，并发进行 |
| (b) 冲突 | 实质冲突　非实质冲突 非实质冲突　持续 | |
| (c) 混惑 | $t_1$和$t_2$并发，同时与$t_3$冲突 对称型　　　　$t_1$和$t_2$并发，若$t_1$比$t_2$先激发则与$t_3$冲突 非对称型 | |
| (d) 同步 | 左右两侧路径可由$t_1$的激发而同步 汇合型 | 左侧路径独立进行，右侧路径等待 左侧路径的激发 信号量型 |
| (e) 资源共享 | 左右两侧路径不能同时使用$p_1$（资源） 互斥 | 左右两侧路径共享多个相同资源 |
| (f) 读取 | | 右侧路径的$t_1$读取左侧路径$p_1$的状态。读取时不会干扰左侧路径 |
| (g) 有限容量 | | $M(p_1)+M(p_1')=3$ $p_1$中的令牌数量不能超过3（$p_1'$是$p$的互补库所） |

图 6-19　Petri 网的基本行为（文献 [22]，图 1.4）

## 6.5 流处理

### 6.5.1 定义和模型

针对逐个输入的数据序列，持续地依次处理其中各个元素的方式被称为流处理（stream processing）[25-27]。数据元素可以是单一标量数据，也可以是包含多个字的向量数据。流处理每次只能处理一个元素，虽然元素增多（数据流增长）时处理时间会成比例增加，但是这也意味着只要付出时间就可以处理巨大的数据集。流处理器自身并不包含保存全部流数据的存储器，数据流通常从外部存储器、网络或是传感器输入。因此，例如要对来自网络上无数的、不间断的服务器请求信息进行统计，又无法将如此大量的数据存储下来，就可以使用流处理的方式。另外，从外部存储器上读取数据流时，流处理通常从规则、连续的地址空间读取数据，因此具有可充分利用内存带宽的优势。

处理流数据元素的处理单元称为处理核（kernel）。图 6-20 为基于单一处理核进行流处理的模型。虽然输入的是数据流，根据处理的种类不同，输出可以是数据流也可以是其他形式。如图 6-21 所示，也可以连接多个相互依存的处理核，联合进行数据流处理。这就相当于使用数据流图进行数据流处理，处理核相当于数据流图中的节点。

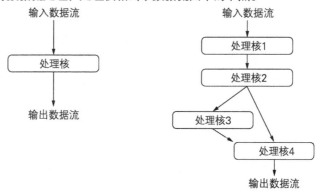

图 6-20　基于单一处理核的流处理　　图 6-21　基于多个处理核的流处理

## 6.5.2 硬件实现方式

流处理有各种各样的实现方法。首先可以使用软件实现高吞吐量的流处理系统，例如在通用微处理器中嵌入向量指令或 SIMD 指令。这类指令可以高速处理固定长度的向量数据。然而，通用处理器由于并行能力有限、内存层级较深等原因，其处理数据流输入 / 输出的效率不高。因此通常会采用硬件的方式实现高性能的流处理系统。

高性能流处理硬件的架构通常包含可同时进行大量运算操作的并行机制，例如流水线、脉动算法、数据流机等。以图 6-21 所示的系统为例，如果有足够多的硬件资源来实现图中由多个处理核组成的流处理结构，每个处理核都作为一级流水线相互连接，最终就能形成一个大型流水线设计。这样的系统可以达到吞吐量为 1 的流处理，即每个时钟周期都可以进行数据的输入 / 输出。

下面探讨硬件资源不充裕时的设计方法。这种情况下，硬件资源不足以实现所有处理核，需要各个核心共享硬件资源，因此会导致单位处理时间的延长。还以图 6-21 为例，我们假设硬件资源只够实现半数处理核的情况。此时，可以像图 6-22a 所示的那样减少模块的数量，比如第一个模块可以实现处理核 1 和处理核 2，第二个模块可以实现处理核 3 和处理核 4，通过动态切换它们的工作模式来实现原本的四个处理核的功能。这种方式会将原数据流图折叠变小后映射到硬件，因此被称为折叠（folding）法，硬件的时分复用过程如图 6-22b 所示。首先处理核 1 对输入数据进行处理，然后切换到处理核 2 进行处理。处理核 3 和处理核 4 也按照同样方式运行。这样的系统设计导致处理周期翻倍，吞吐量会降低到原来的二分之一，但可以在硬件资源有限的情况下实现流处理。

在之前的示例中处理核都是一直运行，其硬件利用率为 100%。而上述的折叠法示例中，理论上重叠部分的处理核节点的利用率超过了 100%，其结果就是吞吐量降低。然而在实际系统中，有很多原本利用率就不到 100%，与其他电路加起来也低于 100% 的处理核，例如分支处理等。复用这类模块虽然需要引入复杂的控制电路，但可以实现减少硬件资源消耗的同时保持利用率。图 6-23 就是一个利用率不到 100% 的系统通过折叠优化设计的示例。图 6-23a 所示的流处理包含一个条件分支，两个算式 $(x+yz)$ 和 $(xy+z)$ 的运算同时进行，其结果通过选择器分别以 90% 和 10% 的比例被选择输出。从中我们不难发现两个算式具有共通的部分，可以通过复用运算器的方式设计出支持两种运算的模块。图 6-23b 就是这样一种设计，其中包含一个加法器和一个乘法器，然后在运算器输入处插入数据选择器，以便在两种算式模式间切换。因为两种运算不需要同时工作，这种设计方法可以实现在不增加时钟周期的条件下降低硬件资源使用量。

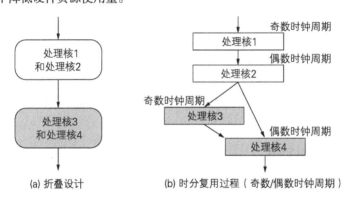

图 6-22　基于折叠法减少数据流处理的硬件资源消耗

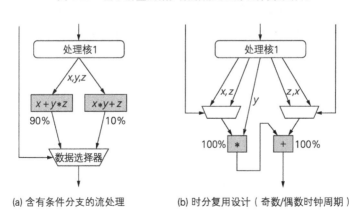

图 6-23　利用率不到 100% 的硬件折叠优化设计

另外，如果连续处理的多个数据之间存在依赖关系，在流处理过程中插入延迟缓冲存储器就可以解决。例如在图 6-24 中，假设处理核 1 当前输出为 $e_i$，如果处理核 2 的输入还要求提供过去的结果 $e_{i-1}$ 和 $e_{i-3}$，就可以采用图中所示的三级寄存器串联形成的延迟缓冲存储器。下一节中，我们以模板计算为例介绍使用延迟缓冲器的流处理系统。

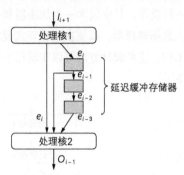

图 6-24　通过延迟缓冲器解决连续数据处理的依赖问题

## 6.5.3　计算实例

图 6-25 是一个数组求平均值的流处理示例。示例中的处理核有两个寄存器：acc 和 num_total。寄存器在开始时都初始化为 0。当一个数组元素从 in 输入，acc 对该元素的值进行累加，而 num_total 自行加 1。每个时钟周期都将 acc 和 num_total 相除后的值赋给 avg，表示该时间点的平均值。

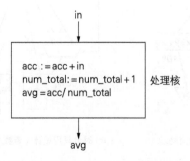

图 6-25　数组求平均值的流处理硬件

图 6-26 是一个以图 6-9 的二维循环模板计算为对象，实现二维循环模板计算的流处理硬件示例。图 6-9b 中按 $x$ 方向遍历元素，可生成元素数据流 $v_{i,j}$。处理核中的函数 $F()$ 负责进行 $3 \times 3$ 模板运算，从 5 个输入数据 $\{v_{i,j+1}, v_{i+1,j}, v_{i,j}, v_{i-1,j}, v_{i,j-1}\}$ 计算元素 $(i, j)$ 的值。该运算不但涉及当前输入元素的值，还要用到之前和之后输入的元素，因此需要使用延迟缓冲存储器来实现 [28]。这里的缓冲存储器也被称为模板缓冲存储器。

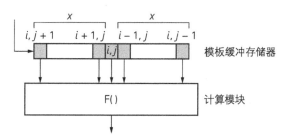

图 6-26 $3 \times 3$ 模板计算（图 6-9）的流处理硬件

假设二维阵列的宽度为 $X$，则模板缓冲器所使用的移位寄存器的长度为 $(2X+1)$，并如图 6-26 所示有 5 个读取端口分别对应 $\{v_{i,j+1}, v_{i+1,j}, v_{i,j}, v_{i-1,j}, v_{i,j-1}\}$。在目标元素 $(i, j)$ 输入之后的第 $X$ 个时钟周期，该元素正好移动到模板缓冲器的中央，此时可以同时读取星形模板内的五个数据。计算模块就可以使用这些数据一次性算出 $(i, j)$ 的值。因此，二维模板计算的缓冲器大小和阵列宽度成正比。而三维模板计算的缓冲器大小则和截面面积成正比。由于三维模板计算比二维需要更大的缓冲器，可能会有片上存储容量不足的情况发生。此时，可以采用将阵列分割为多个小型的子阵列，再依次逐一处理的方法。

图 6-27 是用于不可压缩流体计算的流处理硬件示例，它由多个计算阶段组成。流体计算通常采用如图 6-27a 所示的由四个阶段构成的分步算法（fractional step algorithm）[15, 29]。各阶段进行的都是在正交网格上参照相邻元素的模板计算。因此各阶段和图 6-26 类似，都是由模板缓冲器和计算模块组合，实现吞吐量为 1 的流处理硬件。将各个计算阶段的硬件相连，就能得到针对某一时刻进行流体计算的多阶段流处理硬件 [29]。泊松方程式循环求解部分的实现是，将 $n$ 个一次循环的模板计算硬件并

行罗列。其中 $n$ 的取值通常基于经验，循环求解通常是迭代求解过程，直到残差收敛到足够小，而经验上该过程都能在某个迭代次数 $n$ 之内完成。这是针对循环次数不定的问题的一种解决方法，针对具体实际问题是否可行还需经过充分的论证。

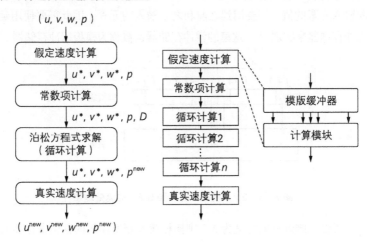

(a) 基于分步算法的流体计算　　　　　　　(b) 多阶段结构的流处理硬件

**图 6-27　不可压缩流体计算及其流处理硬件**

## 6.6　细胞自动机

细胞自动机（cellular automata）是基于网格状单元和简单规则的离散计算模型，由冯·诺依曼等人在 20 世纪 40 年代提出 [30]。细胞自动机被广泛应用到可计算性理论、数学、物理学、复杂适应性系统、数理生物学、微观结构建模等领域，可以对生命现象、晶体生长、湍流等复杂自然现象进行模拟。细胞自动机由具有有限个状态的细胞构成，经过离散时间后每个细胞的状态发生变化 [31]。某时刻 $t$ 上细胞的状态和邻居细胞的内部状态决定着下一时刻 $t+1$ 上各个细胞的变化。邻居有两种，一种是考虑上下左右细胞状态的冯·诺依曼型邻居，另一种是考虑全部八个周边细胞状态的摩尔型邻居。以图 6-28 所示的冯·诺依曼型邻居为例，若每个单元可

能的状态数为 $K$，全部 5 个单元总共有 $K^5$ 种状态。因此，基于冯·诺依曼型邻居的细胞自动机存在 $(K^{K^5})$ 个规则。一种广为人知的细胞自动机是生命游戏，它采用冯·诺依曼型邻居（$K=2$），并由下述规则定义。

- 诞生：如果死亡细胞的周围有 3 个生存细胞，则该细胞在下一轮转为生存状态。
- 维持：生存细胞的周围如果有 2 个或 3 个生存细胞，则该细胞在下一轮维持生存状态。
- 死亡：上述之外的情况下细胞在下一轮死亡。

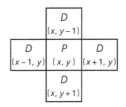

图 6-28　冯·诺依曼型邻居

生命游戏具有类似生物繁殖的复杂性和多样性。

细胞自动机的仿真大多基于有限个细胞进行。一般会采用有限的四边形结构来实现，但边界部分会出现问题。可以将边界全部定义为常数，但缺点是需要增加规则。还有一种方法是采用环面结构 [32]。用环面法将四边形的上下左右各自相连，相当于一个用四边形填充的无限大的平面，这样就可以模拟无数个四边形。图 6-29 是一个在 3×3 的网格上放置 PE 并以环面连接的细胞自动机模拟电路。例如仿真生命游戏时，PE 保存着各个细胞的状态，每个时钟周期按上述规则执行，在下一时钟周期更新状态。

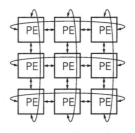

图 6-29　基于 3×3 PE 的细胞自动机模拟电路

这种从输入/输出到运算全部可以并行的细胞自动机模拟电路非常适合在 FPGA 上实现，其性能可以轻易超越冯·诺依曼架构。特别是细胞规则的运算层数越深，越能体现流水线的高吞吐量处理能力。近些年，除了传统的电路或器件，还有从材料角度实现更加物理化的细胞自动机的尝试 [33]。将这些实现方法和 FPGA 相结合，非常有希望取代传统的冯·诺依曼型架构。

## 6.7　硬件排序算法

将由 $n$ 个元素组成的乱序数列按升序（或降序）重新排列的过程被称为排序。利用 FPGA 对排序进行硬件加速的应用领域有数据库、图像处理、数据压缩等。下面介绍两种适合在硬件上实现的排序算法：排序网络和归并排序树。

最简单的硬件排序算法是基于冒泡排序的排序网络 [34]。该算法可以并行地对相邻 2 个元素进行排序。图 6-30 是一个 4 个元素排序网络示例。排序网络由连线和用来排序相邻元素的交换单元（Exchange Unit，EU）组成。连线的数量和元素的数量一致。每个元素最多通过 $n-1$ 级 EU。排序网络可用流水线方式实现从而提升吞吐量。然而，由于排序网络需要和元素数量 $n$ 等量的连线，布线和 EU 都要占用大量的硬件资源。最为高效的排序网络是 Batcher 等人提出的 Batcher 奇偶排序网络 [35]。

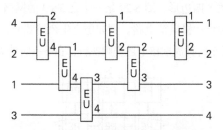

图 6-30　对 4 个元素进行排序的排序网络

另一种硬件排序算法是归并排序树 [36]。其中 EU 按照二叉树的结构互联，输入/输出使用 FIFO 实现，全部 EU 的排序处理可并行进行。

图 6-31 是对 4 个元素进行排序的归并排序树示例。排序的对象数列并行
输入归并排序树，每个层级的 EU 将排序后的数列送到下一层级的输入 FIFO。
这样，通过在层级间插入流水线寄存器就可以提高系统整体吞吐量。

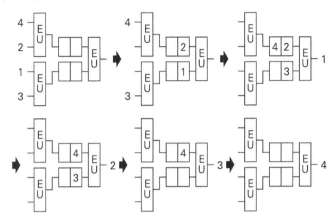

图 6-31　对 4 个元素进行排序的归并排序树

文献 [37] 还提出了一种结合使用排序网络和归并排序树的实现方
法，该排序硬件可以在 FPGA 上达到良好的面积和性能的平衡。

## 6.8　模式匹配

模式匹配是 FPGA 上的一个典型应用，其目的是在数据中按给定模
式进行搜索。模式匹配算法有很多，大致可分为精确匹配、正则表达式
匹配和近似匹配 3 类。本节针对这几种匹配方式，分别对其相应的硬件
算法进行介绍。

### 6.8.1　精确匹配

精确匹配中模式的长度是固定的，模式的元素除了 0 和 1 之外，还
有两个值都可匹配的 "don't care" 状态。精确匹配一般使用 CAM
（Content Addressable Memory）存储器实现 [38]。下面就对在 FPGA 上实
现 CAM 的索引生成单元（Index Generation Unit，IGU）[38] 进行介绍。

表 6-2 是索引生成函数 $f$，其分解表如表 6-3 所示。其中列标签为 $X_1 = (x_2, x_3, x_4, x_5)$，行标签为 $X_2 = (x_1, x_6)$，表中的值表示函数值。该表中非零元素最多只有一个，因此函数 $f$ 可以实现以 $X_1$ 作为地址的主存储器。主存储器将 $2^n$ 个元素的集合映射到 $k+1$ 个集合当中。主存储器只输出 $f$ 的值，然而不使用 $X_2$ 的值查询的话就无法确认 $f$ 的值是否正确。此时要附加辅助存储器，辅助存储器中包含主存储器中向量所对应的 $X_2$ 的值。然后通过比较器和输入 $X_2$ 相比较，就能对主存储器的值进行判断正误。图 6-32 为 IGU 的框图。$X_1$ 位宽为 $p$，将其输入主存储器后查询得到输出 $q$。使用 $q$ 在辅助存储器查询得到 $X_2'$。将 $X_2'$ 和输入的 $X_2$ 相比较，如果它们的值一致则输出 $q$，否则输出向量 0。

表 6-2　索引生成函数的示例

| $x_1$ | $x_2$ | $x_3$ | $x_4$ | $x_5$ | $x_6$ | $f$ |
|---|---|---|---|---|---|---|
| 0 | 0 | 0 | 0 | 1 | 0 | 1 |
| 0 | 1 | 0 | 0 | 1 | 0 | 2 |
| 0 | 0 | 1 | 0 | 1 | 0 | 3 |
| 0 | 0 | 1 | 1 | 1 | 0 | 4 |
| 0 | 0 | 0 | 0 | 0 | 1 | 5 |
| 1 | 1 | 1 | 0 | 1 | 1 | 6 |
| 0 | 1 | 0 | 1 | 1 | 1 | 7 |

表 6-3　索引生成函数的分解表的示例

| | | | | | | | | | | | | | | | | | |
|---|---|---|---|---|---|---|---|---|---|---|---|---|---|---|---|---|---|
| | 0 | 0 | 0 | 0 | 0 | 0 | 0 | 0 | 1 | 1 | 1 | 1 | 1 | 1 | 1 | 1 | $x_5$ |
| | 0 | 0 | 0 | 0 | 1 | 1 | 1 | 1 | 0 | 0 | 0 | 0 | 1 | 1 | 1 | 1 | $x_4$  $X_1$ |
| | 0 | 0 | 1 | 1 | 0 | 0 | 1 | 1 | 0 | 0 | 1 | 1 | 0 | 0 | 1 | 1 | $x_3$ |
| | 0 | 1 | 0 | 1 | 0 | 1 | 0 | 1 | 0 | 1 | 0 | 1 | 0 | 1 | 0 | 1 | $x_2$ |
| 00 | 0 | 0 | 0 | 0 | 0 | 0 | 0 | 0 | 1 | 2 | 3 | 0 | 0 | 0 | 4 | 0 | |
| 01 | 0 | 0 | 0 | 0 | 0 | 0 | 0 | 0 | 0 | 0 | 0 | 0 | 0 | 0 | 0 | 0 | |
| 10 | 5 | 0 | 0 | 0 | 0 | 0 | 0 | 0 | 0 | 0 | 0 | 0 | 0 | 7 | 0 | 0 | |
| 11 | 0 | 0 | 0 | 0 | 0 | 0 | 0 | 0 | 0 | 0 | 0 | 6 | 0 | 0 | 0 | 0 | |
| $x_6, x_1$ $X_2$ | | | | | | | | | | | | | | | | | |

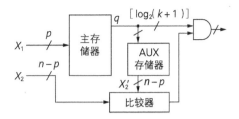

**图 6-32　索引生成单元（IGU）**

图 6-33 是一个实现表 6-2 所示索引生成函数的 IGU 示例。当输入向量 $(x_1, x_2, x_3, x_4, x_5, x_6)=(1, 1, 1, 0, 1, 1)$ 时，首先将 $X_1=(x_2, x_3, x_4, x_5)=(1, 1, 0, 1)$ 输入主存储器，得到索引值 6。其次，将索引值 6 输入辅助存储器，得到 $X_2'=(x_1, x_6)=(1, 1)$。最后比较器将确认一致的信号送到与门，将结果索引值 6 输出。因为 IGU 将 $2^n$ 个元素的集合映射到 $k+1$ 个集合，内存占用量可从 $O(2^n)$ 大幅削减到 $O(2^p)$。

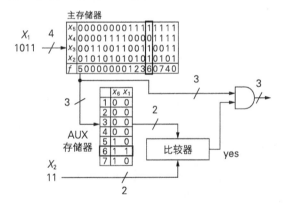

**图 6-33　IGU 动作示例**

关于 IGU 的理论阐述请参阅文献 [38]，关于 FPGA 实现和应用案例请参阅文献 [39, 40]。

### 6.8.2　正则表达式匹配

正则表达式由字符和描述字符集合的元字符组成。使用正则表达式对输入字符串进行匹配，等价于使用同等功能的有穷自动机对输入字符串进行处理。针对某个输入，无法确定迁移状态的自动机被称为非确定性有穷自动机（NFA），而可以确定迁移状态的自动机被称为确定性有穷自动机（DFA）。采用 DFA 方式的实现一般基于 Aho-Corasick 算法 [42]。文献 [43] 中提到一种节省面积的实现方法，即将 Aho-Corasick 自动机按位分割。而 NFA 一般采用 Prasanna 方法 [45]，该方法使用 PC 的移位和 AND 运算 [44] 模拟 NFA 过程，再加上硬件并行的方式实现 NFA。Prasanna 方法也有一些改良版，例如整合多个正则表达式共同部分的方法 [46]，将正则表达式的重复过程映射到 Xilinx FPGA 的 SRL16 模块 [47] 等。

下面基于适合使用 FPGA 实现的 NFA，对正则表达式匹配算法进行介绍。图 6-34 展示了从正则表达式变换为 NFA 的方法。图中的 ε 表示 ε 迁移，灰色表示匹配成功的状态。图 6-35 为正则表达式 "abc(ab)*a" 变换为 NFA 的示例和匹配字符串 "abca" 的过程。图中向量的元素对应 NFA 的各个状态，当前可能的迁移状态用 "1" 表示。图 6-36 为图 6-35 中 NFA 的模拟电路。该电路使用存储器对单个字符进行检索，并将结果送入匹配单元（Matching Element，ME）。ME 模拟状态迁移过程，并输出匹配信号。ME 中的触发器保存着图 6-35 中向量的各个元素值。图中 i 表示来自前一状态的迁移信号；o 表示向下一状态输出的迁移信号；c 表示来自存储器的文字检索信号；ei、eo 和 ε 表示迁移的输入 / 输出信号。

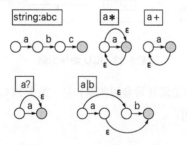

图 6-34　从正则表达式变换为 NFA

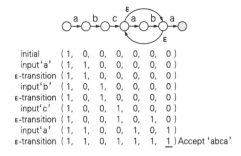

图 6-35 实现 "abc(ab)*a" 的 NFA

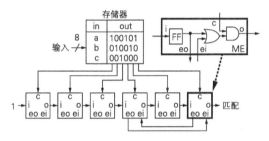

图 6-36 模拟 NFA 的电路

表 6-4 对 NFA[42] 和 DFA[43] 两种并行硬件的复杂度进行了比较。按位分割后可以减少存储器的使用数量，但复杂度 $O(\sum^{ms})$ 不变。当正则表达式的规则数量增加时，DFA 方法的存储器使用量呈指数型增加，因此 FPGA 更适合采用空间复杂度较小的 NFA 实现方式。

表 6-4 复杂度的比较

| | | 按位分割 DFA | Prasanna-NFA |
|---|---|---|---|
| 空间复杂度 | 查找表数 | $O(1)$ | $O(ms)$ |
| | 存储器使用量 | $O(\sum^{ms})$ | $O(ms)$ |
| 时间复杂度 | | $O(1)$ | $O(1)$ |

### 6.8.3 近似匹配

在文本中查找和模式相似的字符串的问题被称为近似字符串匹配。近似字符串匹配通常一边对模式进行删除、置换、插入等处理，一边和文本进行比较。近似匹配在生物信息学中被用于对 DNA 序列或 RNA 序列间的相似性评价。

下面以文本为 ACG、模式为 TGG 的编辑距离求解为例，进行说明。

(1) 从文本 ACG 中删除 A，得到 CG。

(2) 从 CG 中删除 C，得到 G。

(3) 向 G 插入 G，得到 GG。

(4) 向 GG 插入 T，得到 TGG。得到和模式一致的字符串后终止。

这里我们让插入和删除操作的编辑距离为 1。置换操作需要经过插入和删除两个步骤，因此编辑距离为 2。因此上面示例中 ACG 和 TGG 的编辑距离为 4。

图 6-37 是近似字符串匹配系统的示例。宿主 PC 将文本和模式发送到硬件部分。编辑距离计算电路从缓冲存储器中读取一部分文本，然后计算文本和模式的编辑距离。在编辑距离最小时，控制电路将最小编辑距离和表示文本位置的地址输出到 FIFO 保存。文本每次移动一个字符并重复上述处理过程。在所有文本匹配完成后，宿主 PC 从 FIFO 读取最小编辑距离和文本位置，必要时还包括编辑模式。近似字符串匹配中编辑距离的计算最为耗时，因此可以使用 FPGA 进行加速。

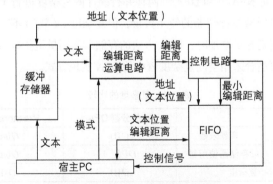

**图 6-37　近似字符串匹配系统框图**

计算两个字符间编辑距离需要使用动态规划算法。Needleman-Wunsch（NW）算法[48]用来计算全部文本和模式间编辑距离的最小值。Smith-Waterman（SW）算法[49]用来计算部分文本和模式间编辑距离的最小值。下面介绍基于动态规划计算两个字符串间编辑距离的最小值的基本算法。

设定模式为 $P=(p_1, \cdots, p_n)$，文本为 $T=(t_1, \cdots, t_m)$，我们可以得到包含 $(n+1) \times (m+1)$ 个顶点的近似字符串匹配图，图中每行每列都代表一个字符并由标签标记。坐标 $(i, j)$ 处为顶点 $v_i$、$g_i$ 的位置。左上角的顶点为原点 $(0, 0)$，横纵坐标向右下角的顶点 $(n, m)$ 方向增大。对于符合条件 $0 \leq i \leq n-1$，$0 \leq j \leq m-1$ 的顶点，$v_{i,j}$ 和 $v_{i+1,j}$、$v_{i,j}$ 和 $v_{i,j+1}$ 间分别存在横、纵方向的连接，$v_{i,j}$ 和 $v_{i+1,j+1}$ 间存在对角线方向的连接。图 6-38 是一个文本为 ACG、模式为 TGG 的近似字符串匹配图的示例。

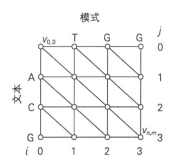

**图 6-38　近似字符串匹配图示例**

我们设定删除的编辑距离为 $s_{\text{del}}$，插入的编辑距离为 $s_{\text{ins}}$，置换的编辑距离为 $s_{\text{sub}}$。其中 $s_{\text{del}}=1$、$s_{\text{ins}}=1$、$s_{\text{sub}}=2$。各顶点 $v_{i,j}$ 的值代表子模式 $P_i=(p_1, p_2, \cdots, p_i)$ 和子文本 $T_j=(t_1, t_2, \cdots, t_j)$ 的编辑距离。各顶点 $v_{i,j}$ 处编辑距离的最小值的计算基于如下递归算式。

$$v_{i,j} = \min \begin{cases} v_{i-1,j-1} + \begin{cases} p_i = t_j & \text{时为 } 0 \\ p_i \neq t_j & \text{时为 } s_{\text{sub}} \end{cases} \\ v_{i-1,j} + s_{\text{ins}} \\ v_{i,j-1} + s_{\text{del}} \end{cases}$$

使用递归方式计算从顶点 $v_{0,0}$ 到顶点 $v_{n,m}$ 的最小编辑距离。该算法具体过程如下：

[算法] 设给定文本 T 和模式 P，它们的长度分别为 $m$ 和 $n$

1: $v_{1,0} \leftarrow i$, $(i=0, 1, \cdots, n)$, $v_{0,j} \leftarrow j$, $(j=0, 1, \cdots, m)$

2: for $j \leftarrow 1$ until $j \leqslant m+n-1$ begin

3:  for $i \leftarrow 1$ until $i \leqslant n$ begin

4:   if $0 < j-i+1 \leqslant m$ 成立，使用算式 1 计算 $v_{i,j-i+1}$

5:   $i \leftarrow i+1$

6:  end

7:  $j \leftarrow j+1$

8: end

9: $v_{n,m}$ 为编辑距离，结束。

假设模式长度 $n$ 远远小于文本长度 $m$。例如生物信息学中的对齐计算，$n$ 大概为 $10^3$ 级别而 $m$ 大概为 $10^9$ 级别。我们将使用递归直接计算最小编辑距离的算法为 Naive 法，并基于该方法计算各个顶点的值。系统中每个 PE 负责近似字符串匹配图中一列的计算 [50]。图 6-39 为基于 Naive 法的 PE 结构。图中 $s$ 代表文本和模式中单个字符的位宽，$n$ 代表模式长度。该电路直接执行递归算法，将文本（t_in）和模式（p_in）输入到下方电路，通过一致性检测电路，然后选择是否累加置换的编辑距离。同时，将各个顶点的编辑距离累加到各自的值当中，通过最小值选择电路输出最小编辑距离。

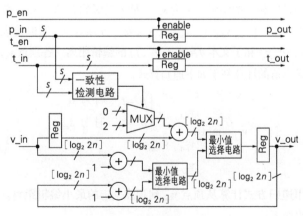

图 6-39　处理单元（PE）

　　PE 每个时钟周期都对顶点值进行计算并输出（图 6-40 中斜框标出的部分）。$t$ 代表时刻，$PE_i$ 负责顶点 $v_{i,j}$ 的运算，下面我们讨论一下数据的依赖关系。递归算法中，$v_{i,j}$ 的计算需要用到 $v_{i,j-1}$，$v_{i-1,j}$，$v_{i-1,j-1}$ 的值。其中，$v_{i,j-1}$ 是 $t-1$ 时刻 $PE_i$ 的输出值，读取 $PE_i$ 的反馈值就可以得到；$v_{i-1,j}$ 是 $t-1$ 时刻 $PE_{i-1}$ 的输出值，直接读取 $PE_{i-1}$ 的输出就可以得到；而 $v_{i-1,j-1}$ 是 $t-2$ 时刻 $PE_{i-1}$ 的值，需要插入一级寄存器延迟以后再读取。将图 6-39 所示的 PE 级联形成的电路，可以在一个时钟周期内一次性地算出近似字符串匹配图的对角线（图 6-41 中斜框标出的部分）。也就是说，采用并行处理器可以对 Naive 算法的第 3~6 行循环进行并行计算。因此，采用上述电路时时间复杂度为 $O(m)$。

　　关于近似字符串匹配 FPGA 实现的详细介绍，可参阅文献 [51]。

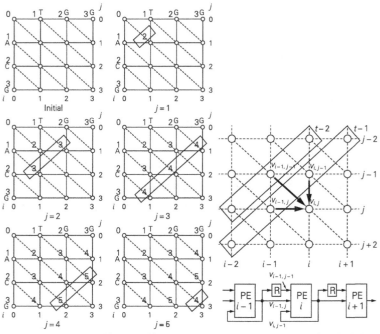

图 6-40　近似字符串匹配算法示例　　　图 6-41　PE 和对应顶点的值

# 参考文献

[1] D.A. Patterson, J.L. Hennessy. Computer Organization and Design, Fourth Edition, Fourth Edition: The Hardware/Software Interface. Morgan Kaufmann Publishers, 2008.

[2] 奥川俊史. 並列計算機アーキテクチャ. コロナ社, 1991.

[3] M.J. Flynn. Some Computer Organizations and Their Effectiveness. IEEE Trans. Computers, 1972, 21(9): 948-960.

[4] D.E. Culler, J.P. Singh. Parallel Computer Architecture, A Hardware / Software Approach. Morgan Kaufmann Publishers, 1999.

[5] A. Peleg, U. Weiser. MMX Technology Extension to the Intel Architecture. IEEE Micro, 1996, 16(4): 42-50.

[6] M. Hassaballah, S. Omran, Y.B. Mahdy. A Review of SIMD Multimedia Extensions and their Usage in Scientific and Engineering Applications. The Computer Journal, 2008, 51(6): 630-649.

[7] A. Downton, D. Crookes. Parallel Architectures for Image Processing. Electronics & Communication Engineering Journal, 1998, 10(3): 139-151.

[8] A.P. Reeves. Parallel computer architectures for image processing. Computer Vision, Graphics, and Image Processing, 1984, 25(1): 68-88.

[9] H.T. Kung. Why Systolic Architecture?. IEEE Computer, 1982, 15(1): 37-46.

[10] 梅尾博司. シストリック・アレイ. 情報処理, 1988, 30(1).

[11] K.T. Johnson, A.R. Hurson, B. Shirazi. General-Purpose Systolic Arrays. IEEE Computer, 1993, 26(11): 20-31.

[12] S.-Y. Kung, K.S. Arun, R.J. Gal-Ezer, et al. Wavefront Array Processor, Language, Architecture, and Applications. IEEE Trans. Computers, 1982, C-31(1): 1054-1066.

[13] K. Sano, Y. Kono. FPGA-based Connect6 Solver with Hardware-Accelerated Move Refinement. Computer Architecture News, 2012, 40(5): 4-9.

[14] 末吉敏則, 天野英晴. リコンフィギャラブルシステム. オーム社, 2005.

[15] K. Sano, T. Iizuka, S. Yamamoto. Systolic Architecture for Computational Fluid Dynamics on FPGAs. Proc. IEEE Symp. Field-Programmable Custom Computing Machines, 2007: 107-116.

[16] K. Sano, W. Luzhou, Y. Hatsuda, et al. FPGA-Array with Bandwidth-Reduction Mechanism for Scalable and Power-Efficient Numerical Simulations based on Finite Difference Methods. ACM Trans. Reconfigurable Technology and Systems, 2010, 3(4).

[17] K. Sano. FPGA-Based Systolic Computational-Memory Array for Scalable Stencil Computations. High-Performance Computing Using FPGAs (Springer), 2013: 279-304.

[18] A.H. Veen. Dataflow Machine Architecture. ACM Computer Surveys, 1986, 18(4): 365-396.

[19] K. Hwang, F.A. Briggs. Computer Architecture and Parallel Processing. McGraw-Hill, 1984.

[20] 田中英彦. 非ノイマン型コンピュータ. コロナ社, 1989.

[21] 弓場敏嗣. データ駆動型並列計算機. オーム社, 1993.

[22] 奥川峻史. ペトリネットの基礎. 共立出版, 1995.

[23] 樋口龍雄. 高度並列信号処理. 昭晃堂, 1992.

[24] 米田友洋. 非同期式回路の設計. 共立出版, 2003.

[25] S. Hauck, A. Dehon. Reconfigurable Computing. Morgan Kaufmann Publishers, 2008.

[26] R. Stephens. A Survey of Stream Processing. Acata Informatica, 1997, 34(7): 491-541.

[27] A. Das, W.J. Dally, P. Mattson. Compiling for Stream Processing. Proc. Int. Conf. Parallel Architectures and Compilation Techniques, 2006: 33-42.

[28] K. Sano, Y. Hatsuda, S. Yamamoto. Multi-FPGA Accelerator for Scalable Stencil Computation with Constant Memory-Bandwidth. IEEE Trans. Parallel and Distributed Systems, 2014, 25(3): 695-705.

[29] K. Sano, R. Chiba, T. Ueno, et al. FPGA-based Custom Computing Architecture for Large-Scale Fluid Simulation with Building Cube Method. Computer Architecture News, 2014, 42(4): 45-50.

[30] J. von Neumann. The general and logical theory of automata. in L.A. Jeffress, ed., Cerebral Mechanisms in Behavior — The Hixon Symposium, John Wiley & Sons, 1951: 1-31.

[31] S. Wolfram. Statistical Mechanics of Cellular Automata. Reviews of Modern Physics, 1983, 55(3): 601-644.

[32] J. von Neumann, A.W. Burks. Theory of Self-Reproducing Automata. University of Illinois Press, 1966.

[33] A. Bandyopadhyay et al. Massively parallel computing on an organic molecular layer. Nature Physics, 2010(6): 369-375.

[34] D.E. Knuth. The Art of Computer Programming, Volume 3: Sorting and Searching. Addison Wesley Longman Publishting, 1998.

[35] K.E. Batcher et al. Sorting Networks and Their Applications, Spring Joint Computer Conference. AFIPS, 1968: 307-314.

[36] D. Koch et al. FPGA Sort. FPGA, 2011: 45-54.

[37] J. Casper, K. Olukotun. Hardware Acceleration of Database Operations. FPGA, 2014: 151-160.

[38] T. Kohonen. Content-Addressable Memories. Springer Series in Information Sciences, Vol.1. Springer Berlin Heidelberg, 1987.

[39] H. Nakahara, T. Sasao, M. Matsuura. A Regular Expression Matching Circuit: Decomposed Non-deterministic Realization With Prefix Sharing and Multi-Character Transition. Microprocessors and Microsystems, 2012, 36(8): 644-664.

[40] H. Nakahara, T. Sasao, M. Matsuura. A virus scanning engine using an MPU and an IGU based on row-shift decomposition. IEICE Trans. Information and Systems, 2013, E96-D(8): 1667-1675.

[41] H. Nakahara, T. Sasao, M. Matsuura, et al. A memory-based IPv6 lookup architecture using parallel index generation units. IEICE Trans.

Information and Systems, 2015, E98-D(2): 262-271.

[42] A.V. Aho, M.J. Corasick. Efficient string matching: An aid to bibliographic search. Comm. ACM, 1975, 18(6): 333-340.

[43] L. Tan, T. Sherwood. A high throughput string matching architecture for intrusion detection and prevention. Proc. 32nd Int. symp. Computer Architecture (ISCA 2005), 2005: 112-122.

[44] R. Baeza-Yates, G.H. Gonnet. A new approach to text searching. Communications of the ACM, 1992, 35(10): 74-82.

[45] R. Sidhu, V.K. Prasanna. Fast regular expression matching using FPGA. Proc. of the 9th Annual IEEE symp. Field-programmable Custom Computing Machines (FCCM 2001), 2001: 227-238.

[46] C. Lin, C. Huang, C. Jiang, et al. Optimization of regular expression pattern matching circuits on FPGA. Proc. Conf. Design, automation and test in Europe (DATE 2006), 2006: 12-17.

[47] J. Bispo, I. Sourdis, J.M.P. Cardoso, et al. Regular expression matching for reconfigurable packet inspection. Proc. IEEE Int. conf. Field Programmable Technology (FPT 2006), 2006: 119-126.

[48] T.F. Smith, M.S. Waterman. Identification of common molecular subsequences. J. Molecular Biology, 1981, 147 (1): 195-197.

[49] S.B. Needleman, C.D. Wunsch. A general method applicable to the search for similarities in the Amino-Acid sequence of two Proteins. J. Molecular Biology, 1970: 443-453.

[50] L.J. Guibas, H.T. Kung, C.D. Thompson. Direct VLSI implementation of combinatorial algorithms. Proc. Conf. VLSI: Architecture, Design, Fabrication, 1979: 509-525.

[51] Y. Yamaguchi, T. Maruyama, A. Konagaya. High speed homology search with FPGAs. Proc. Pacific Symp. Biocomputing, 2002: 271-282.

# 第7章
# PLD/FPGA 应用案例

## 7.1 可编程逻辑器件的现在和未来

20 世纪 70 年代，可编程逻辑器件作为芯片测试器件或 ASIC 的替代器件进入市场。这个时期，厂家对 PLD 先进的可重构能力（reconfigurability）特性寄予了很大的期待，然而遗憾的是市场反响并未如他们所愿。主要原因是当时 PLD 的运算性能、稳定性、功耗、价格离产业用器件的要求有一定差距。

2010 年以后，PLD 的价值又被市场重新审视。得益于摩尔定律 [1]，PLD 技术历经数十年的发展后得到了飞跃式成长是其原因 [2]。例如，在 2010 年我们可以在市场上购买到片上资源超过 200 亿晶体管的 PLD，对硬件设计师来说每个晶体管的平均单价几乎可视为零 [3, 4]。有的 PLD 的运行主频甚至超过了 1.5 GHz[5]。有一些 PLD 采用了较大粒度的运算单元（粗粒度构造），有一些 PLD 具备在运行时变更部分或全部电路的功能（动态重配置），还有一些 PLD 面向特定领域，在架构设计上取得了低功耗和运算性能之间的平衡 [6~8]。总之，PLD 在超过 1/4 个世纪的岁月中，逐渐成长为一种对产业应用意义重大的半导体器件。并且根据自旋电子学、原子开关等当今一些新兴技术的发展，可以判断 PLD 今后的成长更加可期。

在介绍 PLD 各类应用案例前，我们先来看一下 2020 年之前 PLD 行业整体的产业数据统计和预测。2010 年到 2015 年 PLD 市场的年平均成长率约为 8.1%，到 2020 年全世界市场规模有望接近 580 亿元人民币 [11]。

以日本国内市场为例，其市场规模可以和医疗器具 ① ( 约 760 亿元人民币 )、非处方药 ② ( 约 350 亿元人民币 )、游戏 ( 约 290 亿元人民币 ) 等行业相当。下面再看一下 PLD 的应用领域。

以 Internet of Things ( IoT ) 为例，有预测称 2025 年之前全世界会有一万亿 IoT 设备接入互联网。首先 IoT 领域需要 PLD 器件，例如连接 IoT 设备的高速网络交换机，还有数据加解密也会使用 PLD。数据中心 ( 大数据 )、人工智能、自动驾驶以及机器人等这些支撑着 IoT 社会的关键技术中，PLD 都担任着重要的角色。

PLD 及其周边市场正在急速发展并存在着巨大的机会。希望本章能帮助读者加深对其的理解。

## 7.2　超级计算机：大规模系统中的PLD/FPGA

### 7.2.1　构建超算什么最重要?

大数据 ③、基因科学 ④、金融工程 ⑤、人工智能 ⑥、新材料设计、制药和医疗工程、气象灾害预测等领域所涉及的计算处理，家用个人计算机级别的性能是远远不够的。超级计算机 ( 以下简称超算 ) 就是为了解决这种超大规模的问题而开发的 [13~24]。超算并没有一个明确的定义，通常所说的超算大致是性能在家用计算机的 1000 倍以上，或者理论性能在 50 TFLOPS⑦ 以上的系统 [25, 26]。

超算有两个世界知名的性能排行榜，分别是 TOP500[27] 和

---

① 轮椅、看护病床、看护床垫、扶手、拐杖等的市场，详情请参阅文献 [12] 等。

② 在药店或超市零售的医药品，也被称为 OTC 医药品 ( Over-The-Counter drug )。

③ 在 7.4 节介绍。

④ 在 7.5 节介绍。

⑤ 在 7.6 节介绍。

⑥ 在 7.7 节介绍。

⑦ TFLOPS：Tera FLoating-point Operations Per Second 的缩写。1 FLOPS 表示 1 秒内进行 1 次浮点运算。Tera 表示 $10^{12}$。也就是说，50 TFLOPS 表示其性能可达到 1 秒钟进行 $5 \times 10^{13}$ 次浮点数运算。

Green500[28]。TOP500 排行榜比较的是超算性能，而 Green500 排行榜除了性能还要考虑功耗指标，也就是超算的能效比。两个榜单于每年 6 月和 11 月更新，从图 7-1 可以看出历年超算性能的发展趋势。

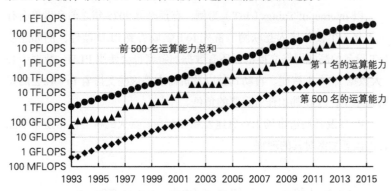

**图 7-1 超算运算能力的发展（1993 年到 2015 年；基于 TOP500[27] 数据绘制）**

在 TOP500 中，有将超算排行比作 F1（Formula One racing）赛车的描述。因此，大家会首先想到在这种追求速度（即运算性能）的超算系统中，可以将 PLD/FPGA 作为运算加速器使用。然而，和超算性能息息相关的并不仅仅是运算处理器或运算加速器的性能。PLD/FPGA 除了可以作为运算加速器使用，还可以从其他方面提高超算的性能。

超算的目的和 F1 一样，都是追求速度（运算性能）。那么 F1 和超算所追求的速度的本质是否一样呢？ F1 比赛中的速度竞争，其实也包含了类似马拉松一样的对单一系统耐久性的考验。而复杂的超算系统就好比 100 人 101 足的团体竞技，TOP500 中所谓最高速度的竞赛，一个基础前提就是如此复杂的系统可以良好地协调运作。也就是说，仅仅将超高速运算加速器作为系统的一部分导入，将大量运算处理器简单地排列并不能获得飞跃性的性能提升。构建超算系统最重要的问题，是怎样连接如此大量的运算处理器和运算加速器，以及怎样让这些计算核心高效地协调工作。超级并行计算机的相关技术今后依然有很多具有挑战性的课题等待讨论和解决。顺便一提，日本最具代表性的超算"京"①所使用的 Tofu 互联系统支撑着超过 80 000 个运算处理器协调工作 [29]。

PLD/FPGA 作为可以提高超算能效比的通用器件受到了广泛关注。其优势是不但可以作为运算加速器，还可以作为连接器件让超算中众多的运算处理器和运算加速器更紧密地结合。此外，IoT 技术正在推动硬件基础设施的升级，今后运算和数据的集中化和分散化进程都会加速发展。在这个进程当中，为了运用超算技术，也要求数据中心具备更加崭新和有效的方法和技术②。除了大规模计算以外，从强化升级社会 IT 基础建设的角度上看，超算技术也越来越必要。因此，PLD/FPGA 必将在超算中得到更广泛的运用。

### 7.2.2 超算中的 FPGA 运用案例

筑波大学 20 世纪 70 年代开始研发用于科学计算的并行计算机 PACS/PAX，而 HA-PACS 是该系列的第 8 代 [30]。PACS/PAX 系列自开发之初就以实现了 CPU 和内存间的高速互联架构而闻名③。HA-PACS 是 PACS/PAX 系列中首次采用 GPU 作为运算加速器的超算。

采用 GPU 提高超算性能，还必须要实现能够充分发挥 GPU 高运算性能的并行系统架构。然而，HA-PACS 开发时的 GPU 存在一些问题，导致难以实现高效的并行系统架构④。例如在多个 GPU 间共享数据时，传输前后需要在宿主 CPU 的主存中进行数据复制。还有将数据传输从 PCIe 转为其他通信方式时，很难削减通信延迟。为了改善这些问题，

① "京"是由理化学研究所计算科学研究机构和富士通共同开发的日本最具代表性的超算。其命名源自系统开发时（2011 年）的运算性能为 1.128 京 FLOPS（11.28 PetaFLOPS，日语中单位 Peta 所对应的汉字为"京"）。"京"曾于 2011 年 6 月和 11 月两次蝉联 TOP500 榜单的第 1 名。

② 由衷希望 Pezy 公司的 Shoubu、Suiren 等日本开发的超算也多多加油。

③ 例如全系列第 6 代的 CP-PACS，以"CPU 性能：内存性能：网络性能"为 1：4：1 的理想比例获得过 TOP500 的第 1 名。

④ HA-PACS/TCA 被提出后，NVIDIA 公司的 GPGPU 也引入了多种技术来解决这些问题。例如 GPUDirect Version1~3[31]、片间高速互联 NVLink[32]，以及采用 HBM[33] 和 Stacked DRAM 实现了超高带宽的存储器等。

HA-PACS 系统基于 PEARL（PCI Express Adaptive and Reliable Link）[34] 概念提出了 TCA（Tightly Coupled Accelerators）技术，并开始开发实现 TCA 的 PEACH2 板卡 [35]（图 7-2）。HA-PACS/TCA 部分于 2013 年构建完成（图 7-3）。

**图 7-2　基于 Altera Stratix IV GX530 的 PEACH2 板卡（照片）**

**图 7-3　HA-PACS/TCA（照片）**

那么由 CPU+GPU+FPGA 组成的异构 ① 系统的性能又如何呢？ HA-PACS/TCA 是一个只有 64 个节点的小规模系统，理论性能为 364.3 TFLOPS，实测性能为 277.1 TFLOPS，2013 年 11 月位列 TOP500 的第 134 名。另外，由于该系统达到了 3.52 GFLOPS/W 的高能效比，在 2013 年 11 月和 2014 年 6 月的 Green500 榜中位列第 3 名。HA-PACS/TCA 的基础部分采用 GPU 和 CPU 组合来实现高性能、低功耗的运算，再加上基于 FPGA 的 PEACH2 的使用，进一步提高了跨学科合作应用中的运算性能。

PEACH2 提供了可以让多个 GPU 直接互联通信的框架。具体来说，

---

① 采用多种处理器（架构）而组成的系统被称为异构（heterogeneous）。与之相对，采用单一构造的架构称为同构（homogeneous）。

PEACH2 扩展了 PCIe 通信连接，并实现了 GPU 间的直接通信，从而达到了提高数据传输效率的目的 [1]。技术上，PEACH2 实现了一种路由，可以将 PCIe 协议中 Root Complex 和多个 End Point 间的数据包在多个节点间传输（图 7-4）。也就是如图 7-5 所示，原本的数据传输路径 GPU mem → CPU mem → (InfiniBand/MPI[2]) → CPU mem → GPU mem，缩短为了 GPU mem → (PCIe/PEACH2) → GPU mem，即 GPU 间的直连传输。此外，通信协议的统一也实现了比 InfiniBand 更低的延迟。

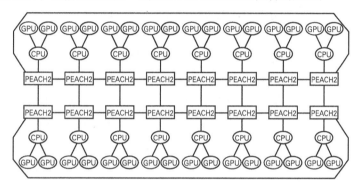

图 7-4　HA-PACS/TCA（只包含 CPU0，CPU1 省略）

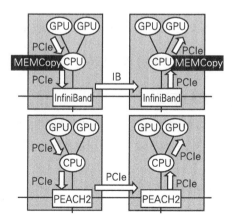

图 7-5　通信的简化

---

① 也存在以 PCIe 2.0 为基本协议的交换机，如 Bonet Switch[36] 等。

② MPI：Message Passing Interface。分布式内存间传输消息的 API 标准，详情请参阅文献 [37] 等。

下面一起看一下 PEACH2 的通信性能。PEACH2 具备 4 个 PCIe Gen2 × 8（8 通路）① 端口。这里的端口数量上的限制并非源于 PEACH2 本身，而是因为所采用的 FPGA 器件的物理限制，这点可以通过 FPGA 制造技术的提升而改善 ②。PEACH2 中 GPU 对 GPU 的 DMA 的 Ping-pong 延迟为 2.0 μs（100 万分之 2 秒），CPU 对 CPU 的延迟为 1.8 μs，可以说 通信延迟十分小了。PEACH2 能达到这种性能要归功于使用了 PLD/ FPGA，正因如此它才能将传输开销降低到 2.0 μs 的程度。这个性能和 MVAPICH2 v2.0-GDR（带 GDR：4.5 μs；不带 GDR：19 μs）[39] 相比已 经足够了 ③。FPGA 的采用实现了轻量化协议、多 RootComplex 互联、 Block-Stride 通信硬件，从而获得了高应用性能。此外，在 Ping-pong 带 宽方面，PEACH2 的 CPU 对 CPU 的 DMA 传输性能约为 3.5 GB/s，达 到了理论性能 ④ 的 95%；GPU 对 GPU 的 DMA 性能约为 2.8 GB/s。然而， 当负载大小超过 512 KB 时 MVAPICH2 v2.0-GDR 的性能更高，可以在 实际应用时根据需求进行选择 [40]。综上，无论研究领域或商业系统，今 后都会继续探索能够发挥 PLD/FPGA 优势的高效方法，从而提高系统的 整体性能。

## 7.3 网络通信领域：实现高速、高带宽通信的PLD/FPGA

本节，我们一起看一下使用 PLD/FPGA 增强网络通信性能的案例。

### 7.3.1 网络交换机的概要

网络交换机是实现计算机等信息终端之间或网络之间互联的设备。具 体来说，是一种将传输的数据块（包）正确地传输到目的地的设备，根

---

① 性能和 InfiniBand 4 × QDR 物理带宽（32 Gbit/s=4 × 8 Gbit/s）同等。

② 2016 年市场上的 PLD/FPGA 能够实现 PCIe Gen3 x8 端口，以此为基础的后续 PEACH3[38] 项目也在进行。

③ 2013 年当时的数据。2016 年 MVAPICH 的性能得到了飞跃性的提升，基本可以 达到同等性能。

④ 3.66 GB/s（负载大小为 256 KB 时：256/(256+24) × 4 GB/s）。

据对数据包的处理能力不同，大致可分为二层交换机和三层交换机 ① 两类。图 7-6 是二层交换机基于 MAC 地址转发数据包的示例。

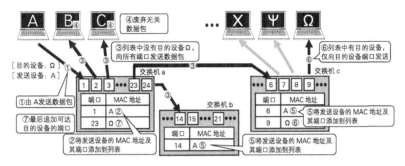

**图 7-6　基于 MAC 地址转发数据包（L2 交换机示例）**

在图 7-6 中，数据传输请求到来时（步骤①），首先在 MAC 地址表中检索并更改数据包输出端口（步骤②）。然而，新投入使用的交换机的 MAC 地址表是空的，此时需要将数据转发到所有端口（泛洪）（步骤③）。一段时间过后，列表中会积累足够的 MAC 地址和端口映射数据，这时就可以向特定端口转发数据，从而大大减少泛洪的发生。也就是说只要输出端口不重复，可以同时并行处理多个来自不同端口的数据包，这样就可以大幅提升交换机的通信带宽。

接下来我们考虑如何削减通信延迟。使用 CPU（软件）处理时，实时 OS 中的处理开销较大，约为 1 μs，因此需要采用硬件实现方式 [41]。如今市面上带硬件处理的产品可以将交换延迟降低到 0.1 μs 左右 [42]。

PLD/FPGA 作为面向高速网络运算处理的器件，其本身的物理通信性能也在不断进化，从而保证高吞吐量和低延迟性能。下面继续介绍 PLD/FPGA 是如何对网络中流动的数据包进行处理的。

### 7.3.2　FPGA 作为网络用器件的进化过程

在 FPGA 中集成高速收发器大概可以追溯到 2000 年左右。表 7-1

---

① 从电气信号连接的角度看集线器相当于一层交换机。然而一层交换机的延迟仅有 5 nm（基于当前 2015 年的 ASIC 芯片），这部分很难再使用 PLD/FPGA 进一步提升性能了。

以 Xilinx 公司的 FPGA 为例，总结了 FPGA 作为网络用器件的进化过程。

表 7-1　FPGA 的进化（各系列中规模最大的器件中高速收发器的比较）

| 年份 | 系列 | 高速收发器名称（最大传输速度，收发器数量） |
|---|---|---|
| 2002 年 | Virtex 2 Pro | Rocket IO（3.125 Gbit/s，×24） |
| 2004 年 | Virtex 4 | Rocket IO MGT（6.5 Gbit/s，×24） |
| 2006 年 | Virtex 5 | Rocket IO GTX（6.5 Gbit/s，×48） |
| 2009 年 | Virtex 6 | GTX（6.6 Gbit/s，×48）+ GTH（11.18 Gbit/s，×24） |
| 2010 年 | Virtex 7 | GTH（13.1 Gbit/s，×72）+ GTZ（28.05 Gbit/s，×16） |
| 2013 年 | UltraScale | GTH（16.3 Gbit/s，×60）+ GTY（30.5 Gbit/s，×60） |
| 2015 年 | UlrtaScale+ | GTY（32.75 Gbit/s，×128） |

从表 7-1 中可以看出，在 10 年的时间里收发器的性能提升了近 10 倍。然而以现如今的技术想继续保持这样的增长速度已经十分困难了。因此，在出现较大的技术革新之前，可以考虑通过增加 FPGA 上高速收发器的数量，或是扩充加速上层通信的硬核 IP 的方式继续发展。图 7-7 为单个 FPGA 器件整体通信性能的发展过程。

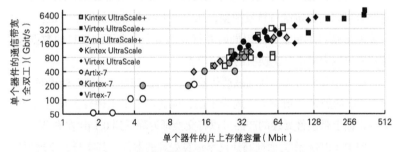

图 7-7　单个 FPGA 最大带宽和片上存储容量的发展 [43, 44]

评测网络器件的性能时，表 7-1 所示的单个信号引脚的通信性能固然重要，器件整体的数据包处理能力、存储容量以及最大通信带宽也都是重要的因素。图 7-7 包含了单个器件的最大通信带宽和片上存储容量发展趋势。图中所列的 PLD/FPGA 为 Xilinx 公司 2010 年之后发布的 7 系列、UltraScale 和 UltraScale+ 三代 FPGA 中的 Artix、Kintex、Virtex

产品线 ①。

从图 7-7 中我们可以看出，最大通信带宽（= 收发器最大传输速度 × 高速收发器数量）和片上存储容量的进化成正比。也就是说作为网络器件，FPGA 的进化过程就是不断集成丰富的高速 I/O 收发器和与高速 I/O 相对应的片上存储的过程。虽然市场上依然有很多 ASIC 网络芯片，但是 Exablaze[42]、Arista[45]、Cisco[46]、Mellanox[47]、Simplex[48] 等厂商都开始着手开发基于 FPGA 的网络产品了。

### 7.3.3 SDN 和 FPGA

本节以 SDN（Software Defined Networking，软件定义网络）② 为焦点，介绍网络交换机的硬件化 ③。现在，常见的网络交换机都可以根据预定的规则对通信进行控制。各交换机会根据自主收集的信息（图 7-6 所示的 MAC 地址、路径等信息）提高数据包传输效率。然而即使是现代的设备，为了保证高速通信，也只能对相对简单的数据包属性和网络规则进行处理。这导致一些现代网络管理所需求的高级特性很难实现，例如对在同一网络上的传输数据进行安全隔离、对单个数据包的流向进行动态控制、对网络本身进行虚拟化等。因此，使用程序来控制网络结构和数据包流动的 SDN 概念得到了广泛的关注 [50]。

SDN 在 20 世纪 90 年代就被提出了 [51]，然而正式被大众所知是在控制协议 OpenFlow[52] 及其标准化组织 Open Networking Foundation[53] 出现之后。Xilinx 公司的 SDNet[54] 和 Arrive 公司的 SDN CodeChip[55] 等

---

① 最大通信带宽为高速通行串口 I/O 的累加值（全双工通信时）。UltraScale+ 系列的片上存储容量为 BRAM 和 UltraRAM 的总和。

② 根据不同厂商，还有 Software Defined Infrastructure（SDI）、Software Defined Data Center（SDDC）等叫法。虽然 SDN 多以网络功能虚拟化（Network Functions Virtualization，NFV）为主要目的，但其本质还是 "通过软件对网络进行集中管理"。SDN 的应用和硬件化今后应该还会不断发展 [49]。

③ OpenFlow 的实现大致分为安装型和缓存型两种，这里基于较容易估算硬件资源量的安装型进行讨论。

FPGA 相关厂商也积极参与其中 ①。基于 FPGA 的 SDN 相关的研究也为数不少 [56-63]，图 7-8 所示的数据包分类处理（packet classification）就是其中一个主要的课题。

| 包头 | 包头处理（控制包处理） | | | | | |
|---|---|---|---|---|---|---|
| | 分类规则 | 领域 | | | | |
| | | 发送设备 IP | 端口编号 | … | 协议 | 工作 |
| | 规则 1 | 133.13.7.96/24 | 22 | … | SCTP | Deny |
| 有效载荷部分 | 规则 2 | 130.158.80.244/24 | 53 | … | TCP | Accept |
| | … | … | … | … | … | … |
| | 规则 N | 0.0.0.0/0 | 0-65535 | … | Any | Drop |

图 7-8　有关包头处理的数据包分类处理的概要

数据包分类处理是指读取数据包的包头信息，并决定将其发送到哪个通信端口（或废弃）的过程 [64]。数据包分类处理的性能评测大致基于 3 个基准：运算延迟、通信带宽和规则的多样性。例如，即使设计的电路可以达到非常低延迟、高带宽的通信性能，如果支持的规则数有限也很难有实用性。因此，FPGA 设计者需要充分考虑 FPGA 硬件上的限制，均衡地提高上述各个参数的性能。

### 7.3.4　系统构成和通信包的处理

下面介绍在具体的网络处理中如何使用 PLD/FPGA 对数据包进行解析、处理和转发。数据包的解析时间再短，也需要一定的处理时间。因此在处理完成到决定目的端口这段时间，需要将数据包暂存在交换机上。根据系统结构的不同，数据包存放的位置也不同。

图 7-9 所示的系统假定使用 CPU 负责包处理（分析、处理控制包）任务。使用 CPU 可以轻易应对 TCP（Transmission Control Protocol）、UDP（User Datagram Protocol）、ICMP（Internet Control Message Protocol）、ARP（Address Resolution Protocol）等不同协议的处理 ②。这样

① 美国有的大学还导入了使用 FPGA 设计 SDN 的讲座和实验课程。日本教育领域中 FPGA 的应用还为数不多，恐怕会落后于欧美以及中国的发展。

② 20 世纪 90 年代经常能看见插着 3 块 NIC（Network Interface Card）的 PC 被当作 DMZ（DeMilitarized Zone）服务器使用。将全部或部分处理卸载到 ASIC 上的系统也并不少见，此处不做深入说明。

的系统中，数据包的存放顺序和位置会对交换机的性能产生影响[65]。

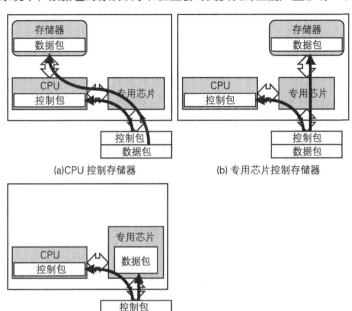

(a)CPU 控制存储器　　　　　　　(b) 专用芯片控制存储器

(c) 存放在专用芯片上

**图 7-9　数据包存放位置和传输路径的不同**

我们从时间角度来考察图 7-9 中各个系统间的性能差别。假设图中芯片间的通信（白色箭头）需要耗时 500 ns。图 7-9a 的数据路径为专用芯片→CPU→存储器→CPU→专用芯片，仅存取数据包就耗时 2000 nm（=2 μs）。只有 1 个交换机还好说，然而在实际互联网通信中如果需要经过 100 个交换机，单方向的数据传输就需要 0.2 s。因此即使每个交换机能做的改进很小，也要尽可能地缩短延迟时间。

最近的交换机开始采用图 7-9b 所示的结构。图 7-9b 的数据路径为专用芯片→存储器→专用芯片，可以将数据包的存取缩短到 1000 nm（=1 μs）。考虑将 FPGA 作为专用芯片的话，已经有了将 Intel 公司基于 Ivy Bridge 微架构的 Xeon E5-2600 v2 系列和 Altera 的 Stratix V 嵌入同一封装的产品[66]。另外，FPGA 厂商为了继续改善延迟和带宽，也开始讨论采用下一代 HMC（Hybrid Memory Cube）[67~69]。随着半导体晶圆代工①和半导体制造技术的发展，也可能在 FPGA 上集成其他存储器标准（High Bandwidth Memory，HBM[33]）。

随着新的存储器标准的导入，图 7-9c 所示的结构也有可能得到实现。今后 PLD/FPGA 作为网络用器件，必然要求更高度的 CPU-FPGA 协调设计能力，而这也会推动使用 OpenCL 等高级语言开发硬件的需求 [66]（参照第 4 章）。

### 7.3.5　CAM 和 FPGA

在 FPGA 上实现数据包分类可以采用多种硬件结构，例如基于哈希运算的压缩表 [70] 和基于 n 叉树的算法 [71] 等。而本节将介绍一种基于 CAM（Content-Addressable Memory）存储器的方法，该方法更适合使用 FPGA 实现②。

CAM 存储器不同于一般的存储器，它可以通过比较数据来返回地址。图 7-10 展示了一般存储器和 CAM 存储器的区别。CAM 存储器有众多应用，例如将 IP 地址的列表存入 CAM 存储器后，就可比较收到的数据包中的目的地 IP 和 CAM 存储器中的列表，如果得到结果一致的地址，使用这个地址作为索引键就能从普通存储器中查找目的地端口。

在实际应用中精确检索（exact match search）很少被应用，一般都是按照某一模式进行检索，例如检索 IP 地址时匹配子网地址等，此时就需要使用三值 CAM 存储器（Ternary CAM，T-CAM）。T-CAM 存储器相对于只包含 0 和 1 两种值的二值 CAM 存储器（Binary CAM，B-CAM），多了一个 X（Don't Care）值类型，值 X 既可以匹配 0 也可以匹配 1。

---

① Semiconductor Foundry，指生产半导体芯片的工厂，也被称为 Semiconductor Device Fabrication。

② CAM 概念最早可以追溯到存储器刚刚出现的 20 世纪 50 年代。作为一个被广泛讨论的基础概念，除了本文所介绍的 CAM，读者也可以参照各 FPGA 厂商 [74, 75] 的案例和研究。另外，基于最先进制程开发的器件案例 [77] 也很有意思。

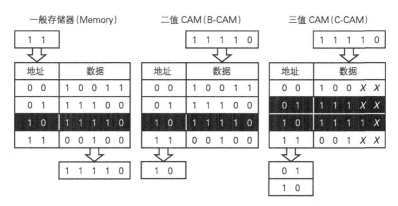

图 7-10 一般存储器和 CAM 存储器的区别（值 *X* 代表 Don't Care）

但是 T-CAM 由于包含 *X*，有可能同时匹配到多个结果。这种情况一般只返回地址最低的那个结果。如果以图 7-10 为例来说明，就是虽然 01 和 10 都匹配，但实际上只输出 01。因此还有专门研究探讨如何保证将真正想匹配的对象放在地址较低的位置的课题。

下面看一下 CAM 存储器的性能。对于任意检索键值，CAM 存储器都只需进行一次检索，其特征是检索时间保持一定，不受位宽、表中数据量的影响。2010 年以来器件有了飞跃式的进化，当前每秒可处理数 10 亿次检索请求 [①]。

例如，Renesas Electronics（瑞萨电子）公司的 R8A20686BG-G[79] 每秒最多可以处理 20 亿次检索，检索键的位宽最大为 640 bit。该 CAM 存储器还配备了两个 Interlaken LA 端口，理论带宽为 300 Gbit/s（约为 DDR4-19200 的两倍），对于网络应用非常有吸引力。Xilinx 公司还公布过一个基于这个器件的 FPGA 系统演示 [81]，其中 FPGA 和 CAM 存储器

---

① CAM 存储器比一般的存储器（SRAM）要使用更多的晶体管，所以功耗也更大。因此，文献 [78] 等过往的研究中也有否定 CAM 存储器的意见。然而，IT 行业的发展非常快，经过 LSI 制程技术的发展已经有容量超过 80 Mb 的 CAM 存储器产品 [79]。还出现了使用非易失性存储器降低功耗的技术 [80]。FPGA 领域在 20 世纪 90 年代后期到 21 世纪前 10 年也有类似的质疑，然而笔者认为现在就否定 CAM 存储器的可能性还为时过早。

（R8A20686BG-G）通过 Interlaken Look-Aside[82, 83] 相连 ①。

Xilinx 的 Virtex UltraScale/UltraScale+ FPGA 最多可以实现 9 个 150 G Interlaken 核，虽然演示的系统只使用了 1 个 R8A20686BG-G，但实际应用时还可以同时使用多个来提升性能。从现行研究 [70, 71] 所实现的 10 000 个规则、160 bit 请求位宽、600 Gbit/s 传输带宽的系统来看，FPGA 和 T-CAM 组合的系统架构很有魅力，非常具有改变目前设备市场的技术版图的潜力。

## 7.4 大数据处理：Web搜索

Web 搜索已经深入当今社会的各方各面，使用搜索引擎成为了每个人不可或缺的基础技能。Web 搜索具体是使用关键字对无数 Web 页面的文本进行检索。从输入关键字到获得相关页面列表的过程，涉及从大量数据库抽出包含关键字的页面，再根据页面与关键字的相关度进行评分并排序等处理。

以前，这些处理都由数据中心众多的服务器协调并行进行，然而基于电力等因素的制约，数据中心的规模不可能无限制地扩大。因此为了继续推进搜索引擎的进步，需要采用能效比更高的硬件。下面以 Microsoft 的搜索引擎 Bing 为例，对其所采用的 FPGA 加速项目 Catapult 进行介绍。

### 7.4.1 Bing 搜索引擎的概要

搜索引擎的系统前端接收到来自用户的搜索请求后，首先由缓存对搜索请求进行检索。如果缓存未命中（cache miss），则向 TLA（Top Level Aggregator）服务器转发请求。TLA 会将请求转发给 20~40 台的 MLA（Mid Level Aggregator）服务器。每个机架包含 1 台 MLA 服务器，MLA 服务器再将请求转发给同一机架上的 48 台 IFM（Index File Manager）服务器。每台 IFM 服务器基于请求，分别对 2 万页左右的文

---

① 由于采用的 Xilinx Virtex-7 FPGA 上硬核 IP 的限制，单个端口的最大传输速度达不到 150 Gbit/s，根据推测是 123.75 Gbit/s，然而这个速率也十分快了。

档进行排名运算，最后将结果通过 MLA 服务器、TLA 服务器返回给前端 [84]。

首先由 IFM 服务器过滤出全部包含请求关键字的文档，从而缩小计算范围。再针对每个文档生成向量流 Hit Vector，它表示关键字在文档中所处位置。然后，基于 Hit Vector 计算这些文档的分数并进行排名。排名过程的运算负荷较高，因此可以使用 FPGA 对其加速。

### 7.4.2 排名运算的高速化

排名运算最初的一步是特征量提取（Feature Extraction，FE），让 Hit Vector 流入状态机阵列就可以同时进行大量的特征量计算。该架构在文献 [84] 中被称为 MISD（Multiple Instruction Stream Single Data Stream）架构。在特征量提取状态机中每个特征量都有专门的电路，使用软件实现该过程时需要 600 μs，而硬件处理仅需要 4 μs。

提取到特征量之后，还需要进行特征量的合成，这一合成特征量计算的过程称为 FFE（Free-Form Expression）。该过程涉及多种基于浮点数的公式计算。为此特地开发了软核处理器，可以在单个 Stratix V FPGA 上实现具有 60 个核心的多核架构。

FFE 计算出的合成特征量最终会输入基于机器学习算法的评分模块（Machine-Learning Scoring，MLS），评分模块会决定排名的值。这一部分的实现细节没有被公开，但应该是充分利用了 FPGA 允许自由重构的特征，才能频繁调整排名算法的。

### 7.4.3 Catapult 加速器的结构

Microsoft 公司为加速上述排名运算所开发的 FPGA 板卡被命名为 Catapult。该板卡上搭载了 Altera 公司的 Stratix V FPGA 和 8GB DDR3 SDRAM SO-DIMM 存储器，通过 PCIe 和服务器相连。Catapult 板卡不仅可以通过 PCIe 和宿主服务器连接，相邻服务器上的 Catapult 板卡之间还组成了一个 6×8 环面网络。该网络每个方向都能达到 10 Gbit/s 的传输速率，可以用来连接多块 FPGA 组成大型的"宏流水线"。

图 7-11 为排名运算中采用的由 8 块 FPGA 板卡组成的一个大型流

水线：第一块 FPGA 实现 FE，剩下的 FPGA 实现 FFE 和 MLS。因为 8 块 FPGA 板卡分别插在不同的 IFM 服务器节点，通过系统中的环状网络通信可以向任意 FPGA 发送 Hit Vector，也可以从任意服务器节点获取 MLS 运算的排名结果。

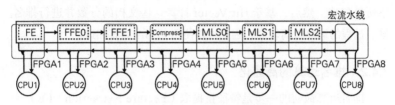

图 7-11　Catapult 中宏流水线的结构

图 7-11 中宏流水线的数据流向为从左到右，而 IFM 节点发送到流水线入口的请求和流水线出口处得到的结果返回给 IFM 节点都是从右向左，这样全部通信按顺时针进行，两个方向的连接带宽都可以充分利用。此外，文献 [85] 中有利用排名运算剩余节点的 6×8 的环面网络，实现了用于视觉计算等应用的宏流水线，并展示了各个节点使用多种加速器流水线的方法。

## 7.5　基因科学：短序列拼接

构成生物基因的 DNA 序列由 A、T、C、G 四个字符所表示的四种碱基组成，进行基因分析需要用到各种各样的字符串处理算法。因为在 FPGA 上可以实现专门的状态机，所以 FPGA 非常适合用于字符串处理。特别是对于 DNA 序列这种位数较少的文本的处理，FPGA 和微处理器相比具有较大的优势，因此自 Splash 2[86] 问世以来得到了广泛的应用。

基因分析在很长一段时间里都是基于 20 世纪 70 年代开发的 Sangar 法 DNA 测序仪进行的。而 2000 年以后出现了被称为"新一代测序仪"的全新基因测序仪，从此基因分析的效率也得到了飞跃性的提升。这种测序仪可以同时读取大量比较短的 DNA 片段，而且在并行读取大量片段上具有吞吐量高的优势，因此近些年这种新的分析方法非常盛行。

不管用哪种测序仪，都是先将从细胞提取的 DNA 用超声波等手段切为较小的片段，再使用测序仪对各个片段进行测序。从多个细胞提取出来的含有相同基因的 DNA，其被打断的位置是随机的，而通过对测序仪所输出的字符串（序列）重复部分进行查找和组合，就可以复原（拼接）出完整的 DNA 序列。拼接在本质上是一个大量字符串处理的过程，计算负荷非常大。特别是"新一代测序仪"在组合大量短序列时有计算耗时较长的问题。

由于新一代测序仪的测序成本比较低，所以个人也可以对自己的基因进行测序并和已知的人类基因对比，从而发现细微的不同部分。虽然面向个人的基因测序在医疗应用领域非常有吸引力，但基因比对的计算量非常大。下面就介绍一下短序列拼接、基因比对的 FPGA 加速案例。

### 7.5.1 短序列的 De Novo 拼接

没有已知信息，仅仅从测序仪输出的序列来拼接出完整基因序列的方法称为 De Novo 拼接。和新一代测序仪一起出现的还有一些专门面向短序列的 De Novo 拼接软件。这些软件基本都是从大量短序列中搜索重复部分，拼接过程的耗时很长。

FAssem[87] 将 Velvet 短序列拼接软件的一部分用 FPGA 进行了加速处理。Velvet 中包含两部分处理，一部分是查找序列的重叠部分后拼接，另一部分是一边生成一种被称为 de Brujin 图的图结构，一边获取最终的序列结果。FAssem 使用 FPGA 实现了减少重复序列的前半部分，后半部分则继续基于原本的 Velvet 代码处理。FPGA 使用的是 Xilinx Virtex-6 LX130T，其性能比单独使用 Core 2 Duo E4700（2.6 GHz）时提高了 2.2~8.4 倍。

### 7.5.2 短序列和参照序列的比对

即使在同是人类的基因当中，个体之间也存在着单核苷酸多态性（Single Nucleotide Polymorphism，SNP）等 DNA 序列的多样性现象。经过对人类基因序列的测序，我们对 SNP 有了更多的了解。由于人类基因序列是已知的，要从测序仪得到的个人基因中查找 SNP，其实无须拼接出完整的基因，只要比对获取到的短序列和人类基因中的对应片段即可。

这种方式节省了拼接过程，因此可以提高比对的速度，将来很有可能在日常医疗当中得到应用，所以处理的速度越快越好。然而，比对时短序列和参照序列不一定是 100% 一致的，可能会出现由 SNP 引起的字符串不一致，或是字符串插入或缺失等情况，因此不能简单地使用精确字符串检索的方式来进行基因比对。

现在有很多软件可以解决上述问题并实现基因检索。文献 [88] 中提到，使用 Altera Stratix V FPGA 实现 Burrows-Wheeler Transform 算法，其性能比使用了相同算法的软件 BMA 在四核处理器上运行时快了 21.8 倍。无论是 FAssem 还是这个实现，都是在 FPGA 上实现多个字符串匹配模块，通过并行大量字符串比对运算从而获取性能提升的案例。

## 7.6　金融市场：FPGA创造巨大财富

### 7.6.1　高频交易的概要

如今，股票市场中的高频交易（HFT）正在逐渐普及开来。高频交易是指分析股票市场的价格变化，进行高速买卖交易获利的方法。当今证券交易所处理订单的速度非常快，例如东京证券交易所为 500 μs（100 万分之 500 秒）、伦敦证券交易所为 125 μs、新加坡证券交易所为 74 μs。东京证券交易所总 HFT 的买卖数量超过 2000 万单，占总体交易的 70%[89]。美国也有报告称约有 70% 的交易由高频交易完成 [90]。今后，世界范围内的高频交易量一定还会继续增长。

首先介绍一下股票的交易流程①。股票交易主要基于竞价交易的方式，根据"价格"和"时间"两个原则进行交易。图 7-12 为竞价交易的概要。如图 7-12a 所示，卖单（最低出售价格为 434 日元）和买单（最高购买价格为 433 日元）无重叠时不会发生交易，此时以价格为优先原则。然后有人以 433 日元的价格出售 1000 股，此时在 433 日元的买单

---

① 交易方式有很多种，如指值、成行、信用等。这里只介绍最基本的指值交易。

中以时间先后顺序进行交易。例如有 3 个买单分别是 300 股、600 股和 200 股，最初的两笔交易可以全部完成，最后一个希望买 200 股的买单只能成交 100 股（图 7-12b），这就是以时间作为优先原则。最后，成功交易的价格更新（433 日元）为最新股价，继续进行下面的交易。

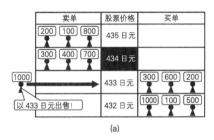 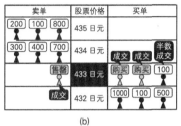

(a) (b)

**图 7-12　竞价交易方式（基于价格优先的交易方法和基于时间优先的交易方法）**

高频交易有多种类别，这里我们以趋势策略为例进行说明[①]。趋势策略交易是一种通过预测短时价格变动来获利的方法，其关键在于要在超短时间内做出决策并成功下单。从各个证券交易所的订单处理时间推测，高频交易的决策时间必须在数 µs 到数百 µs 的级别。那么能在 10 µs 内完成处理就足够了吗？答案是否定的。原因是按照竞价交易的订单处理流程，相对速度非常重要。例如，A 和 B 两个人几乎同时在 13 点下单，而股票市场要对 A 和 B 到底谁先下单做出准确、严格的判断。如果 A 的下单时间为 13 点零 10 µs，而 B 在 13 点零 9.999 µs 下单，很明显下单时间领先 1 ns 的 B 会赢得交易权。而交易失败的 A 就很有可能和巨大的财富失之交臂。这 1 ns 的优势所创造的价值很难定量地评价，有人分析 10 Gbit/s 网络的价值相当于 3 亿日元（约 1800 万元人民币）。

在如此重视速度的高频交易中，决策时间通常都是 µs 级别，而且就算比其他人快 1 ns 也要尽量缩短下单延迟。因此，为了提高这种可以创造巨额财富的系统的相对速度，大量研究、技术开发人员进行着没有

---

① HFT 的其他类别也在积极引入 FPGA 技术。例如，套汇交易（利用不同交易所中同一商品的差价进行套利的方法）[91] 中降低交易所和系统的网络延迟非常重要，系统的物理、地理位置的选取和专用线路的采用都要经过慎重考虑。然而同样是以缩短延迟为目的，降低系统的运算延迟也十分重要。

终点的速度竞赛。

## 7.6.2 高频交易系统的特征和 FPGA 的使用

下面介绍一下在高频交易系统中采用 FPGA 的优势，以及如何构建具有充分运算能力的系统。高频交易系统经由网络从各个证券交易所获取大量信息，再从这些大量的信息中找出重要的信息并反映到之后的交易当中去。系统延迟指从获取信息到完成下单之间的时间，缩短这个延迟是系统开发的重点。

图 7-13 为高频交易系统的概要图。高频交易系统需要从网络获取数据再进行运算，如图 7-13a 所示，运算部分和通信芯片（ASIC）的组合是最小的系统构成。

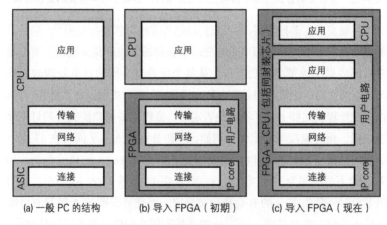

**图 7-13 高频交易系统和 FPGA**

图 7-13a 使用 ASIC 从网络接收信息。接收到的信息接下来会从 ASIC 传输到 CPU（运算部分）或是经过支持通信的桥接芯片，仅数据移动的时间就需要 500 ns 到数 μs，当然这段时间也包含在系统延迟当中。之后，虽然是在芯片之内，数据也会在运算部分复杂的存储器结构中来回移动数次。因此，要削减系统延迟必须对包括运算部分在内的系统架构进行彻底的优化。

那么利用 GPU 之类的运算加速器会怎么样呢？GPU 以及具有类似

特征的运算加速器并不适合在 HFT 系统中使用。因为 GPU 重视的不是缩短延迟，而是提升运算性能，这和 HFT 系统的需求并不一致。在缩短延迟这一点上 FPGA 是最佳选择。如图 7-13b 所示，导入 FPGA 之后，ASIC 部分和 CPU 的一部分处理都集中在了单个芯片之内，从而可以降低系统延迟。我们在 7.3 节介绍过使用 FPGA 加速网络交换机的案例，而图 7-13b 中引入的 FPGA 不但可以减少器件之间的数据传输量，还可以将网络层和数据传输层的处理从软件卸载（offload）到硬件，这对降低系统延迟有很大的贡献。例如东京证券交易所的系统（arrowhead）中采用了一种名为 SimplexBLAST FPGA[48] 的 FPGA 引擎，还有其他金融系统也都十分关注 FPGA 技术 [92]。此外，FPGA 还可以直接处理传输中的数据块（数据包），这样可以通过硬件化异常值检测和数据过滤等功能实现高速运算。

进一步考虑使用 FPGA 削减系统延迟的话，我们还可以彻底消除多个器件间的数据传输（单芯片化）；随着 FPGA 硬件资源增加，将交易算法也用硬件实现（硬件化）；难以硬件化的运算采用 ARM 等嵌入式处理器处理（系统级优化），等等。今后的系统架构应该会像文献 [93] 所述的那样，逐渐转换到图 7-13c 所示的结构 ①。

### 7.6.3　使用 FPGA 提高运算性能

最后，简单介绍一些高频交易之外的 FPGA 应用案例。从金融商品（外汇、股票、债券等）还派生出一类金融衍生产品（financial derivative products）②。在这些金融衍生产品的交易中，通常使用偏微分方程来定价 [94]。

求解偏微分方程需要大量的计算时间，因此通常采用具有高并行性的蒙特卡罗法对其求近似解。例如，文献 [96] 中利用循环奇偶约化法（cyclic odd-even reduction）在 FPGA 上实现了欧洲期权交易所使用的

---

① 这类系统上的开发由于和 FPGA 架构紧密相关，所以对 HDL 设计开发能力要求较高。也就是说追求产品的差异化，很可能导致出现与目前高层次综合的发展方向相反的结果，HDL 设计能力会重新得到重视。

② 金融衍生产品指针对通货、金利、债券、股价指数、商品等对象，以期货（futures）、互换（swap）、期权（option）等合约形式将其产品化 [94]。

Black-Scholes 方程式的求解硬件；文献 [97] 提出了针对二项期权定价模型（binomial options pricing model，在 Black-Scholes 方程式基础上叠加美国期权）的 FPGA 实现方法；文献 [98] 提出了针对亚洲期权的 FPGA 系统。值得一提的是文献 [98] 中采用了高层次综合的方式进行开发。Altera 和 Xilinx 两家 FPGA 厂商也对使用高层次综合开发金融系统十分感兴趣 [99, 100]。

期权计算对系统性能的要求和高频交易十分不同，比起延迟它更注重运算性能。因此，在该领域和 FPGA 竞争的半导体器件还有 GPU 和多核处理器。GPU 和 FPGA 都能提供优秀的解决方案。虽然 GPU 在性能上比 FPGA 高数倍，但如果从能效比（功耗）角度考虑，FPGA 在系统整体平衡性方面更为优秀 [101, 102]。期权计算能否成为 FPGA 的杀手级应用仍有待时间考验。

## 7.7　人工智能：在FPGA上实现深度学习之后

### 7.7.1　第三次人工智能浪潮的到来？

如今，世界各国都对脑科学研究领域的产业应用，以及围绕这些成果催生的新兴市场给予厚望。像欧洲的 Human Brain Project[①]，美国的 Brain Initiative[②]，中国、瑞士、新加坡、澳大利亚、以色列等国家也都将脑科学研究领域定位为国家战略的一环，并投入了巨额研发费用。这些研究项目小到基础科学大到产业应用，范围十分广泛。此外，衔接基础和应用、扶持众多研究项目的信息平台技术也被指定为重点课题 [③]。

日本也不例外。由文部科学省主导并已经启动的项目有"基于革新

---

① 2013 年 1 月。10 年期总预算 12 亿欧元（文献 [103]）。

② 2013 年 4 月。预算分配：2014 年 4000 万美元、2015 年 1 亿美元、2016~2020 年 4 亿美元、2021~2025 年 5 亿美元（文献 [104]）。

③ 已经开始重新讨论项目规划、研究方向、研究成果，包括产业应用在内的整体推进速度相当之快。

技术的脑功能网络全貌探明项目"（俗称"革新脑"，Brain/MINDS）[①] 和"人工智能 / 大数据 /IoT/ 网络安全统合项目"（俗称 AIP）[②]。经济产业省也总结了日本国内 AI 研究领域的成果，建立了加速产业应用的"人工智能研究中心"[107]，并启动实施了"以 IoT、大数据、人工智能、机器人推进变革"[③] 的项目。

得益于如此之多的高速进行中的研究和开发项目，人工智能领域的成果也令人瞩目。NVIDIA（英伟达）公司发布了最高理论性能为 7 TFLOPS 的 TESLA M40[109]，其在处理深度学习训练时比 Intel 公司的 E5-2699v3 快 12 倍以上 [110]。此外，深度学习用的 CUDA 库[④] 也逐渐充实 [111]。Intel 也开发了 Xeon Phi Processor "Knights Corner"[112] 的后继型号，并于 2015 年年底发布了最大理论性能为 3 TFLOPS 的 Knights Landing[113]。该系统含有传输速度超过 400 GByte/s 的 MCDRAM 等，使和存储器相关的性能得到了大幅强化。和 NVIDIA 一样，Intel 也提供了用于各类数据分析任务 Intel Data Analytics Acceleration Library 库，并展示了比 Apache Spark 项目[⑤] 中的机器学习库 MLib 更优秀的性能 [114]。关于开发环境，从 Google 的 TensorFlow[115]、IBM 的 WATSON[116]、Microsoft 的 CNTK[117] 到各个企业、大学、研究机构都开发了各种各样的开发库。当然还有战胜了人类的 Google 围棋 AI [118, 119] 等各方各面具有吸引力的应用。

### 7.7.2 AI 加速器的性能比较

表 7-2 列出了在 AI 领域使用较为广泛的几个加速器。各种各样的

---

① 2014 年 10 月。预算分配：2014 年约 55 亿日元、2015 年约 58 亿日元、2016 年约 58 亿日元（文献 [105]）。

② 2016 年度新启动项目。预算约 54 亿日元（文献 [106]）。

③ 2015 年 4 月。预算分配：2015 年约 50 亿日元、2016 年约 89 亿日元（文献 [208]）。

④ 这些开发库有稀疏矩阵（cuSPARSE）、密集矩阵（cuBLAS）、深度学习（cuDNN）等，还有带 GUI 的 DIGITS 项目。

⑤ http://spark.apache.org/

开发库最终还是要在硬件上执行，因此我们必须对硬件也有所了解。

表 7-2　脑研究领域所使用的新一代加速器的性能比较

| | 运算性能 | 内存接口 | 通信接口 |
|---|---|---|---|
| Knights Landing[1]<br>Intel Xeon Phi | >3 TFLOPS<br>72 cores | >400 GB/s<br>MCDRAM 16 GB | 64 GB/s<br>PCIe Gen3 x 16 |
| GeForce GTX Titan X<br>NVIDIA GPGPU | 6.1 TFLOPS<br>3K cores | 336.5 GB/s<br>GDDR5 12 GB | 64 GB/s<br>PCIe Gen3 x 16 |
| Virtex UlteraScale+[2]<br>XILINX FPGA | 9.6 TOPs<br>12K DSP cores | 76.8 GB/s<br>DDR4 24 GB | 64 GB/s<br>PCIe Gen3 x 16 |
| TrueNorth[3]<br>IBM brain chip | 0.3 TOPs<br>256M synapses | 12.8 GB/s<br>DDR3 1 GB | 10 Mspikes/s<br>（thru FPGA） |

[1]：搭载多个 PCIe Gen3 端口。标称性能请参阅文献[113]。

[2]：不包括用户电路的运算性能。接口性能也基于已上市产品的正常范围估算，不代表最大性能。

[3]：以神经元为单位，并基于 NS1E board（rev.B）的规格计算。

　　表 7-2 所列加速器的架构之间有着很大的差异，很难从单纯的数值比较中断言它们的应用价值。然而我们可以从表中得到一个明确的结论：无论使用哪种加速器，基于通常的算法，10 万神经元规模的网络都不会有超过两个量级的性能差[①]。因此从应用新算法的自由度和优化的难易度上看，TrueNorth 所追求的高能效比特性，应该会成为新一代 AI 加速器的重要评价指标。

　　到 2018 年，表 7-2 所记载的各项都会发生很大变化，例如 Intel 公司基于 10 nm 制程的 Knights Hill、NVIDIA 公司的 NVLink 和 GTX 1080 Ti、Xilinx 公司基于台积电 7 nm 制程的 FPGA 等器件的详细规格都会面世。总之 AI 领域的技术革新速度相当之快，希望读者能够自己调查跟踪最新的行业动态。

### 7.7.3　FPGA 和人工智能

　　2016 年 3 月 16 日，Google 开发的 AlphaGo 以 4 胜 1 败的战绩大幅战胜了韩国世界级专业棋手，全世界对"大数据 + 深度学习"的影响又

---

① 这是对 FPGA 用户比较遗憾的结果，然而如果对特定算法设计专门电路的话，其性能不止如此。不过相对于库资源丰富的 GPGPU、Many-Core CPU 来说，想充分发挥 FPGA 的实力还需要付出高额的开发成本。

有了新的认知。FPGA 擅长将运算在空间维度并行展开，因此和神经网络非常契合。神经网络的二值化在过去也有被讨论 [120~124]，现在已经可以看到将其应用在深度学习的研究了 [125~128]。今后，使用 FPGA 实现二值化深度学习或许会成为重要研究方向。

另一方面，深度学习只是一种分类器，本身并不智能。真正意义上的人工智能具有更广泛的含义，例如全脑解析 [129]、从生物物理学的角度仿真大脑动作 [130] 或是实现机器人应用，等等 [131, 132]。使用 FPGA 实现人工智能是非常具有挑战性的课题，今后的发展值得关注。

## 7.8　图像处理：搜索太空垃圾

自 1955 年发射第一颗人造卫星开始，至今的 60 年间人类使用火箭将大量人造卫星、探测器送入了太空。现在，地球周围漂浮着大量故障或是退役的人造物体。这些物体在大气层外侧的低轨道运行时速约 8 km/s，相当于地表附近的音速的 20 倍。因此，即使是很小的物体也具有强大的动能，如果和卫星相碰撞会引发严重事故，并且新产生的碎片还会继续散落在宇宙空间内。

这些碎片被称为太空垃圾。由于太空垃圾会对人造卫星和宇宙空间站的正常运行造成威胁，所以各国宇宙开发机构都在观察和追踪它们。例如 NORAD（北美空防司令部）就在近地轨道上追踪着 8000 个以上的物体。目前还没有高效的手段可以回收这些物体，因此发现、追踪、回避它们是必要的。下面我们介绍一下 JAXA（日本宇宙航空研究开发机构）是如何使用 FPGA，从光学望远镜摄取的连续图像中搜索太空垃圾的。

### 7.8.1　方法概要

搜索太空垃圾的项目所使用的望远镜位于长野县伊那市入笠山上的 JAXA 入笠山光学观测所，CCD 相机规格为 2K2K 和 4K4K。望远镜面向太空按照一定间隔拍摄后，可以根据计算图像中物体的轨道来判断是否是已知的天体，如果轨道不在已知范围内，就很可能是太空垃圾或是未知的小行星。

然而对于未知天体，其轨道当然也是未知的，并且小行星和太空垃圾的亮度都比较低，难以区分。针对这个问题，JAXA 开发了一种被称为重叠法的图像处理方法 [133]。

该方法利用了太空垃圾按照一定轨道绕地运行的特征，将多张定时拍摄的图像向各个方向按一定的间隔错位、重叠，再取其平均值，这样就可以从多张噪声大、亮度低的图像中提取出较暗的天体。图 7-14a 为没有错位的重叠图像，从中可以看到各个天体在各个时刻的位置，然而实际上没有轨道记录的天体是无法绘制出移动轨迹的。因此，尝试以不同方向和速度对多幅连续图像错位并重叠后，就能像图 7-14b 和图 7-14c 所示的那样发现天体 A 和 B 的亮点，从而推测出他们的运动方向和速度。不过，未知天体的数量也是未知的，再加上要尝试各种可能的方向和速度，所以计算量也非常大。

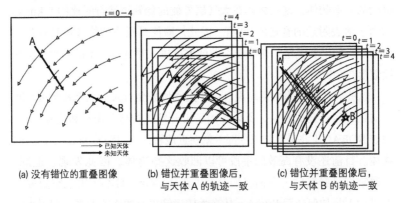

(a) 没有错位的重叠图像　　(b) 错位并重叠图像后，　　(c) 错位并重叠图像后，
　　　　　　　　　　　　　　　与天体 A 的轨迹一致　　　　与天体 B 的轨迹一致

**图 7-14　通过重叠法检测太空垃圾**

例如在拍摄到的图像中，要想追踪在 256 像素 ×256 像素的范围内移动的全部天体，总共需要探索 256 × 256=65 536 次。好在天体不会突然转向，在充分短的时间间隔内基本可以认为是在一个直线上运动的，因此就算增加图像的数量也不会增加重叠处理的数量。不过就算是 32 张高清晰度图像按照 65 536 种重叠方式来处理也非常不现实，根据 2011 年的报告 [134]，在 PC 上按该方法处理 16 位阶图像数据需要 280 小时。

## 7.8.2　使用 FPGA 加速

重叠法将多张图像重叠，通过将天体的光亮叠加并取平均值的方法降低噪声的影响，从而发现未知天体。然而，将大量图像一边错位重叠一边计算各像素的平均值是计算量非常大的处理，因此人们考虑使用 FPGA 对这一过程进行加速。

首先，因为图像是用 16 位阶表示的，而计算大量数据的 16 位阶的平均值并不适合 FPGA 的处理方式，所以要先将图像二值化后再进行处理。虽然将图像二值化会受噪声的影响，不过这些噪声也可以通过重叠法进行削减。并且二值化后再计算平均值就转化为了统计亮点数量，这样不但大幅降低了计算量，还可以让在 FPGA 上的实现更轻松。不过二值化的阈值，以及检测出亮点所需图像的枚数的阈值都需要经过合理的控制，相关细节在文献 [134] 中进行了讨论。

该算法最终在 Nallatech H101-PCMXM 板（搭载了 Xilinx Virtex-4 LX100 FPGA）上成功实现，比原本的软件快了 1200 倍，这使得重叠法得以实际应用。此外，FPGA 开发使用的是 Nallatech 基于 C 语言的设计工具，因此也实现了低开发成本的算法到电路的转换。

## 参考文献

[1] Gordon E. Moore. Cramming more components onto integrated circuits. In Proc. IEEE, 1998, 86(1): 82-85.

[2] Xilinx Staff. Celebrating 20 years of innovation. Xcell J., 2004, 48: 14-16.

[3] Altera Corp. http://www.altera.com.

[4] Xilinx Inc. http://www.xilinx.com.

[5] Achronix Semiconductor Corp. Speedster 22i HD FPGA Platform, PB024 v2.7: Product Brief. 2014. http://www.achronix.com/.

[6] 東京計器株式会社 . DAPDNA-IM2A：ダイナミック・リコンフィギュラブル・プロセッサ : 製品カタログ . 2014.

[7] 井上智史 . Media embedded processor (mep) の設計技術 . 情報処

理学会研究報告 , 2002, 113(2002-SLDM-107): 1-6.

[8] M. Motomura. STP Engine, a C-based Programmable HW Core featuring Massively Parallel and Reconfigurable PE Array: Its Architecture, Tool, and System Implications. In Proc. Cool Chips XII, 2009: 395-408.

[9] 杉山英行. FPGA の小面積化と高速化を実現するスピン MOSFET. 東芝レビュー , 2010, 65(1): 64-65.

[10] S. Kaeriyama, T. Sakamoto, H. Sunamura, et al. A nonvolatile programmable solid-electrolyte nanometer switch. IEEE J. Solid-State Circuits, 2005,40(1): 168-176.

[11] Markets, Markets. FPGA Market by Architecture (Sram, Fuse, Anti-Fuse), Configuration (High End, Mid-Range, Low End), Application (Telecommunication, Consumer Electronics, Automotive, Industrial, Military & Aerospace, Medical, Computing & Data Centers), and Geography-Trends & Forecasts From 2014-2020. 2015.

[12] 日本福祉用具・生活支援用具協会 . http://www.jaspa.gr.jp/.

[13] 理化学研究所計算科学研究機構 : 京コンピュータ ( 富士通 ). http://www.aics.riken.jp/jp/.

[14] 海洋研究開発機構 : 地球シミュレータ (NEC). https://www. jamstec.go.jp/es/jp/.

[15] 高エネルギー加速器研究機構計算科学センター : システム A( 日立 )/ システム B(IBM)/Suiren(PEZY). http://scwww.kek.jp/.

[16] 自然科学研究機構核融合科学研究所 : プラズマシミュレータ システム ( 富士通 ). http://www.nifs.ac.jp/index.html.

[17] 自然科学研究機構国立天文台 : アテルイ (Cray). http://www. cfca.nao.ac.jp/.

[18] 宇宙航空研究開発機構第三研究ユニット : JSS2( 富士通 ). https://www.jss.jaxa.jp/.

[19] 物質・材料研究機構 : 材料数値シミュレーター (SGI). http:// www.nims.go.jp/.

[20] 東京大学情報基盤センター : Oakleaf-FX( 富士通 )/Oakbridge-

FX( 富士通 )/Yayoi( 日立 ). http://www.itc.u-tokyo.ac.jp/supercomputing/services/.

[21] 筑 波 大 学 計 算 科 学 研 究 セ ン タ ー : HA-PACS(Cray)/COMA(Cray). https://www.ccs.tsukuba.ac.jp/research/computer.

[22] 東京工業大学学術国際情報センター : TSUBAME2.5(HP)/TSUBAME-KFC(NEC). http://www.gsic.titech.ac.jp/.

[23] 名古屋大学情報連携統括本部 : FX100( 富士通 )/CX400( 富士通 )/UV2000(SGI). http://www.icts.nagoya-u.ac.jp/ja/sc/.

[24] 長崎大学先端計算研究センター : DEGIMA( カスタム ). http://nacc.nagasaki-u.ac.jp/.

[25] 理化学研究所計算科学研究機構 . もっと知りたい . http://www.aics.riken.jp/jp/learnmore/.

[26] 内閣官房 . 政府調達の自主的措置に関する関係省庁等会議 . 2014, http://www.cas.go.jp/jp/seisaku/chotatsu/. スーパーコンピューター導入手続 .

[27] TOP500 — performance development. 2015-11. http://www.top500.org/statistics/perfdevel/.

[28] Green500. http://www.green500.org.

[29] Tofu インターコネクト : 6 次元メッシュ／トーラス結合 . http://www.fujitsu.com/jp/about/businesspolicy/tech/k/whatis/network/.

[30] HA-PACS プロジェクト . https://www.ccs.tsukuba.ac.jp/research/research_promotion/project/ha-pacs.

[31] NVIDIA GPUDirect. https://developer.nvidia.com/gpudirect.

[32] NVIDIA Corporation. NVIDIA NVlink high-speed interconnect: Application performance. Whitepaper. NVIDIA Corporation, 2014.

[33] J. Kim, Y. Kim. HBM: Memory solution for bandwidth-hungry processors. Hot Chips: A Symposium on High Performance Chips, HC26.11-310, 2014.

[34] T. Hanawa, T. Boku, S. Miura, et al. PEARL: Power-aware, dependable, and high-performance communication link using PCI express. In

Proc. IEEE/ACM Int. Conf. Green Com. & IEEE/ACM Int. Conf. CPS Com., 2010: 284-291.

[35] Y. Kodama, T. Hanawa, T. Boku,et al. PEACH2: An FPGA-based PCIe network device for tightly coupled accelerators. ACM SIGARCH Computer Architecture News, 2014, 42(4): 3-8.

[36] INC AKIB Networks. Bonet switch. http://www.akibnetworks.com/product2.html.

[37] Peter S. Pacheco. MPI 並列プログラミング. 秋葉博, 訳. 培風館, 2001.

[38] T. Kuhara, T. Kaneda, T. Hanawa, et al. A preliminarily evaluation of PEACH3: A switching hub for tightly coupled accelerators. In Proc. Int. Symp. Comput. Netw., 2014: 377-381.

[39] MVAPICH: MPI over InfiniBand, 10GigE/iWARP and RDMA over Converged Ethernet. http://mvapich.cse.ohio-state.edu/.

[40] K. Matsumoto, T. Hanawa, Y. Kodama, et al. Implementation of CG method on GPU cluster with proprietary interconnect TCA for GPU direct communication. In Proc. Accel. Hybrid Exascale Syst. in Conjunction with IEEE Int. Parallel & Distrib. Process. Symp., 2015: 647-655.

[41] 丸山修孝, 石川拓也, 本田晋也, 他. 疎結合ハードウェア RTOS 搭載産業ネットワーク用 SoC. 電子情報通信学会論文誌, 2015, J98-D(4): 661-673.

[42] EXABLAZE. EXALINKFUSION, Product brochure. 2015-09.

[43] Xilinx. 7 Series FPGAs Overview, v1.17. Product Specification (DS180). 2015-05.

[44] Xilinx. UltraScale Architecture and Product Overview, v2.7. Product Specification (DS890). 2015-12.

[45] ARISTA. 7124FX Application Switch. Datasheet. 2014-04.

[46] CISCO. Cisco Nexus 7000 Series FPGA/EPLD Upgrade, release 4.1 edition. Release Notes Release 6.2. 2014-11.

[47] MELLANOX. Programmable ConnectX-3 Pro Adapter Card, rev

1.0 edition. Product Brief 15-4369PB. 2014-11.

[48] シンプレクス株式会社. エクイティソリューション SimplexBLAST. 2014. http://www.simplex.ne.jp/.

[49] LLC SDxCentral. Network functions virtualization report. Market Report 2015 Custom Edition for Hewlett-Packard Company. Hewlett-Packard Development Company, 2015. http://www8.hp.com/ke/en/cloud/nfv-resources.html.

[50] S. Scott-Hayward, S. Natarajan, S. Sezer. A survey of security in software defined networks. IEEE Commun. Surv. Tut., 2015, 17(4): 2317-2346.

[51] N. Mihai, G. Vanecek. New generation of control planes in emerging data networks. In Proc. First Int. Working Conf., 1999, 1653:144-154.

[52] N. McKeown, T. Anderson, H. Balakrishnan, et al. OpenFlow: enabling innovation in campus networks. ACM SIGCOMM Computer Communication Review, 2008, 38(2): 69-74.

[53] Open networking foundation. https://www.opennetworking.org/.

[54] SDNet development environment. http://www.xilinx.com/products/design-tools/software-zone/sdnet.html.

[55] Arrive technologies. http://www.arrivetechnologies.com/.

[56] 海老澤健太郎. FPGA で作る OpenFlow Switch. 2015. http://www.slideshare. net/kentaroebisawa/fpgax6.

[57] K. Guerra-Perez, S. Scott-Hayward. OpenFlow Multi-Table Lookup Architecture for Multi-Gigabit Software Defined Networking (SDN). In Proc. ACM SIGCOMM Symp. Software Defined Networking Research, 2015: 1-2.

[58] J. Naous, D. Erickson, G.A. Covington, et al. Implementing an OpenFlow Switch on the NetFPGA Platform. In Proc. ACM/IEEE Symp. Archit. Netw. Commun. Syst., 2008: 1-9.

[59] W. Jiang, V.K. Prasanna, N. Yamagaki. Decision Forest: A Scalable Architecture for Flexible Flow Matching on FPGA.In Proc. Int. Conf. Field Programmable Logic and Applications, 2010: 394-399.

[60] H. Nakahara, T. Sasao, M. Matsuura. A packet classifier using LUT cascades based on EVMDDS (k). In Proc. Int. Conf. Field Programmable Logic and Applications, 2013: 1-6.

[61] A. Bitar, M. Abdelfattah, V. Betz. Bringing Programmability to the Data Plane: Packet Processing with a NoC-Enhanced FPGA. In Proc. Int. Conf. Field-Programmable Technology, 2015:1-8.

[62] S. Pontarelli, M. Bonola, G. Bianchi, et al. Stateful OpenFlow: Hardware Proof of Concept. In Proc. Int. Conf. High Performance Switching and Routing, 2015: 1-8.

[63] Y.R. Qu, H.H. Zhang, S. Zhou, et al. Optimizing Many-field Packet Classification on FPGA, Multi-core General Purpose Processor, and GPU. In Proc. ACM/IEEE Symp. Archit. Netw. Commun. Syst., 2015: 87-98.

[64] P. Gupta, N. McKeown. Algorithms for Packet Classification. IEEE Network, 2001, 15(2): 24-32.

[65] 田中信吾, 山浦隆博. 超高速 TCP/IP 通信ハードウェア処理エンジン NPEngine. 東芝レビュー, 2010, 65(6): 40-43.

[66] P.K. Gupta. Xeon+FPGA platform for the data center. Fourth Workshop on the Intersections of Computer Architecture and Reconfigurable Logic in conjunction with International Symposium on Computer Architecture. http://www.ece.cmu.edu/calcm/carl/.

[67] Hybrid Memory Cube Consortium. http://www.hybridmemorycube.org/.

[68] Altera. 次世代メモリ要件に適合するアルテラ FPGA と HMC テクノロジ. White Paper: WP-01214-1.0. 2014.

[69] Xilinx. The Rise of Serial Memory and the Future of DDR. v1.1. White Paper: WP456. 2015-03.

[70] B. Yang, R. Karri. An 80Gbps FPGA Implementation of a Universal Hash Function based Message Authentication Code. In DAC/ISSCC Student Design Contest, 2004: 1-7.

[71] Y. Qu, V.K. Prasanna. High-Performance Pipelined Architecture for Tree-Based IP Lookup Engine on FPGA. In Proc. IEEE Int. Parallel Distrib.

Process. Symp., Workshops and PhD Forum. Reconfigurable Architectures Workshop. 2013: 114-123.

[72] T. Kohonen. Associative Memory. Springer-Verlag, 1977.

[73] K.E. Grosspietsch. Associative processors and memories: a survey. Micro, IEEE, 1992, 12(3): 12-19.

[74] Altera Staff. APEX CAM を使用したスイッチおよびルータの設計法. White Paper: M-WP-APEXCAM-02/J. Altera Corporation, 2000.

[75] Xilinx Staff. Content Addressable Memory (CAM) in ATM Applications. Application Note XAPP202 (v1.2). Xilinx Inc., 2001.

[76] S.A. Guccione, D. Levi, D. Downs. A reconfigurable content addressable memory. In Proc. IPDPS Workshops Parallel Distrib. Process., 2000: 882-889.

[77] TCAMs and BCAMs: Ternary and Binary Content-Addressable Memory Compilers. https://www.esilicon.com/services-products/products/custom-memory-ip-and-ios/specialty-memories/tcam-and-bcam-compilers/.

[78] W. Jiang, V.K. Presanna. A FPGA-based Parallel Architecture for Scalable High-Speed Packet Classification. In Proc. IEEE Int. Conf. Appl.-specif. Syst., Archit. Process., 2009: 24-31.

[79] 80Mbit Dual-Port Interlaken-LA TCAMs Achieve 2BSPS Deterministic Lookups. http://www.renesas.com/media/products/memory/nse/r10cp0002eu0000_tcam.pdf.

[80] 世界初データ保持に電力が不要な連想メモリプロセッサを開発・実証. http://www.nec.co.jp/press/ja/1106/1302.html.

[81] Renesas Network Search Engine + Xilinx Programmable Packet Processor = Deterministic Deep Database Search Engine. https://forums.xilinx.com/t5/Xcell-Daily-Blog/Renesas-Network-Search-Engine-Xilinx-Programmable-Packet/ba-p/600651.

[82] Interlaken Alliance. Interlaken Look-Aside Protocol Definition. 2008(1.1).

[83] G.D. Shekhar, A. Yogaraj, S. Dudam. A Survey on Interlaken

Protocol for Network Applications. Int. J. Recent Inno. Trends Comput. Commun., 2015, 3(4): 2101-2105.

[84] A. Putnam, A.M. Caulfield, E.S. Chung, et al. A Reconfigurable Fabric for Accelerating Large-Scale Datacenter Services. In Proc. ACM/IEEE Int. Symp. Comput. Archit. (ISCA), 2014: 13-24.

[85] A. Putnam, A. Caulfield, E. Chung, et al. Large-scale reconfigurable computing in a Microsoft datacenter. In Proc. Hot Chips 26. 2014.

[86] D.A. Buell, J.M. Arnold, W.J. Kleinfelder. Splash 2: FPGAs in a Custom Computing Machine. Wiley-IEEE Computer Society Press, 1996.

[87] B.S.C. Varma, K. Paul, M. Balakrishnan, et al. FAssem: FPGA based Acceleration of De Novo Genome Assembly. In Proc. Annual Int. IEEE Symp. Field-Programmable Custom Computing Machines, 2013: 173-176.

[88] H.M. Waidyasooriya, M. Hariyama. Hardware-Acceleration of Short-read Alignment Based on the Burrows-Wheeler Transform. IEEE Trans. Parallel Distrib. Syst., 2015: 1-8. http://www.computer.org/csdl/trans/td/preprint/07122348-abs.html.

[89] 岡部一詩. 東京証券取引所: 自動発注の"暴走"を止める. 日経コンピュータ, 2015-5-28: 46-51. http://itpro.nikkeibp.co.jp/atcl/column/15/031600047/081800019/?ST=system.

[90] Staff of the U.S. Securities and Exchange Commission. Equity market structure literature review part ii: high frequency trading. Technical report, U.S. Securities and Exchange Commission, 2014.

[91] マイケルルイス. フラッシュ・ボーイズ 10 億分の 1 秒の男たち. 文藝春秋, 2014.

[92] M. O'Hara. Accelerating transactions through FPGA-enabled switching: An interview with john peach of arista networks. HFT Review Ltd., 2012.

[93] J.W. Lockwood, A. Gupte, N. Meh, et al. A low-latency library in FPGA hardware for high-frequency trading (HFT). In Proc. IEEE 20th Annual Symp. High-Performance Interconnects, 2012: 9-16.

[94] S. Shreve. Stochastic Calculus for Finance II. Springer-Verlag, 2004.

[95] F. Black, M. Scholes. The pricing of options and corporate liabilities. J. Political Economy, 1973, 81(3): 637-654.

[96] G. Chatziparaskevas, A. Brokalakis, I. Papaefstathiou. An FPGA-based parallel processor for Black-Scholes option pricing using finite differences schemes. In Proc. Design, Automation Test in Europe Conference Exhibition, 2012: 709-714.

[97] Q. Jin, W. Luk, D.B. Thomas. On comparing financial option price solvers on FPGA. In Proc. IEEE Int. Symp. Field-Programmable Custom Computing Machines, 2011: 89-92.

[98] D. Sanchez-Roman, V. Moreno, S. Lopez-Buedo, et al. FPGA acceleration using high-level languages of a Monte-Carlo method for pricing complex options. J. Syst. Archit., 2013, 59(3): 135-143.

[99] D.P. Singh, T.S. Czajkowski, A. Ling. Harnessing the power of FPGAs using Altera's OpenCL compiler. In Proc. ACM/SIGDA int. symp. Field Programmable Gate Arrays, 2013: 5-6.

[100] OpenCL running on FPGAs accelerates Monte Carlo analysis of Black-Scholes financial market model by 10x. https://forums.xilinx.com/t5/Xcell-Daily-Blog/OpenCL-running-on-FPGAs-accelerates-Monte-Carlo-analysis-of/ba-p/435490.

[101] G. Inggs, D.B. Thomas, E. Hung, et al. Exascale computing for everyone: Cloud-based, distributed and heterogeneous. In Proc. third Int. Conf. Exascale Appl. Softw., 2015: 65-70.

[102] R. Bordawekar, D. Beece. Financial Risk Modeling on Low-power Accelerators: Experimental Performance Evaluation of TK1 with FPGAs. In GPU Technology Conference, S5227. 2015.

[103] National Institutes of Health. BRAIN 2025: A Scientific Vision. 2014.

[104] The Human Brain Project — Preparatory Study Consortium. The

Human Brain Project: A Report to the European Commission. 2012.

[105] 革新的技術による脳機能ネットワークの全容解明プロジェクト. http://brainminds.jp/.

[106] 文部科学省. 平成 28 年度予算 ( 案 ) 主要事項. 2015-12.

[107] 産業技術総合研究所人工知能研究センター. https://unit.aist.go.jp/airc/index.html.

[108] 経済産業省. 平成 28 年度経済産業省関係予算案の概要.

[109] NVIDIA Staff. NVIDIA Tesla M40 GPU Accelerator. Datasheet. NVIDIA Corporation, 2016.

[110] The world's fastest deep learning training accelerator. http://www.nvidia.com/object/tesla-m40.html.

[111] 村上真奈. ディープラーニング最新動向と技術情報：なぜ GPU がディープラーニングに向いているのか. NVIDIA Deep Learning Day , 2016.

[112] A. Viebke, S. Pllan. The Potential of the Intel$^R$ Xeon Phi for Supervised Deep Learning. In Proc. IEEE Int. Conf. High Performance Comput. Commun., 2015: 758-765.

[113] A. Sodani. Intel$^R$ Xeon Phi™ Processor Codenamed Knights Landing Architecture Overview. International Supercomputing Conference: The workshop on the Road to Application Performance on Intel Xeon Phi. 2015-07.

[114] F. Magnotta, Z. Zhang, V. Saletore, et al. Accelerating machine learning with Intel tools and libraries. Intel Developer Forum: Optimizing for Data Center Workloads. 2015-08.

[115] TensorFlow — an Open Source Software Library for Machine Intelligence. https://www.tensorflow.org/.

[116] IBM Watson. http://www.ibm.com/smarterplanet/jp/ja/ibmwatson/.

[117] Computational Network Toolkit (CNTK). https://cntk.codeplex.com/.

[118] E. Gibney. Google masters Go: Deep-learning software excels at

complex ancient board game. Nature, 2016, 529: 445-446.

[119] D. Silver, A. Huang, C.J. Maddison, et al. Mastering the game of Go with deep neural networks and tree search. Nature, 2016, 529: 484-489.

[120] M. Golea, M. Marchand. On Learning μ-Perceptrons with Binary Weights, In Procs. Advances in Neural Information Processing Systems, 1993, 5: 591-598.

[121] L. Pitt, L.G. Valiant. Computational limitations on learning from examples. Journal of the Association for Computing Machinery, 1988, 35(4): 965-984.

[122] I. Kocher, R. Monasson. On the capacity of neural networks with binary weights. J. Phys. A: Math. Gen., 1992, 25: 367-380.

[123] M. Muselli. On Sequential Construction of Binary Neural Networks. IEEE Trans. Neural Networks, 1995, 6(3): 678-690.

[124] J. Starzyk, J. Pang. Evolvable Binary Artificial Neural Network for Data Classification. Int. Conf. Parallel and Distributed Processing Techniques and Applications, 2000.

[125] I. Hubara, D. Soudry, R. El-Yaniv. Binarized Neural Networks, Computing Research Repository. arXiv:1602.02505v2, 2016: 1-17.

[126] M. Courbariaux, I. Hubara, D. Soudry, et al. Binarized Neural Networks: Training Deep Neural Networks with Weights and Activations Constrained to +1 or −1. Computing Research Repository, arXiv:1602.02830v3. 2016: 1-7.

[127] J. Zhang, M. Utiyama, E. Sumita, et al. A Binarized Neural Network Joint Model for Machine Translation. In Proc. 2015 Conference on Empirical Methods in Natural Language Processing, 2015: 2094-2099.

[128] M. Kim, P. Smaragdis. Bitwise Neural Networks. In Proc. Int'l Conf. Machine Learning Workshop on Resource-Efficient Machine Learning, 2015: 1-5.

[129] A. Sandberg, N. Bostrom. Whole Brain Emulation: A roadmap, Technical Report #2008-3, Future of Humanity Institute, Oxford University,

2008.

[130] G. Smaragdos, S. Isaza, M.V. Eijk, et al. FPGA-based Biophysically-Meaningful Modeling of Olivocerebellar Neurons. In Procs. the 2014 ACM/SIGDA international symposium on Field-Programmable Gate Arrays, 2014: 89-98.

[131] H. de GARIS, M. Korkin. The CAM-Brain Machine (CBM): an FPGA-based hardware tool that evolves a 1000 neuron-net circuit module in seconds and updates a 75 million neuron artificial brain for real-time robot control. J. Neurocomputing, 2002, 42(1-4): 35-68.

[132] H. de Garis, C. Zhou, X. Shi. The China-Brain Project: Report on the First Six Months. In Proc. the Second Conference on Artificial General Intelligence, 2009: 1-6.

[133] 柳沢俊史, 中島厚, 木村武雄, 他. 重ね合わせ法による微少静止デブリの検出. 日本航空宇宙学会論文集, 2003, 51(589): 61-70.

[134] 柳沢俊史, 黒崎裕久, 藤田直行. FPGA 化による高速画像解析技術. 第 4 回スペースデブリワークショップ講演資料集, JAXA-SP-10-011. 宇宙航空研究開発機構特別資料. 2011.

# 第 **8** 章

# 新器件与新架构

## 8.1 粗粒度可重构架构

我们在第 1 章介绍过，FPGA 最初是为仿真小规模逻辑电路而诞生的。之后，随着晶体管尺寸的变小，FPGA 的规模也在变大。正如第 7 章介绍的那样，如今的 FPGA 作为计算处理的加速器，在各种各样的领域中获得了广泛关注。FPGA 作为计算机的一部分来分担计算处理的领域被称为"可重构系统"或"可重构计算"等。随着 CPU 的性能提升遇到瓶颈，通过可重构技术提升系统性能的重要性日渐显现。

FPGA 作为逻辑电路的仿真器件，使用查找表阵列来实现任意逻辑门电路是很自然的。然而，作为可重构计算器件，查找表虽然具备足够的自由度可以组合构成各种运算器，但实现的效率并不高。针对这个问题，将适合加速对象计算处理的运算器按类似 FPGA 的结构排列所形成的一类新器件，被称为粗粒度可重构架构（Coarse Grained Reconfigurable Architectures，CGRA）。

### 8.1.1 CGRA 的结构和历史

20 世纪 80 年代开始就有大学和创业型企业提出了各式各样的 CGRA 架构。其中广为人知的有 CMU（美国卡耐基梅隆大学）的 PipeRench 和 PACT 公司的 XPP 等 [1, 2]。图 8-1 是一个具有代表性的 CGRA 结构示例，主要由运算器阵列、存储器阵列，以及运算器间的连接网络构成。运算器的粒度有 4 位、8 位、16 位、32 位等，粒度越细结构越倾向 FPGA，粒度越粗结构越倾向通用处理器（参照 8.2 节）。运算器基于 ALU（Arithmetic Logic Unit），通常还可以根据应用的运算需求来追加特别定制的运算器。阵列的结构也不只有类似 FPGA 的二维阵列，如果线性运算处理就能满足目标应用领域的需求，也可以采用一维线性阵列的结构 [1]。另外，网络结构通常使用总线或开关矩阵等形式。

日本国内主要以大学为中心积极推进 CGRA 的相关研究。具有代表性的有庆应义塾大学的 CMA[3]、奈良先端科学技术大学院大学的 LAPP[4] 等。

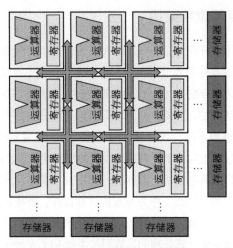

图 8-1　CGRA 的一般结构

## 8.1.2　CGRA 的定位

和 FPGA 相比，CGRA 的主要优势列举如下。第一，搭载了面向应用定制的运算器，具有速度快、面积小等优势（面积小意味着可以在单位硅晶片上实现更多并行运算处理，从而提高运算性能）。第二，配置信息（configuration bit）较少。特别是 FPGA 的查找表间的布线以位为单位配置，这部分就占据了大部分的配置信息。而 CGRA 则是以运算器的位宽为单位，配置总线或开关的连接关系，配置信息量得以大幅削减。第三，CGRA 和 FPGA 相比，还有和传统的软件开发方式兼容度高的优点。CGRA 本身的设计用途就是高性能计算，因此通常都要面向软件开发者配套提供设计工具。一般目标算法中的运算和构成 CGRA 的运算器是一一对应的关系，所以设计工具的开发也比较容易。

相对于上述优势，CGRA 也有其劣势。首先，面向特定领域优化的架构损失了应用上的自由度，和 FPGA 相比通用性较差。FPGA 能够经过多年发展不断扩大市场规模的一个关键就是通用性，因此通用性不高是 CGRA 的致命弱点（这也是即便再优秀的 CGRA 架构也难以在产业内推广的根本原因）。另外，基于 FPGA 的可重构计算的一个优势是可以通过实现专用硬件来获取比软件处理更高的性能和更低的功耗 [7]，而 CGRA 的粗粒度架构上有着种种的限制，在架构设计时需要慎重考虑才能不损失硬件的高速、低功耗优势。例如要实现一个从 8 位数据中选取 1 位输出的电路，如果使用 FPGA，只要将所选的 1 位信号和之后的逻辑相连即可。而 CGRA 则需要使用移位寄存器或数据选择器等来实现，在性能、面积方面的效率都不高。

基于上述原因，多数 CGRA 架构的设计目标并不是要替代 FPGA，而是作为加速器和 CPU 紧密结合，为 CPU 加速一部分运算处理。例如 CMA 和 LAPP，都是在可以直接读写 CPU 寄存器的基础上，实现部分处理（特别是频繁重复执行的循环部分）的高速化结构（这种嵌入 CPU 的结构被称为紧耦合加速器）。

## 8.2　动态重配置架构

FPGA 作为可重构计算器件，必然要回答一个很自然的疑问：如果所要实现的计算处理电路无法全部都加载到 FPGA 时怎么办？FPGA 用作仿真器件时只要准备足够数量的 FPGA 将开发版相互连接，再将大规模逻辑电路装进去就可以了。然而面向计算应用时，软件所期待的加速器应该可以自由处理各种规模的计算。作为对这种期待的回应，动态重配置架构（dynamically reconfigurable architectures）应运而生了。

庆应义塾大学很早就在 WASMII 的研究 [5] 中提出了动态重配置架

构的概念。该研究将 FPGA 上的运算处理硬件按页单位进行分割，通过页切换的方式在有限的 FPGA 物理资源上实现大规模运算处理，如图 8-2 所示。正好虚拟内存和物理内存之间也是按页单位进行数据交换，正如虚拟内存允许用户使用超出物理内存大小的内存空间一样，该研究可以将虚拟的大规模硬件在小规模器件上实现，这正是"虚拟硬件"的概念。

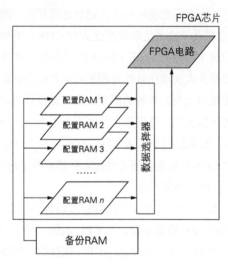

图 8-2　WASMII 的动作概念图

## 8.2.1　案例：DRP

　　DRP（Dynamically Reconfigurable Processor）是日本电器（NEC）于 2002 年发表的粗粒度、支持动态重配置的可重构架构[6]。设计目标是将它以 IP 核的形式集成到 SoC 中。本节以该架构为例，对动态重配置架构的概念和实际情况进行介绍（DRP 也是 8.1 节 CGRA 的示例）。

　　图 8-3 为 DRP 的架构示意图。构成二维阵列的 PE（Processing Element，处理单元）具有通用性，由两种 8 位运算器、寄存器文件和指令存储器构成。两种运算器中，一个是普通的 ALU，满足基本运算，另

一个用来实现位屏蔽、位选择等位操作，这样就可以实现和 FPGA 类似的位单位处理。PE 之间由纵横布置的 8 位多层结构的总线相互连接。连接开关可以用来定制 PE 内的运算器、寄存器文件和 PE 周围数据总线的输入 / 输出连接。

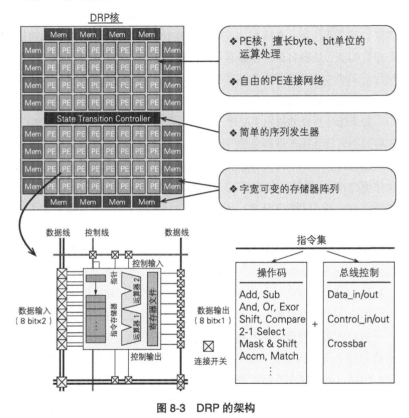

**图 8-3　DRP 的架构**

指令存储器中保存着多种配置信息，通过改变配置信息可以实现硬件结构的动态重配置。指令存储器中还保存着多个在 PE 上执行的指令代码。指令代码除了指示两个运算器进行何种运算的操作码之外，还包含配置总线选择器的控制代码。例如，如果绕过寄存器文件让数据直接流入其他 PE，就可以连接多个 PE，构建高自由度的数据通路（data path）。

一般的处理器会在某个时钟周期将结果保存到寄存器，之后的时钟周期就会参照该寄存器的值继续运算。而 DRP 可以连接多个 PE 在空间上形成数据通路进行运算，因此 PE 间高度自由的数据收发结构非常重要。

二维 PE 阵列结构中有一个称为 STC（State Transition Controller）的模块，其主要作用是在阵列内发行指令指针。各个 PE 根据接收到的指令指针的值，从各自指令存储器存储的多个指令代码中选择指令代码并执行。STC 中有跟踪状态迁移的序列发生器，每次转换状态都可以向阵列发出不同的指令指针。

如果指令指针的值发生变化，阵列内所有 PE 执行的指令，以及 PE 和存储器间的连接关系都会相应改变。这就像阵列中存在预先编程的多个数据通路，每次状态迁移都会切换数据通路（参照图 8-2 的 WASMII 动作概念图）。另外，对于 STC 所追踪的状态机存在状态分支的情况，需要向 STC 提供判断的依据，因此架构中还实现了 PE 向 STC 发送事件信号的机制。

DRM 核作为 System LSI IP 核而设计，是由多个上述结构块共同组成的。每个结构块都包含一个 STC 和一个阵列，因此各自可以由不同状态机控制并独立运行。此外，结构块之间也可以互相协作组成一个整体，作为一个状态机统一运行。可以说该架构实现了良好的可扩展性。

STC 的运行模型采用了高层次综合的实现方法。高层次综合工具是指将 C 语言等高级语言所编写的程序综合成硬件电路的工具。一般来说，程序由条件分支及循环等组合形成的控制流和多个数据处理运算组合形成的数据流构成。高层次综合工具从程序中提取这两种流数据，并基于这些信息将控制流和数据流分别综合为状态机和数据通路。在 DRP 架构中，与高层次综合工具相对应的，状态机由 STC 担任，数据通路由 PE 阵列实现。各个状态下的数据通路被称为"上下文"（context）。上下文的划分基于两个判断标准：(1) 由于状态分支或存储器访问等原因而不得不分为多个上下文；(2) 由于物理计算资源不足而不得不分为多个上下文。

DRP 架构在设计时就考虑了应用高层次综合技术，具有完整 GUI

的成熟开发环境也是 DRP 的一大特色（图 8-4）。上下文的划分和硬件的动态重配置都由工具自动完成，减轻了设计者的开发负担。

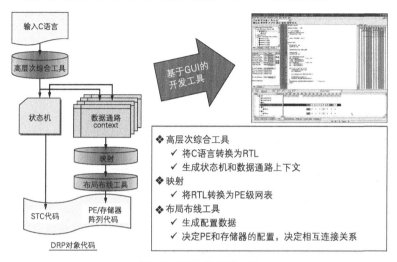

图 8-4　DRP 的开发工具

DRP 被应用在了摄影机、数码相机等产品中 [7]，几乎是至今唯一得到商业化应用的动态重配置的 CGRA 架构。目前，瑞萨半导体继承了 NEC 的技术并且还在展开技术改进和市场推广，今后的发展值得期待。

### 8.2.2　和并行处理器技术的相关性

动态地转换硬件配置时最需要注意的是，如何在瞬间完成大量配置信息的切换（动态重配置架构的重配置时间通常为一个时钟周期到几个时钟周期，例如上述 DRP 为一个时钟周期）。配置数据的数据量越少越有优势，因此动态重配置的架构大多是基于像 DRP 这样的 CGRA（例如 IP-Flex 公司的 DAP/DNA[2] 等）。

粗粒度的运算器阵列，加上按时间切换处理功能的执行方式，这和阵列型多核处理器（例如 Intel 公司的 Xeon Phi 等）的区别在哪呢？虽然这两种方式的区别有比较模糊的部分，但从将算法映射到目标处理器的方法上可以看出一些端倪。

**动态重配置架构**：将固定的指令序列在空间上映射到处理器阵列，并以硬件的方式运算（硬件上下文）。其次，该硬件上下文可随时间切换（空间→时间）。

**多核处理器架构**：固定的指令序列作为单个处理器上顺序执行的线程运行。其次，根据多线程的需要一边同步一边并行处理，并以这种方式在空间上映射到处理器阵列（时间→空间）。

### 8.2.3 其他动态重配置架构

Tabula 公司提出了一种非 CGRA 的动态重配置架构，它在细粒度 FPGA 上实现动态重配置[1]。Tabula 的架构和 8.2.2 节介绍的 DRP 不同，它采用硬件上下文是为了加速 FPGA 的动作速度。具体地说就是，将一个时钟域内的关键路径（例如由过长的布线导致很大延迟的情况）分割到多个时钟周期，再通过上下文切换的方式提高动作速度。该架构可以实现 GHz 级别的 FPGA 从而备受关注，然而由于市场原因于 2015 年年初终止了开发。

## 8.3 异步FPGA

### 8.3.1 同步 FPGA 的问题

近些年，伴随着集成电路的微缩化和大规模化进程，同步式电路的一些问题也显现出来。如图 8-5 所示，在同步电路中寄存器都和共同的控制信号——时钟信号相连接。各寄存器都与时钟的上升沿同步读取输入，输出经过逻辑电路处理再成为下一级寄存器的输入。和一般的 ASIC 相比，FPGA 芯片尺寸大、寄存器数量多，时钟网络的寄生电容也较大。此外，为了减小时钟偏移必须插入大量时钟缓冲器。因此产生了时钟网络自身耗电增大、时钟网络的偏移限制了性能的提升等问题。

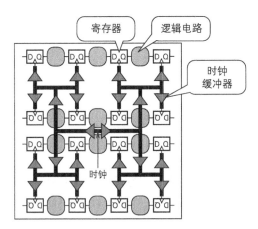

图 8-5　同步 FPGA 的全局时钟网络

而从功耗角度上对比，FPGA 比 ASIC 也有以下劣势。

- 时钟门控（clock gating）技术难以被应用：时钟门控是指，在模块空闲时停止向其提供时钟信号，使数据通路处于不活跃状态，从而降低动态功耗的技术。但是 FPGA 由各种各样的电路构成，为了保证必要的电路正常工作，最好不要动态改变时钟网络的结构。因此，ASIC 中常用的时钟门口技术难以应用在 FPGA 上。

- 电源门控（power gating）技术难以被应用：电源门控是指，在模块空闲时切断它的电源，从而削减由漏电流导致的静态功耗的技术。要实现电源门控，需要有向电源开关晶体管发送控制信号的电路，以及控制信号的布线网络。要针对各种各样的电路实现电源门控，这对一般的同步式 FPGA 来说代价过大。因此，电源门控技术也很难应用在 FPGA 上。

### 8.3.2　异步 FPGA 的概要

为了解决上述同步 FPGA 的问题，有研究提出了基于异步电路实现 FPGA 的思路。异步电路如图 8-6 所示，运算模块间通过握手实现数据传输。首先，发送方模块向接收方模块发送数据和请求信号。接收方模块接收完数据后，向发送方模块发送完成信号。发送方模块收到完成信号后，再按照同样的步骤发送新的数据。

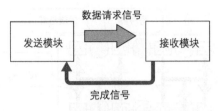

图 8-6　异步电路

异步电路主要有以下优点。

- 电路空闲时无动态功耗：因为不需要时钟信号，在没有数据传输时动态功耗为零。因此，对于电路活动率越低的应用，异步设计的方式越有优势。
- 峰值功率、电流低：异步电路中的各个模块只有在收到数据后才开始动作，由于模块的动作时间是错开的，因此峰值功率和电流都较低。
- 电磁辐射较小：因为峰值功率低，与之相应的电磁辐射也较小。
- 对电源电压的波动耐性强：在电源电压动态波动时，只要在配置存储器等的动作范围之内，虽然各模块的延迟可能会受影响，但逻辑电路依然可以正常工作。

异步电路的缺点是比同步电路使用的电路面积、晶体管更多。这是因为每个模块都需要额外实现传输数据用的控制电路等，例如后面会讲到 1 位数据需要两根信号线的情况。

异步电路设计中具有代表性的握手协议有以下几种：

- Bundled-Data 方式；
- Self-timed 方式；
- LEDR（Level-Encoded Dual Rail）方式 [8]。

Bundled-Data 方式使用 1 根信号线表示 1 位数据，也被称为单线方式。Bundled-Data 方式中的请求信号和数据是分离的，并且 1 位请求信号可以对应控制多位数据信号的传输，优点是请求信号代价小，因此异步电路设计常常采用这种方式。不过为了准确读取数据，需要保证请求信号在数据信号之后到达接收方模块，这可以通过向请求信号线上插入延迟元件的方式来实现（图 8-7）。另外，Self-timed 方式和 LEDR 方式都使用 2 根信号线表示 1 位数据，属于双线方式。这样可以将数据信号和请求信号编码后传输，就不需要 Bundled-Data 方式中的延迟元件了。

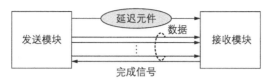

图 8-7　Bundled-Data 方式

图 8-8 为 Self-timed 方式的编码和传输数据的示例。如图 8-8a 所示，发送方将 1 位数据和 1 位请求信号以编码方式发送，然后接收方返回 1 位完成信号。通常还可以用一次完成信号确认多次编码数据传输。如图 8-8b 所示，输入"0"和"1"分别用编码 $(D_t, D_f)$=(0, 1) 和 $(D_t, D_f)$=(1, 0) 表示。数据间的区分用空格信号 $(D_t, D_f)$=(0, 0) 表示。未使用信号 $(D_t, D_f)$=(1, 1)。图 8-8c 为传输数据"1""1""0""0"的示例。通过在数据之后插入空格的方式，接收方就可以对连续数据进行区分识别。各个符号和空格的汉明距离定义为 1，这样 $D_t$ 和 $D_f$ 不会同时变化，就不会发生因为信号到达顺序不同引起的竞争问题。而 Self-timed 方式通过分配编码就能区分数据"0"和"1"，和下面的 LEDR 方式相比优点是电路结构简单，然而问题是需要额外插入空格区分数据导致传输速率低下。

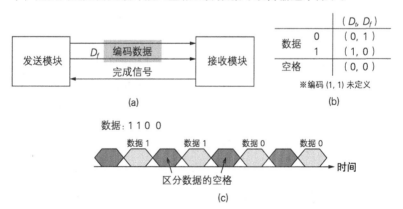

(a)

| | | $(D_t, D_f)$ |
|---|---|---|
| 数据 | 0 | (0, 1) |
| | 1 | (1, 0) |
| 空格 | | (0, 0) |

※编码 (1, 1) 未定义

(b)

数据：1 1 0 0

区分数据的空格

(c)

图 8-8　Self-timed 方式

图 8-9 为 LEDR 方式的编码和传输数据的示例。和 Self-timed 方式一样，发送方将 1 位数据和 1 位请求信号以编码方式发送，然后接收方返回 1 位完成信号。如图 8-9b 所示，对于数据 "0"，阶段 0 的 "0" 为 $((V, R)=(0, 0))$，而阶段 1 的 "0" 为 $((V, R)=(0, 1))$。输入 "1" 也同样，阶段 0 的 "1" 为 $((V, R)=(1, 1))$，而阶段 1 的 "1" 为 $((V, R)=(1, 0))$。图 8-9c 为传输数据 "1" "1" "0" "0" 的示例。使用 LEDR 方式，阶段 0 和阶段 1 的数据传输交互进行，这样就可以对数据进行区分，从而提高传输速率。然而每个数据都有 2 种表示符号，运算电路也较为复杂。

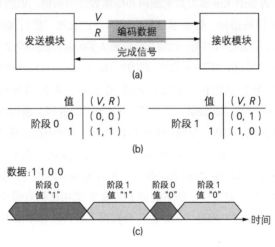

图8-9　LEDR协议

基于 Bundled-Data 方式的异步 FPGA[9, 10] 有电路面积小的优势。然而，FPGA 会根据应用来改变数据通路，为了保证各种数据通路上请求信号和数据的到达时序恰当，需要考虑使用余裕大且复杂的延迟元件，结果就很可能导致性能低下。

综上，没有数据和请求信号偏移问题的双线方式更适合用作异步 FPGA 的协议。图 8-10 为基于双线方式的异步 FPGA 架构示例 [11]。其主要组成部分和同步 FPGA 一样，由逻辑块、连接块还有开关块组成。然而布线部分和同步 FPGA 不同，有数据线和完成信号线两种连线。双线方式中有很多采用 Self-timed 方式的，因为可以减小运算电路面积。

图 8-11 为采用 Self-timed 方式的查找表结构示例。这里以简单的 2 输入 1 输出查找表为例，使用动态电路对其结构进行说明。在 Self-timed 方式中，使用空格信号可以简单地生成 Pre-charge 信号和 Evaluate 信号，适合实现动态电路。和一般的同步 FPGA 中的查找表一样，$N$ 输入的查找表需要 $2^N$ 位的配置存储元件。示例中 $N=2$，所以使用 4 位配置存储元件 (M00, M01, M10, M11)。根据配置存储元件的输出和输入 $(A_t, A_f)$、$(B_t, B_f)$ 的值，共同决定输出 $(OUT_t, OUT_f)$。

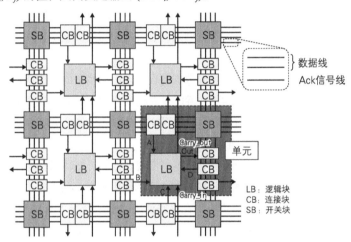

图 8-10　基于双线方式的异步 FPGA 架构

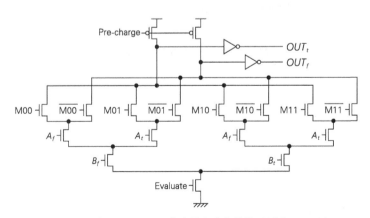

图 8-11　采用 Self-timed 方式的查找表结构示例（2-LUT）

### 8.3.3 异步 FPGA 的高性能化、低功耗化和设计简易化

在异步 FPGA 中，可以灵活使用控制信号（请求信号和完成信号）对每个运算模块的数据到达、数据接收准备状态进行查询。利用这些特性就可以通过较小的控制电路实现各种高度控制以降低功耗。例如为了削减动态功耗，可以根据数据接收模块的状态动态调整逻辑块的电源电压，从而实现让每个逻辑块自主控制并处于最适电压的功能[14]。此外，为了削减晶体管漏电流引起的静态功耗，每个逻辑块可以对数据到达进行监测，在一段时间内没有数据到来就会自动切断模块电源，并在数据到达时自动开启[15]。

提高性能的一个关键是提升数据的吞吐量。最基本的方法就是数据通路上的流水线阶段划分越细，吞吐量就越高[16~19]。另外，从改进数据传输的角度来说，可以结合数据传输吞吐量高的 LEDR 方式和逻辑块面积小的 Self-timed 方式实现混合架构[11, 20]。

此外还有组合使用同步和异步电路实现高性能、低功耗目的的混合架构[21]。在有大量、连续的数据输入时电路的使用率高，同步方式比异步方式功耗更低。相反，异步电路在电路使用率低的情况下有功耗优势。因此可以设计一种可以同时用在同步 FPGA 和异步 FPGA 中的查找表结构，每个逻辑块中的查找表都可以在同步、异步方式间切换，从而实现同一芯片内的不同处理，根据实际情况以同步或异步方式实现，最终实现高性能和低功耗的目的。异步电路的一个难点是设计难度高。为了解决这个问题，文献 [22, 23] 提出了使用握手组件的设计方法。这种设计方法通过向控制流和数据流中插入一种被称为握手组件的微模块，简化了异步电路中握手组件的连接。文献 [24] 基于这种设计方法提出的 FPGA，实现了一种可以高效使用握手组件的逻辑块结构。

## 8.4 FPGA系统的低功耗化技术

### 8.4.1 基于FPGA的计算系统

下面，我们从系统角度对FPGA的低功耗化技术进行概述。图8-12是一个典型的基于FPGA的计算系统框图。FPGA由可编程逻辑电路和DSP单元组成的块、内部存储块，以及存放电路配置信息的配置存储器构成。配置数据通常在系统上电时从外部配置ROM加载到FPGA内部的配置存储器，从而实现电路功能。现在主流FPGA上内部存储器的容量一般只有几兆字节，主要用来存放一些频繁使用的数据，其他数据存放在外部存储器。此外，对于使用复杂算法的图像处理系统，如果只用FPGA的话开发周期和电路面积等方面并不高效，因此也会配合通用CPU使用。

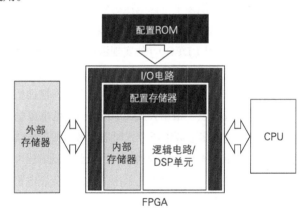

图 8-12 FPGA 系统概要

### 8.4.2 FPGA器件的低功耗化

FPGA器件通常采用和系统LSI相同的低功耗化技术。主流CMOS集成电路的功耗大致包括两部分。

- 动态功耗：电路动作，即晶体管打开/关闭时产生的功耗。其主要是对晶体管或布线的寄生电容进行充放电时消耗的电力。
- 静态功耗：晶体管关闭状态下由漏电流引起的功耗。

下面，分别针对两种功耗的削减介绍低功耗技术。

CMOS 电路的动态功耗计算公式如下：

$$P_{\text{dynamic}} \propto C_{\text{load}} \cdot V_{\text{DD}}^2 \cdot f \cdot \alpha \tag{8-1}$$

其中 $V_{\text{DD}}$ 为电源电压、$f$ 为动作频率、$\alpha$ 为电路的开关活动率、$C_{\text{load}}$ 为电路的寄生电容（包括晶体管的门电容、接点电容、布线电容等）。为了降低功耗，让各个参数越小越好。但是，降低频率 $f$ 和电源电压 $V_{\text{DD}}$ 会导致性能降低，因此需要认真分析功耗和性能间的平衡取舍。下面介绍一下既不会降低性能又能实现低功耗化的技术。

从公式（8-1）我们看出，调整电源电压是降低功耗最为有效的方式。然而降低电源电压会导致电路延迟的恶化。为了解决这个问题，文献 [25] 提出了一种灵活使用多个电源电压的架构。FPGA 的每个单元都可以选择使用高电源电压（$V_H$）或是低电源电压（$V_L$）（图 8-13a）。图 8-13b 为程序 [ 数据流图（DFG ）] 的实现示例。在数据流图中从输入到输出耗时最长的路径（关键路径）上的运算和数据传输都采用高电源电压。而对于非关键路径上的运算及数据传输，会在不增加整体延迟时间的范围内使用低电源电压。根据公式（8-1），使用低电源电压的单元可以削减功耗。应用这种多电源电压方式时需要考虑变压电路带来的成本。例如，通常在 CMOS 电路中需要通过升压电路将低电压电路的输出连接到高电压电路的输入。而文献 [25] 采用了不需要变压电路的动态电路方式，从而削减了变压电路的成本。

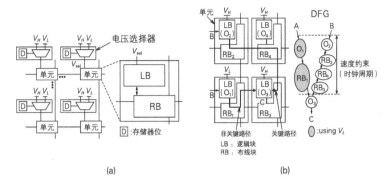

**图 8-13　基于多电源电压方式的 FPGA 架构和数据流实现示例**

　　简化电路、布线网络等是通过减小寄生电容 $C$ 来实现低功耗的代表技术及重要手段。商用 FPGA 在保证性能的基础上，通过简化逻辑块和 DSP 单元的电路设计来削减寄生电容。另外还有在架构层面简化可编程连线网络的方法。商用 FPGA 为了应对各种各样的应用，开关块的设计不可避免地变得复杂且臃肿。为了解决这个问题，文献 [26, 27] 提出了针对信号处理、图像处理等领域优化的架构，通过限制相邻逻辑块的连接自由度大幅削减了可编程连接网络的复杂度。FPGA 器件中复杂的连接网络会导致延迟性能的低下，因此对其进行简化不但可以降低功耗，还可以提高器件性能。此外，和外部存储器等外部器件之间传输数据的 I/O 电路的功耗也占了 FPGA 功耗的一大部分。近些年的商用 FPGA 为了削减 I/O 电路的功耗，专门设计了寄生电容较小的 I/O 引脚。这样不但可以削减数据传输时的动态功耗，还能提高数据传输时的信号完整性（signal integrity）。

　　降低动作频率 $f$ 虽然可以减小功耗，但也会降低系统性能。虽然也可以通过并行处理保证性能，但并行化所增加的电路也会导致功耗的增加。因此，从不损失性能的同时降低功耗的角度来看，降低动作频率的方式不太多见。

　　时钟门控是降低开关活动率 $\alpha$ 实现低功耗的代表性技术。时钟门控的基本方式如图 8-14a 所示，将时钟信号（Clock）和使能信号（Enable）通过逻辑与门后输入寄存器的时钟输入（Clk）。当电路动作时

（Enable=1），Clk=Clock，寄存器时钟输入和时钟信号相连接。当电路不活动时（Enable=0），Clock 的值固定为 Clk=0，寄存器停止读取数据并保持之前的值。这样，组合逻辑电路部分的输入不发生变化，组合逻辑电路也就不会发生信号迁移，其开关活动率为零，即组合逻辑电路的动态功耗为零。不过通常 FPGA 使用的不是图 8-14a，而是图 8-14b 所示的方式。这是因为 FPGA 中的门控电路需要能对应各种应用，按照图 8-14a 的方式所设计的时钟网络比较复杂，难以保证时钟偏移约束。而对于图 8-14b，在电路不活动时通过将寄存器的输出反馈到输入，从而保持寄存器的输出不变。这种方式无须改变时钟网络，使用通常的 HDL 设计 FPGA 电路也较为容易，因此更为实用。

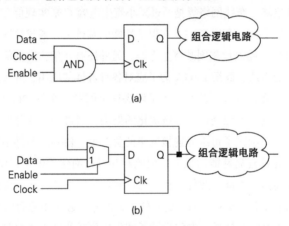

图 8-14　时钟门控的概念图

下面对削减 FPGA 器件静态功耗的方法进行说明。CMOS 电路的静态功耗 $P_{\text{static}}$ 的计算公式如下：

$$P_{\text{static}} \propto I_{\text{leak}} \cdot V_{\text{DD}} \cdot n \tag{8-2}$$

其中 $V_{\text{DD}}$ 为电源电压、$I_{\text{leak}}$ 为晶体管 OFF 状态下的漏电流、$n$ 为晶体管数。通常 FPGA 比 ASIC 使用更多的晶体管，因此静态功耗也较大。MOS 晶体管的漏电流 $I_{\text{leak}}$ 源自多种因素，其中最大的因素是亚阈值漏电流（subthreshold leakage）。削减亚阈值漏电流的有效方式有加长 MOS 晶体管栅极长度、采用阈值较高的 MOS 晶体管等方法。然而这些方法都会增加电路延迟，只适用于非关键路径等，不会影响电路延迟的部分。

　　将这种技术应用在 FPGA 内部的配置存储器单元上是商用 FPGA 中具有代表性的案例。FPGA 上有大量的配置存储器单元，削减这部分电路的漏电流对芯片整体的漏电流改善是极为有效的。并且，配置存储器的输出在电路运行时是固定的，因此不会影响用户电路的延迟。因此配置存储器单元可以使用阈值较高、栅极较长的晶体管实现，从而降低晶体管的漏电流。此外，逻辑部分可以像图 8-15 所示的那样，针对未使用的逻辑块应用电源门控技术。也就是说从架构设计上，可以实现切断未使用逻辑块的电源来达到削减漏电流的目的。电源开关晶体管可以使用低功耗的高阈值晶体管，逻辑块部分使用低阈值晶体管保证电路速度。或者也可以只在关键电路使用低阈值晶体管，其他部分混合使用高阈值晶体管降低功耗。电路空闲时可以根据配置信息控制开关晶体管的休眠信号 $\overline{\text{SLEEP}}=0$ 来关闭电路电源，从而削减漏电流。

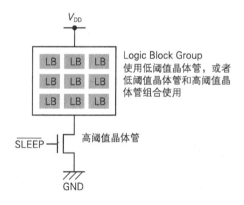

**图 8-15　逻辑块按分组实现电源门控**

　　文献 [28] 还提出了更为先进的削减漏电流的方法，这种新架构采用了阈值电可控的半导体制造技术。该架构可以通过编程降低关键路径上晶体管的阈值，同时提高非关键路径部分晶体管的阈值，从而达到大幅削减漏电流的目的。

### 8.4.3 FPGA 系统的高性能化、低功耗化

下面我们介绍一下从系统层面实现低功耗的技术。在系统层面实现低功耗最基本的思路是，将 FPGA 的外围器件吸收到 FPGA 内部，原本是芯片间的数据传输变成了 FPGA 内部的信号传输，这样就省去了驱动 I/O、电路板上的布线等寄生电容较大的部分。并且基于 FPGA 内高带宽的连接网络传输信号也有利于提高传输速度。此外，这种方式还能缩减电路板上零件的数量，从而实现系统的小型化和低成本化。代表性的案例是内嵌通用 ARM 处理器的 FPGA 的出现 [29, 30]。近些年采用非易失性存储器，吸收配置存储器到 FPGA 内部（非易失 FPGA）的方式也比较多见。通常的 FPGA 系统如图 8-12 所示，配置信息存储在 FPGA 之外的 ROM 当中，系统上电时读取到 FPGA 内部的配置存储器。随着 FPGA 的规模扩大，配置时的功耗也在增大。例如在数字摄影机或通信器材中，系统电源可能会在 ON/OFF 之间频繁切换。每次开关系统电源时 FPGA 的电源也会在 ON/OFF 状态间切换，频繁的配置过程会导致电池消耗过快。因此，上述电池驱动的系统不太适合使用 SRAM 型 FPGA，可以换为非易失 FPGA。非易失 FPGA 主要有如下两大类。

- 非易失性存储器混合型：这种是在一般的 SRAM 型 FPGA 芯片内，作为配置 ROM 集成非易失性存储器（闪存等）的方式 [31]。这和一般的 FPGA 系统一样，使用 FPGA 电路前需要从配置 ROM 将电路信息传输到 FPGA 的 SRAM 中。不过由于传输在同一芯片内进行，配置过程的速度和功耗都有较大改善。而且该方式可以基于已有制程实现，有制造成本低的优势。

- 完全非易失性存储器型：这是将非易失性存储器单元直接作为 FPGA 的配置存储器使用，电路结构可以一直保存在 FPGA 逻辑电路内部的方式。这样就省去了上电时从配置 ROM 向 FPGA 传输数据的过程，比上述混合型方式速度更快且功耗更低。并且，非易失性存储器单元比 SRAM 存储器单元面积更小，有助于减小 FPGA 逻辑电路的面积。作为非易失性存储器技术，可以使用闪存 [32]、铁电存储器 [33, 34] 和作为 MRAM 的 MTJ 存储器单元 [35, 36]，

等等。特别值得关注的是 MTJ 存储器单元，这种技术可以应用在近些年的先进制程中，并且和 SRAM 一样读写简单。此外，铁电或 MTJ 等读写简单的非易失性存储器不但可以用在配置存储器上，还可以用来实现非易失性寄存器，再结合电源门控等技术，可以实现更加有效的低功耗架构。

## 8.5 3D-FPGA

正如之前介绍过的，FPGA 的高度可编程能力来自于配置存储器、可编程布线资源以及可编程逻辑运算电路等。因此，FPGA 和针对应用优化的定制 LSI 相比有一些性能上的劣势，例如单个芯片上可实现的电路规模较小、复杂的可编程布线资源导致布线延迟较大等。近些年，遵循摩尔定律的制程微缩化进程所能带来的性能提升逐渐接近物理极限，导致上述问题更加显著。

在这样的背景下，基于 TSV（Through Silicon Vias）技术的三维集成电路技术（3D-IC）[37~39] 和运用 3D-IC 技术实现的 3D-FPGA 所受到的关注度急速上升。3D-FPGA 分为异质架构（图 8-16）和同质架构（图 8-17）两类。

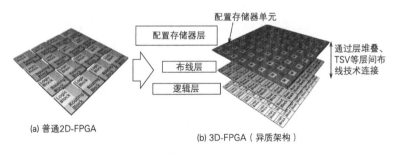

图 8-16　3D-FPGA（异质架构）

普通 2D-FPGA（图 8-16a）在同一 IC 层中实现的逻辑、布线和配置存储器等资源，在异质架构中按图 8-16b 所示的方式分散到不同 IC 层上，再通过层堆叠或 TSV 等层间布线技术连接。因此，3D-FPGA 技术可以提高单位电路板面积上的资源密度 [40~43]。然而，异质 3D 架构的层数上限受限于资源的种类，垂直方向上的可扩展性没有下述的同质架构高。

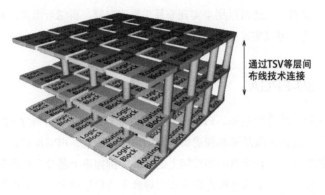

通过TSV等层间布线技术连接

**图 8-17　3D-FPGA（同质架构）**

　　基于同质架构的 3D-FPGA 如图 8-17 所示。各层的功能和 2D-FPGA 基本相同，都包括逻辑电路、布线资源、配置存储器等。只是 3D-FPGA 的布线资源不仅连接同一层内的逻辑电路，还能通过垂直方向的布线连接不同层间的布线资源 [44~47]。这种同质架构的 3D-FPGA 由 2D-FPGA 扩展而来，并且随着 3D-IC 技术的发展可堆叠层数增大时，可以相应地通过扩展层数来增加电路规模。此外，3D-FPGA 还有可能改善电路速度。例如在映射拓扑复杂的电路到 2D-FPGA 时，可能无法将相连的电路映射到物理上相近的位置，从而导致电路间的布线变长。而同质 3D-FPGA 利用垂直方向的布线，可以将这类电路映射到空间上接近的位置从而有可能缩短布线的长度。

　　目前 3D-FPGA 的主要课题是解决垂直布线技术的成本和可靠性问题。此外，基于同质架构增加 FPGA 层数时，需要考虑有效的散热架构。对于这个问题，不但需要考虑改进 CAD 算法 [48~54]，在设计电路时除了处理时间、功耗问题，还要追加考虑如何抑制热量的产生。

## 8.6 高速串行I/O

我们在第 7 章介绍过，Microsoft 在其数据中心为 Bing 搜索开发了搭载 Stratix V FPGA 的服务器 [55]。FPGA 硬件的导入增加了单台服务器 10% 的功耗，然而吞吐量却比软件改善了 95%，这充分证明了 FPGA 在加速数据中心应用上的有效性。该案例还使用了 FPGA 上的 10 Gbit/s 高速通信端口来实现服务器间的通信网络。在这之后，作为 FPGA 的主流应用，网络通信的重要程度也在日益增加。

第 3 章介绍过，FPGA 都搭载了大量通用输入 / 输出接口（General Purpose Input/Output，GPIO），用以连接存储器等各种器件。使用 GPIO 可以轻易实现 FPGA 和各种器件间的高带宽通信。此外，正如上面数据中心的案例所述，近些年的 FPGA 除了 GPIO，还搭载了数 Gbit/s 级别速率的高速串行通信 I/O，可以用来实现高速 FPGA 芯片间通信、系统间通信、网络通信等。Xilinx 和 Altera 这两家最大的 FPGA 厂商在这方面激烈竞争，都不断将更高速率的串行通信 I/O 集成到自家的 FPGA 产品当中，因此最近 FPGA 的通信性能得到了飞跃性的提升。今后，FPGA 的串行通信 I/O 也会越来越重要。本节以 Stratix 为例，对高速串行通信 I/O 进行介绍。

### 8.6.1 LVDS

Stratix 支持的差分接口有 LVDS（Low Voltage Differential Signaling）[56]、Mini-LVDS[57]、RSDS（Reduced Swing Differential Signaling）[58] 等。Mini-LVDS 和 RSDS 都是从 LVDS 派生出来的标准，是分别对应德州仪器和美国国家半导体这两家厂商的器件的标准。下面仅针对 ANSI/TIA/EIA-644 标准化的 LVDS 进行介绍。Stratix 上搭载了满足该标准的 LVDS 接口 [59, 60]。

LVDS 如图 8-18 所示，发送方通过两根信号线向接收方发送信号，是一种单方向信号传输标准。例如当发送方发送信号"1"时，图中的晶体管①②为打开状态。电流从发送电路的电流源流出，流经晶体管

①，通过上侧线路，大部分流入接收电路的终端电阻。之后再经过另一条线路流回发送电路，通过晶体管②流入 $V_{SS}$。此时，接收方的终端电阻两端的电压约为 +350 mV，接收电路的差分放大器可以检测出该状态，从而完成信号 "1" 的接收。当传输信号为 "0" 时，发送电路的晶体管③④为打开状态。电流从发送电路的电流源流出，流经下侧线路，再通过终端电阻，流经上侧线路返回发送方，通过晶体管③流入 $V_{SS}$。此时，接收电路的终端电阻两端电压约为 –350 mV。这样，根据发送的信号为 "0" 或是 "1"，电流的方向改变，接收电路处会产生 ±350 mV 的电压差。接收电路通过检测该电压差判断接收信号为 "0" 还是 "1"。这种通过小幅的差分方式传输信号的方式，具有速度快且功耗低的特点。

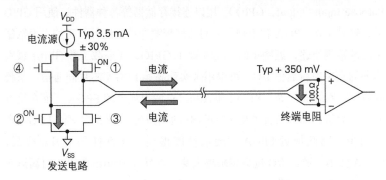

**图 8-18　LVDS 发送电路和接收电路概要**

基于 40 nm 制程的 Stratix IV GX FPGA 的 LVDS 传输速率可以达到 1.6 Gbit/s，片上端口数量也高达 28~98 个 [59]。而且这个数量指的是数据收发可同时进行的全双工端口，比如端口数为 28 时，发送用的 LVDS 端口有 28 个，对应的接收用的 LVDS 端口也有 28 个。不过即使是尺寸相同的 FPGA，可使用的端口数量有时也不同，还要取决于芯片的封装。基于台积电 28 nm 制程的 Stratix V 支持 1.4 Gbit/s 的 LVDS 通信 [60]。Stratix V GX 器件的全双工 LVDS 端口有 66~174 个。

Stratix 搭载的高速通信 I/O 还配备有串行器/解串器（SERDES）硬宏模块，可以支持最大 10 bit 数据的转换。相对于高速串口的速率，FPGA 内部电路都很难达到 1.4~1.6 Gbit/s，但是可以使用串行器轻易地将低速率的并行数据，例如10位宽并行FIFO，转换为高速串行信号传输。图8-19为发送电路的框图。接收电路中的解串器也类似，将1 bit的高速串行信号变换为10 bit的并行信号，再输入低速率的FIFO。此外，Stratix V中LVDS接收方作为差分信号终端的100 Ω电阻也可编程，只要在设计电路板时注意阻抗，无须额外元件就可以实现FPGA芯片间的高速直连。Altera公司提供了电路板设计的指导文档，可以参阅文献[61]。

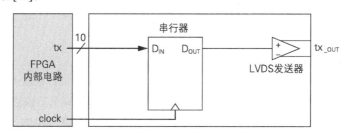

**图 8-19　Stratix V LVDS 发送电路的简易框图**

### 8.6.2　28 Gbit/s 高速串行 I/O

Stratix除了LVDS还支持更高速率的串行I/O。Stratix V GS FPGA搭载了最大66个12.5 Gbit/s的通信端口，Stratix V GT FPGA除了32个14.1 Gbit/s的通信端口，还有4个28 Gbit/s的高速通信端口。Stratix集成了128 bit ⇔ 1 bit的串行器/解串器硬宏模块，也和LVDS一样，从FIFO中读取128 bit串行数据，使用硬宏的串行器变换为1 bit高速串行信号，最终通过驱动电路发送出去（图8-20）。接收方也一样，通过解串器将接收到的28 Gbit/s高速串行信号并行化为128 bit数据后输入低速FIFO。接收电路中的CDR（Clock Data Recovery）可以从接收到的数据信号检测出时钟相位，从而保证连续、准确地接收数据。Xilinx的FPGA产品也有类似的高速串行通信端口，例如Virtex-7 HT FPGA也搭载了28 Gbit/s通信端口。

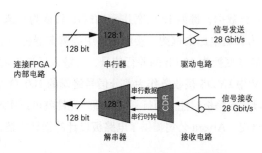

图 8-20    Stratix V 28 Gbit/s 发送电路

### 8.6.3    搭载 120 Gbit/s 光通信 I/O 的 FPGA

上面提到的 Gbit/s 速率接口都是基于金属布线。然而，根据 Altera 公司的报告，当通信距离超过 10 m 以上时光通信在功耗等方面更有优势。近些年，Xilinx 和 Altera 的 FPGA 板上都搭载了光通信模块，可以实现电路板级别的光通信。Altera 和 Avago Technologies 还共同开发了搭载光通信接口的 FPGA 芯片，并于 2011 年 3 月发布了这款开创性的产品 [62]。目前这款产品仍在测试开发阶段，没有具体的上市计划，但是我们先一起了解一下它的架构。

这款光通信 FPGA 基于带有 11.3 Gbit/s 高速通信 I/O 的 Stratix IV GT FPGA 开发。和以往 FPGA 不同的地方如图 8-21 所示，在 FPGA 封装的两个角上有两个间距为 0.7424 mm 的栅格阵列（LGA）插座，其中一个是发送接口，另一个是接收接口。两个插座都可以和 Avago Technologies 开发的光通信专用光学模块配套连接。该样片将 Stratix IV GT FPGA 上 32 个全双工高速通信 I/O 中的 12 个分配给光口 I/O。来自 FPGA 的 12 个 11.3 Gbit/s 高速串行 I/O 的发送端口连接到发送插座，同样的，12 个 11.3 Gbit/s 高速串行 I/O 的接收端口和接收插座相连。光通信模块的尺寸非常紧凑，只有 8.2 mm × 7.8 mm（图 8-22）。发送方的光通信模块搭载了 12 个 VCSEL（Vertical Cavity Surface Emitting LASER），接收方的光通信模块搭载了 12 个 GaAs PIN 光敏二极管，并通过 12 芯光缆连接通信。其中，VCSEL 是东京工业大学研发的面光源激光，可以和晶体管一样，在集成电路上按二维阵列状摆放，从而实现紧凑的激

光阵列 [63]。该光通信模块中一个 VCSEL 和一个 GaAsPIN 光敏二极管组成的单个通道的数据传输速率为 10.3125 Gbit/s，12 个通道的总通信带宽达到了 120 Gbit/s。并且在这样高的通信速率下，使用 OM4 等级的多模光纤可以实现 150 m 的长距离传输。将来，当 28 Gbit/s 以上的高速通信 I/O 成为主流时，这种光通信技术很有可能被推广开来。

图 8-21　Stratix IV 封装上搭载 0.7424 mm 间距的栅格阵列插座（左），以及与 Avago 公司 MicroPOD 光通信模块连接的示例（右）

图 8-22　MicroPOD 光通信模块通过 LGA 插座和 FPGA 封装相连，连接部分面积为 8.2 mm × 7.8 mm

## 8.7　光可编程架构

### 8.7.1　加州理工学院的光可编程架构

1999 年 4 月，加州理工学院发表了基于全息存储器的光可编程型门阵列 [64]。该器件由全息存储器、激光阵列、光敏二极管部分和 FPGA 部分构成，是世界上首个可以通过光学信号重新编程的 FPGA。门阵列部分和普通的 FPGA 一样，是基于细粒度的门阵列结构。从器件用户的角度来看，其基本功能和普通的 FPGA 没有区别。然而基于光信号的编程方式和普通的 FPGA 大不相同。首先其可以在全息存储器上保存多个电路信息，这些电路信息可以通过激光阵列寻址选择，以二维衍射图面的形式读取出来。衍射图面可被光敏二极管读取，再串行传输到 FPGA 进行编程。光可编程架构的特点是利用全息存储器容量大的特性，可以保存多个电路的配置信息，并且能够在 16~20 μs 内快速完成 FPGA 的编程。

### 8.7.2　日本的光可编程型门阵列

2000 年 1 月，九州工业大学启动了光可编程型逻辑门阵列的研究，随后研究基地转移到了静冈大学，如今还在持续推进。加州理工学院后来停止了光可编程架构的研究，目前日本是世界唯一还在进行光可编程型门阵列研究的国家。下面就对光可编程型门阵列当前的研究进展进行介绍。

光可编程型门阵列有多种类型，例如使用电可重写的空间光调制器作为全息存储器的类型 [65, 66]、使用激光阵列和 MEMS（Micro Electro Mechanical Systems）对全息存储器寻址的类型 [67] 等。下面将要介绍的简单的光可编程型门阵列和加州理工学院提出的类似，由全息存储器、激光阵列和门阵列 VLSI 构成。

图 8-23 是日本静冈大学开发的光可编程型门阵列原型机。日本开发的光可编程型门阵列和加州理工学院的一样，都采用了细粒度的门阵列，门阵列部分的功能和普通 FPGA 相同。然而和加州理工学院不同的地方是，它采用了完全并行的配置方法。通过在逻辑门阵列中嵌入大量的光敏二极管，可以完全并行地读取来自全息存储器的二维衍射图面。基于这种光配置方法，能够以 10 ns 为周期将存储在全息存储器的电路配置到 FPGA 上。至今，该研究已经实现了包含 256 个电路信息的光可编程型门阵列的开发。

全息存储器理论上是可以在一块方糖大小的体积内存储 1 Tbit 的信息，它以容量大的特性有希望成为新一代光存储器 [68]。光可编程型门阵列的最终目标是，利用全息存储器的大容量特性，通过在全息存储器内存储大量电路信息并快速切换来实现虚拟的大规模门阵列 [69, 70]。

图 8-23 光可编程型门阵列示例（静冈大学）

和普通的 SRAM、DRAM 或 ROM 等具有精细构造的存储器不同，全息存储器仅使用光敏聚合物等材料就能制作。因此制造过程简单且价格低廉。向全息存储器写入信息需要使用专门设备利用光的干涉现象实现。写入设备将干涉激光分为两路，一路用来制作表示电路信息的二值图面的物光（object light），另一路用来制作参考光（reference light），并将两路光波的干涉图样记录在全息存储器上。通过改变射入全息存储器的参考光的入射角度和位置，可以存储多组信息。而读取数据时只要使用和记录时相同波长的干涉激光，并以记录时相同的位置和角度射入参考光即可读取存储信息。光可编程型门阵列通常在器件工作前将电路信息全部写入全息存储器，器件工作时全息存储器作为只读存储器使用。不过全息存储器中可以存储多个电路信息，工作时通过激光阵列选择来实现动态重配置。

此外，全息存储器还有一个特征是，就算制造时混入了异物致使局部失效也不影响使用。干涉图面任意点上光的强弱，由来自全息存储器整体相应相位的光聚集决定。同相位的光聚集越多越明亮，不同相位的光聚集越多越暗淡。因为全息存储器根据多个光波重合读取信息，因此即使局部老化或有制造缺陷也可以正常使用。利用全息存储器的这个特征，还可以制造耐放射线性强的光可编程型门阵列。

虽然目前光学器件还没得到广泛的普及，但是通过将光学技术和集成电路技术相结合的方式，也许可以解决集成电路行业难以克服的困难和问题。光学器件的应用还有待时日，可以说它是一项面向未来的重要技术。

## 参考文献

[1] R. Tessier, et al. Reconfigurable Computing Architectures. In Proc. IEEE, 2015, 103(3): 332-351.

[2] 弘中哲夫. 粗粒度リコンフィギュラブルプロセッサの動向. 電子情報通信学会技術研究報告, CA2005-73. 2006: 19-23.

[3] N. Ozaki, et al. Cool Mega Arrays: Ultralow-Power Reconfigurable Accclerator Chips. IEEE Micro., 2011, 31(6): 6-18.

[4] J. Yao, Y. Nakashima, N. Devisetti, et al. A Tightly Coupled General Purpose Reconfigurable Accelerator LAPP and Its Power States for HotSpot-Based Energy Reduction. IEICE Trans., 2014, E97-D(12): 3092-3100.

[5] X.-P. Ling, H. Amano. WASMII: a data driven computer on a virtual hardware. IEEE Workshop on FPGAs for Custom Computing Machines, 1993: 33-42.

[6] 本村真人, 他. 動的再構成プロセッサ (DRP). 情報処理学会誌, 2005, 46(11): 1259-1265.

[7] 動的再構成技術がついにデジカメに. 日経エレクトロニクス: 2011-08-22. 2011.

[8] T.E. Williams, M.E. Dean, D.L. Dill. Efficient self-timing with level-encoded 2-phase dual-rail (ledr). In Proc. Univ. California/ Santa Cruz Conf. Adv. Res. VLSI, 1991: 55-70.

[9] R. Payne. Self-timed fpga systems. In Proc. Int. Workshop Field Program. Logic Appl., 1995: 21-35.

[10] V. Akella, K. Maheswaran. PGA-STC: programmable gate array for implementing self-timed circuits. Int. J. Electronics, 1998, 84(3): 255-267.

[11] M. Hariyama, M. Kameyama, S. Ishihara, et al. An asynchronous fpga based on ledr/4-phase-dual-rail hybrid architecture. IEICE Trans.

Electronics, 2010, E93-C(8): 1338-1348.

[12] R. Manohar, J. Teifel. An asynchronous dataflow fpga architecture. IEEE Trans. Computers, 2004, 53(11): 1376-1392.

[13] R. Manohar. Reconfigurable asynchronous logic. In Proc. IEEE Custom Integr. Circuits Conf., 2006: 13-20.

[14] M. Hariyama, M. Kameyama, S. Ishihara, et al. Evaluation of a self-adaptive voltage control scheme for low-power fpgas. J. Semicond. Tech. Sci., 2010, 10(3): 165-175.

[15] M. Kameyama, S. Ishihara, M. Hariyama. A low-power fpga based on autonomous fine-grain power gating. IEEE Trans. VLSI Syst., 2011, 19(8): 1394-1406.

[16] J. Teifei, R. Manohar. An asyncronous dataflaw fpga architecture. IEEE Trans. Computers. 2011, 53(11): 1376-1406.

[17] B. Devlin, M. Ikeda, K. Asada. A gate-level pipelined 2.97 ghz self synchronous fpga in 65 nm cmos. In Design Automation Conference (ASP-DAC), 2011 16th Asia and South Pacific, 2011: 75-76.

[18] B. Devlin, M. Ikeda, K. Asada. A 65 nm gate-level pipelined self-synchronous fpga for high performance and variation robust operation. IEEE J. Solid-State Circuits, 2011, 46(11): 2500-2513.

[19] Achronix speedster22i hp. http://www.achronix.com/products/speedster22ihp.html.

[20] M. Kameyama, Y. Komatsu, M. Hariyama. An asynchronous high-performance fpga based on ledr/four-phase-dual-rail hybrid architecture. In Proc. the 5th Int. Symp. HEART, 2014: 111-114.

[21] Y. Tsuchiya, M. Komatsu, M. Hariyama, et al. Implementation of a low-power fpga based on synchronous/asynchronous hybrid architecture. IEICE Trans. Electronics, 2011, E94-C(10): 1669-1679.

[22] M. Roncken, R. Saeijs, F. Schalij, et al. The vlsi-programming language tangram and its translation into handshake circuits. In Proc. European Conf. In Design Automation. EDAC., 1991: 384-389.

[23] A. Bardsley. Implementation balsa handshake circuits. Ph. D. Thesis, Eindhovan University of Technology, 1996.

[24] M. Kameyama, Y. Komatsu, M. Hariyama. Architecture of an asynchronous fpga for handshake-component-based design. IEICE Trans. Information and Systems, 2013, E96-D(8): 1632-1644.

[25] M. Kameyama, W. Chong, M. Hariyama. Low-power field-programmable vlsi using multiple supply voltages. IEICE Trans. Fundamentals, 2005, E88-A(12): 3298-3305.

[26] 大澤尚学, 張山昌論, 亀山充隆. コントロール／データフローグラフの直接アロケーションに基づくフィールドプログラマブル vlsi プロセッサ. 電子情報通信学会論文誌, 2002, J85-C(5): 384-392.

[27] Y. Yuyama, M. Ito, Y. Kiyoshige, et al. A 45 nm 37.3 gops/w heterogeneous multi-core soc. In Solid-State Circuits Conference Digest of Technical Papers (ISSCC), 2010 IEEE International, 2010: 100-101.

[28] H. Koike, C. Ma, M. Hioki, et al. The first sotb implementation of flex power fpga. In SOI-3D-Subthreshold Microelectronics Technology Unified Conference (S3S), 2013 IEEE, 2013: 1-2.

[29] http://japan.xilinx.com/products/silicon-devices/soc.html.

[30] https://wwvv.altera.co.jp/products/soc/overview.highResolutionDisplay.html.

[31] https://www.altera.co.jp/products/fpga/max-series/max-10/overview.highResolutionDisplay.html.

[32] http://www.microsemi.com/products/fpga-soc/fpgas.

[33] M. Oura, S. Masui. A secure dynamically programmable gate array based on ferroelectric memory. FUJITSU SCIENTIFIC & TECHNICAL JOURNAL, 2002, 39(1): 52-61.

[34] M. Hariyama, M. Kameyama, S. Ishihara, et al. A switch block architecture for multi-context fpgas based on ferroelectric-capacitor functional pass-gate using multiple/binary valued hybrid signals. IEICE Trans. Information and Systems, 2010, E93-D(8): 2134-2144.

[35] D. Suzuki, M. Natsui, A. Mochizuki, et al. Fabrication of a 3000-6-input-luts embedded and block-level power-gated nonvolatile fpga chip using p-mtj-based logic-in-memory structure. In IEEE Symp. VLSI Technology, 2015: C172-C173.

[36] K. Zaitsu, K. Tatsumura, M. Matsumoto, et al. Flash-based nonvolatile programmable switch for low-power and high-speed fpga by adjacent integration of monos/logic and novel programming scheme. In Symp. VLSI Technology (VLSI-Technology): Digest of Technical Papers, 2014: 1-2.

[37] K. Banerjee, S.J. Souri, P. Kapur, et al. 3-d ics: a novel chip design for improving deep-submicrometer interconnect performance and systems-on-chip integration. Proc. IEEE, 2001, 89(5): 602-633.

[38] A.W. Topol, D.C.La Tulipe, L. Shi, et al. Three-dimensional integrated circuits. IBM J. Research and Development, 2006, 50(4.5): 491-506.

[39] G. Katti, A. Mercha, J. Van Olinen, et al. 3d stacked ics using cu tsvs and die to wafer hybrid collective bonding. In Electron Devices Meeting (IEDM), 2009 IEEE International, 2009: 1-4.

[40] M. Lin, A. El Gamal, Yi-Chang Lu, et al. Performance benefits of monolithically stacked 3-d fpga. IEEE Trans. Computer-Aided Design of Integrated Circuits and Systems, 2007, 26(2): 216-229.

[41] Roto Le, Sherief Reda, R. Iris Bahar. High-performance, cost-effective heterogeneous 3d fpga architectures. In Proc. the 19th ACM Great Lakes Symp. VLSI, GLSVLSI'09, 2009: 251-256.

[42] T. Naito, T. Ishida, T. Onoduka, et al. World's first monolithic 3d-fpga with tft sram over 90 nm 9 layer cu cmos, In Symp. VLSI Technology (VLSIT), 2010: 219-220.

[43] Y.Y. Liauw, Z. Zhang, W. Kim, et al. Nonvolatile 3d-fpga with monolithically stacked rram-based configuration memory. In Solid-State Circuits Conference Digest of Technical Papers (ISSCC), 2012 IEEE

International, 2012: 406-408.

[44] M.J. Alexander, James P. Cohoon, J.L. Colflesh, et al. Three-dimensional field-programmable gate arrays, In ASIC Conference and Exhibit, 1995. Proceedings of the Eighth Annual IEEE International, 1995: 253-256.

[45] A. Gayasen, V. Narayanan, M. Kandemir, et al. Designing a 3-d fpga: Switch box architecture and thermal issues. IEEE Trans. Very Large Scale Integration (VLSI) Systems, 2008, 16(7): 882-893.

[46] S.A. Razavi, M.S. Zamani, K. Bazargan. A tileable switch module architecture for homogeneous 3d fpgas. 3D System Integration 2009. 3DIC 2009. IEEE International, 2009: 1-4.

[47] F. Furuta, T. Matsumura, K. Osada, et al. Scalable 3d-fpga using wafer-to-wafer tsv interconnect of 15 tbps/w, 3.3 tbps/mm², In Symp. VLSI Technology (VLSIT), 2013: C24-C25.

[48] M.J. Alexander, J.P. Cohoon, J.L. Colflesh, et al. Placement and routing for three-dimensional fpgas. 1996.

[49] A. Rahman, S. Das, A.P. Chandrakasan, et al. Wiring requirement and three-dimensional integration technology for field programmable gate arrays. IEEE Trans. Very Large Scale Integration (VLSI) Systems, 2003, 11(1): 44-54.

[50] Y. su Kwon, P. Lajevardi, A.P. Ch, et al. A 3-d fpga wire resource prediction model validated using a 3-d placement and routing tool. In Proc. of SLIP'05, 2005: 65-72.

[51] M. Lin, A. El Gamal. A routing fabric for monolithically stacked 3d-fpga. In FPGA'07: Proc. the 2007 ACM/SIGDA 15th international, 2007: 3-12.

[52] C. Ababei, H. Mogal, K. Bazargan. Three-dimensional place and route for fpgas. IEEE Trans. Computer-Aided Design of Integrated Circuits and Systems, 2006, 25(6): 1132-1140.

[53] M. Amagasaki, Y. Takeuchi, Q. Zhao, et al. Architecture exploration

of 3d fpga to minimize internal layer connection. In Very Large Scale Integration (VLSI-SoC), 2015 IFIP/IEEE International, 2015: 110-115.

[54] N. Miyamoto, Y. Matsumoto, H. Koike, et al. Development of a cad tool for 3d-fpgas. In 3D Systems Integration Conference (3DIC), 2010 IEEE International, 2010: 1-6.

[55] A. Putnam, et al. A reconfigurable fabric for accelerating large-scale datacenter services. ACM/IEEE 41st International Symposium on Computer Architecture, 2014: 13-24.

[56] The Telecommunications Industry Association (TIA). Electrical Characteristics of low voltage differential signaling (LVDS) interface circuits. PN-4584, 2000-05. http://www.tiaonline.org/.

[57] Texas Instruments. mini-LVDS Interface Specification. 2003.

[58] National Semiconductor. RSDS Intra-panel Interface Specification. 2003.

[59] Altera Corporation. Stratix IV Device Handbook: Volume 1. 2015.

[60] Altera Corporation. Stratix V Device Handbook: Volume 1. 2015.

[61] アルテラ. 高速ボード・レイアウト・ガイドライン Ver. 1.1. Application Note 224. 2003.

[62] M.P. Li, J. Martinez, D. Vaughan. Transferring High-Speed Data over Long Distances with Combined FPGA and Multichannel Optical Modules. 2012. https://www.Altera.com/content/dam/Altera-www/global/en_US/pdfs/literature/wp/wp-01177-av02-3383en-optical-module.pdf.

[63] H. Li, K. lga. Vertical-Cavity Surface-Emitting Laser Devices. Springer Series in Photonics, 2003, 6.

[64] J. Mumbra, D. Psaltis, G. Zhou, et al. Optically Programmable Gate Array (OPGA). Optics in Computing, 1999: 1-3.

[65] H. Morita, M. Watanabe. Microelectromechanical Configuration of an Optically Reconfigurable Gate Array. IEEE Journal of Quantum Electronics, 2010, 46(9): 1288-1294.

[66] N. Yamaguchi, M. Watanabe. Liquid crystal holographic

configurations for ORGAs. Applied Optics, 2008, 47(28): 4692-4700.

[67] Y. Yamaji, M. Watanabe. A 4-configuration-context optically reconfigurable gate array with a MEMS interleaving method. NASA/ESA Conference on Adaptive Hardware and Systems, 2013: 172-177.

[68] H.J. Coufal, D. Psaltis, G.T. Sincerbox. Holographic Data Storage. Springer Series in Optical Sciences, 2000, Vol.76.

[69] S. Kubota, M. Watanabe. A four-context programmable optically reconfigurable gate array with a reflective silver-halide holographic memory. IEEE Photonics Journal, 2011, 3(4): 665-675.

[70] A. Ogiwara, M. Watanabe. Optical reconfiguration by anisotropic diffraction in holographic polymer-dispersed liquid crystal memory. Applied Optics, 2012, 51(21): 5168-5177.